U0032142

商周出版 Scope

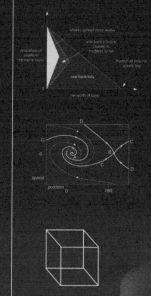

Do Dice Play God？

骰子能扮演上帝嗎？

18個不確定性的數學思考

英國皇家學會成員
暢銷書《改變世界的17個方程式》作者
Ian Stewart

伊恩‧史都華——著

譯——陳宣、涂瑋瑛

〈出版緣起〉

開創科學新視野

何飛鵬

有人說，是學測與指考制度，把台灣讀者的讀書胃口搞壞了。這話只對了一半；弄壞讀書胃口的，是教科書，不是學測與指考制度。

如果學測與指考內容不限在教科書內，還包含課堂之外所有的知識環境，那麼，還有學生不看報紙、家長不准小孩看課外讀物的情況出現嗎？如果聯考內容是教科書占百分之五十，基礎常識占百分之五十，台灣的教育能不活起來、補習制度的怪現象能不消除嗎？況且，教育是百年大計，是終身學習，又豈是封閉式的大考、十幾年內的數百本教科書，可囊括而盡？

「科學新視野系列」正是企圖破除閱讀教育的迷思，為台灣的學子提供一些體制外的智識性課外讀物；「科學新視野系列」自許成為一個前導，提供科學與人文之間的對話，

開闊讀者的新視野，也讓離開學校之後的讀者，能真正體驗閱讀樂趣，讓這股追求新知欣喜的感動，流盪心頭。

其實，自然科學閱讀並不是理工科系學生的專利，因為科學是文明的一環，是人類理解人生、接觸自然、探究生命的一個途徑；科學不僅僅是知識，更是一種生活方式與生活態度，能養成面對周遭環境一種嚴謹、清明、宏觀的態度。

千百年來的文明智慧結晶，在無垠的星空下閃閃發亮、向讀者招手；但是這有如銀河系，只是宇宙的一角，「科學新視野系列」不但要和讀者一起共享大師們在科學與科技所有領域中的智慧之光；「科學新視野系列」更強調未來性，將有如宇宙般深邃的人類創造力與想像力，跨過時空，一一呈現出來，這些豐富的資產，將是人類未來之所倚。

我們有個夢想：在波光粼粼的岸邊，亞里斯多德、伽利略、祖沖之、張衡、牛頓、佛洛依德、愛因斯坦、蒲朗克、霍金、沙根、祖賓、平克……，他們或交談，或端詳撿拾的貝殼。我們也置身其中，仔細聆聽人類文明中最動人的篇章……

（本文作者為城邦出版集團首席執行長）

目錄

1 六個不確定性時期

不確定：不能確知、完全不清楚的狀態；懷疑或模糊。
——《牛津英語詞典》（*The Oxford English Dictionary*）

不確定性（uncertainty）不一定是壞事。我們喜歡意想不到的事物，只要是能帶來愉快的都好。很多人喜歡小賭一場賽馬，而在大多數運動賽事中，如果我們一開始就知道誰會贏，比賽也就失去了意義。有些準父母並**不想**事先知道寶寶的性別。我猜大多數人不會想預先知道自己的死期，死法就更不用說了。不過這些都是例外。人生就像樂透一樣。不確定性往往是懷疑滋生的溫床，而懷疑讓我們感到不自在，所以我們想減少不確定性，如果能將之消除就更好了。我們會擔心**未來將發生什麼事**。我們會注意天氣預報，即使大家都知道天氣很難預測，而且預報也常常不準。

當我們看電視新聞、讀報紙或上網，我們幾乎完全不知道接下來會發生什麼事。飛機隨機失事。地震、火山摧毀社區，甚至城市也遭到大面積破壞。在金融業則是有漲

跌之分，雖然我們有所謂的「超漲超跌循環」（boom and bust cycle），但這其實只是漲了又跌、跌了又漲的意思罷了。對於漲或跌的時間點，我們幾乎無從得知。我們乾脆也可以說有「超濕超乾循環」，聲稱能以此預測天氣。當選舉來臨，我們會密切注意民意調查，希望發現一點誰較有可能勝出的蛛絲馬跡。近年的民意調查似乎較不可靠，但調查結果仍然能讓我們感到心安或不安。

有時候我們不只是感到不確定而已；我們甚至無法確定應該對什麼感到不確定。大多數人會擔心氣候變遷，但有一小群人強烈反對，堅持這只是一場騙局——執行者就是科學家（他們策劃騙局的技術極差），或是中國人，也可能是火星人……眾多陰謀論任君挑選。但就連預測氣候變遷的氣候學家，都無法非常確定氣候變遷的確切效應。不過他們確實大體上抓住了氣候變遷的特性，且以實際情形來看，光是這樣就足以敲響警鐘了。

我們不僅不確定大自然會為我們帶來什麼；我們甚至也不確定我們為自己帶來什麼。世界經濟仍在 2008 年金融危機的餘波中震盪，造成金融危機的人大多卻仍像從前一樣經營著他們的生意，這有可能會帶來更強一波金融災難。我們對全球金融走向的預測幾乎毫無概念。

　　經過一段相對穩定（且史上罕見）的時期之後，世界
政治愈發分裂，以往的確定性也開始動搖。「假新聞」
（Fake News）將事實淹沒於一波波不實訊息之中。可預
見的是，對此抱怨最大聲的人往往就是應當為這些流言蜚
語負責的人。網路並沒有普及知識，反而普及了無知與偏
見。沒有人把關，導致網路的大門形同虛設。

　　人類的事務自古複雜，但即使在科學的領域，以往相
信「大自然必定遵循一定法則」的老觀念，也已轉變為另
一種較為靈活的觀點了。我們可以找到大致上正確的規則
和模式（有些領域中「大致上」指的是「小數點後十位」，
在其他領域指的是「介於小十倍和大十倍之間」），但這
都只是暫時性的，只要有更新的證明出現就會被取代。混
沌理論（chaos theory）告訴我們，即使某件事物**確實**遵
循著不可撼動的法則，它仍有可能是無法預測的。量子理
論（quantum theory）告訴我們，宇宙的最小單位**本質上**
原就不可預測。不確定性不只是人類無知的象徵；它正是
這個世界的組成。

　　我們當然也可以像許多人一樣從宿命論的角度看待未
來，但多數人對此種生活態度感到不自在。我們覺得抱持

這種態度可能導致災禍，於是我們暗自認為只要能預見一點點未來，也許就能避開災禍。人類面對自己厭惡的事物，通常會採取一種常見的策略，我們可能會對抗，或是試圖改變它。但如果我們不知道會發生什麼事，我們該採取什麼預防措施呢？鐵達尼號（Titanic）事故發生後，船隻受到規範一定得裝載額外的救生艇。這些額外的重量使得伊斯特蘭號（S.S. Eastland）在密西根湖上翻覆，造成848人死亡。再良善的立意都可能被始料不及後果定律（Law of Unintended Consequences）一手摧毀。

　　我們會擔心未來，因為人類是受時間約束的動物。我們能夠清楚感知自己何時身在何地，我們會預期未來發生的事，也會基於這些對未來的預期而選擇現在採取行動。我們沒有時光機，但我們做事時卻常常好像真有時光機一般，某件未來才會發生的事會促使我們在發生之前就採取行動。當然，我們今天採取行動的真正原因並不是明天的婚禮、暴風雨或房租。而是因為我們現在相信某件事將要發生。我們的大腦經過演化和個體學習形塑而成，促使我們決定今天應該採取何種行動，讓我們明天能過得更輕鬆。大腦是做決策的機器，會對未來進行推測。

　　有時候大腦會在事件發生前的一瞬間做出決策。板球

員或棒球員接球時，在視覺系統偵測到球以及大腦計算出球的位置之間，有一段很小但明確的時間差。球員很不簡單，通常都能接到球，因為他們的大腦很善於預料球的路徑。但當他們漏接了一顆明顯好接的球，就表示他們的預測或是反應出了差錯。這整個過程是在潛意識進行的，而且毫無漏洞，因此我們並不會發現這個世界永遠轉得比我們的大腦快這麼一瞬間。

另外有些決策也許在好幾天、好幾個星期、好幾個月、好幾年，甚至好幾十年前就決定了。我們會為了趕上公車或火車去工作而早點起床。我們會先買好明天或下星期要吃的食物。我們會為了即將到來的國定假日計畫家族旅行，大家都會為了準備**以後**的事而在**當下**做一些事。在英國，富有的家長會在孩子出生前就為他們登記進入貴族學校就讀。更富有的人會種植幾個世紀後才會長大的樹木，如此他們的曾曾曾孫就能有美景可賞。

大腦是如何預知未來的呢？它會建造一個內部模型，表現世界運行的方式，或世界可能運行、被認為應當運行的方式。它會把它已知的事物放進模型裡，並觀察結果。如果我們看到沒有固定好的地毯，其中一個模型會告訴我們這可能會造成危險，有人可能會因此被絆倒而跌下樓

梯。我們會採取預防措施，把地毯固定在正確的位置。這個預測是否正確並不重要。事實上，如果我們固定好地毯，那此預測就**不會**是正確的，因為當初放進模型裡的情境已不適用了。不過，演化或個人經驗可以測試模型，推測在相似的情形下，沒有採取預防措施時會發生什麼事，進而改良模型。

　　經過改良的模型不需對世界的運作有精準的描述。這些模型所包含的反而是人們對於世界該如何運作的**信念**。於是，過了千千萬萬年後，人類大腦演化成一部決策機器，其決策依據就是它對於這些決定的影響所抱持的認知。因此，意料之中，我們用以處理不確定性最早的方法之一就是建構一套系統性的信念，相信超自然的存在控制著大自然。當時的我們知道**我們**並不握有控制**權**，但大自然時常令我們驚訝，而且往往令人不愉快，所以我們假設有一群非人類的存在 —— **幽靈、鬼魂、神明、女神** —— **握有**控制權，似乎頗為合理。很快地，一種特別的人出現了，他們聲稱能替我們向神請願，幫助我們這些凡人達到目的。這些聲稱自己能預知未來的人 —— 先知、預言家、算命師、祭司 —— 愈來愈受到人們敬重。

　　這即是第一個不確定性時期。我們發明了信仰系統，

而且愈來愈精細複雜，因為每個世代都想把這些信仰變得更令人佩服、讚嘆。我們將大自然的不確定性合理化成神的旨意。

　　人類就是在這個時期最早開始有自覺地和不確定性進行互動，並且延續了好幾千年。人類此種解釋方法和各種事證都是吻合的，因為神的旨意能使任何事發生。如果神高興，好事就會發生；如果神生氣了，壞事就會發生。也就是說，如果有好事發生在你身上，那你一定是成功取悅了神，而如果壞事發生，那讓神生氣就是你自己的錯了。所以對神的信仰開始和道義責任糾纏在一起。

　　最終，愈來愈多人發現規範如此寬鬆的信仰體系其實並沒有**解釋**任何事。如果天空之所以是藍色是因為神決定的，那它也可能是粉紅色或紫色。人類開始以觀察到的證據所支持（或否定）的邏輯推論為基礎，探索思考世界的不同方式。

　　這就是科學。它解釋了天空之所以為藍色，是因為上層大氣中的細小灰塵形成光的散射。它沒有解釋為什麼藍色**看起來**是藍色；神經科學家正在這方面努力，但科學從來沒有宣稱它了解一切。在持續發展的路上，科學達成了

愈來愈多成就，經歷過可怕的失敗，也開始讓我們有能力控制自然的某些面向。十九世紀時，電磁關係被發現了，這是其中一項最早、最具有革命性意義的科學案例，後來更被應用在科技上，影響了幾乎所有人的生活。

科學讓我們發現自然有時候沒有我們所想的那麼不確定。行星並不是循著神的意念在天空中遊蕩：它們是有規律地依循著橢圓軌道運行，不過有時候行星會互相造成極小的擾動而偏離軌道。我們能計算出行星的運行符合何種橢圓軌道，瞭解那些小擾動引起的效應，也能預測某個行星幾個世紀後會在何處。的確，這些現象從幾千萬年前到現在都受限於混沌動力學（chaotic dynamics）。這世界存有自然法則；我們可以發掘這些法則，並用它們來預測將要發生之事。不確定性引起的不安因而消除，取而代之的是一種信念：我們如果能釐清潛伏於表面下的法則，大部分的事物都能夠得到解釋。哲學家開始思索整個宇宙是否就是那些法則隨著時間發展的結果。也許自由意志只是幻影，一切都只是一台巨大的鐘錶裝置。

或許不確定性只是暫時性的無知。只要投入足夠的努力和思考，一切都能明朗。這是第二個不確定性時期。

　　科學也促使我們找到有效率的方式來量化一個事件的確定性或不確定性：機率（probability）。針對不確定性的研究成為數學底下新的分支，而本書主要的動力就是檢視我們如何透過不同方法運用數學，試圖更確定地認識這個世界。在這個過程中，還有許多領域有所貢獻，譬如政治學、倫理學以及藝術，但我只著重在數學所扮演的角色。

　　機率論（probability theory）從兩個不同族群的需求與經歷中應運而生，這兩個族群非常迥異：賭徒和天文學家。賭徒想要更能夠掌握「機會」，天文學家則想用不完美的望遠鏡得到精準的觀測結果。當機率論的思維開始進入人類的意識，這項主題就脫離了原本的限制，它不再只是描述骰子遊戲和小行星的運行，而是包含了基本的物理原理。每隔幾秒鐘，我們就會吸入氧氣和其他氣體，組成大氣的眾多分子像極微小的撞球一樣互相彈跳撞擊。如果它們全都堆疊在某個房間的一角，而我們在位置相反的另一角落，那我們麻煩就大了。原則上，這是可能發生的，但機率法則顯示其發生的機率極低，低到實際上從來沒發生過。由於熱力學（thermodynamics）第二定律的關係，空氣維持著一種均勻的混合狀態，此定律通常被解釋為宇

宙永遠只會朝著更加失序的方向發展。第二定律與時間流
逝的方向之間存在著略為矛盾的關係。這是很深奧的。

　　熱力學是較晚出現的科學領域。它出現的時候，機率
論早已進入人類世界，出生、死亡、離婚、自殺、犯罪、
身高、體重、政治。機率論的應用分支 —— 統計學
（statistics）—— 於焉誕生。統計學給予我們強大的工具，
讓我們能分析各種事物，從麻疹流行病到人民在下一場選
舉會投給誰都是可以分析的對象。它讓人們一向摸不透的
金融世界有了一線微光，雖然我們希望能看得更清楚。它
讓我們知道我們是在機率之海上漂浮的生物。

　　機率和其應用分支統計學主宰了第三個不確定性時期。

　　第四個不確定性時期在二十世紀初來臨時聲勢浩大。
在那之前，不論我們面對的是哪種形式的不確定性，都有
一項共同特徵：不確定性反映了人類的無知。如果我們不
確定某件事，是因為我們沒有所需資訊來預測。以丟硬幣
為例，這是隨機性的傳統象徵之一。不過，一枚硬幣是非
常簡單的機械，而機械系統是具確定性的，理論上任何確
定性流程都可預測。如果我們已經知道作用在一枚硬幣上
的所有力量，例如丟擲的最初速度與方向、硬幣旋轉得有

多快、圍繞哪個軸旋轉，我們就能使用機械學法則來計算硬幣落下時會以哪面朝上。

在基本物理學（fundamental physics）領域的新發現促使我們修改了這種觀念。這種觀念或許在硬幣上是正確的，但有時我們無法取得所需資訊，因為即使是大自然也不知道這些資訊。物理學家大約於 1900 年開始瞭解物質在極小尺寸下的結構——不只是原子，還有可構成原子的次原子粒子（subatomic particle）。古典物理學（classical physics）是從艾薩克・牛頓（Isaac Newton）在運動與重力定律的突破而興起的，它讓人類對物理世界有了廣泛的認知，且人類以愈來愈精確的測量方法對其進行檢測。在所有理論與實驗中，兩種對於世界的不同思考方式成形了：粒子（particle）與波（wave）。

粒子是小團的物質，有精確的定義及定位。波則像是水面上的漣漪、會移動的擾動；波存在的時間比粒子短，而且會延伸到較大的空間區域。平面軌道可藉由假設行星為粒子來進行計算，因為行星與恆星之間的距離太大，如果你將一切都縮到人類大小，行星就**會成**為粒子。聲音是在空氣中傳播的擾動，不過所有空氣幾乎都維持在原本位置，所以它是一種波。粒子與波是古典物理學的象徵，而

且它們十分迥異。

在 1678 年，光的性質引起了很大的爭議。克里斯蒂安・惠更斯（Christiaan Huygens）向巴黎科學院（Paris Academy of Sciences）展示了他的理論：光是一種波。牛頓則相信，光是一束粒子，他的觀點勝出了。接著人們花了一百年在錯誤方向上，然後新的實驗終於解決了這個問題。牛頓錯了，光是一種波。

物理學家大約在 1900 年發現了光電效應（photoelectric effect）：光打在特定種類的金屬上，能造成細微的電流。阿爾伯特・愛因斯坦（Albert Einstein）推導出光是一束微小粒子——光子（photon）。牛頓一直都是對的。但牛頓的理論當時會被捨棄有正當理由：許多實驗清楚顯示光是一種波。辯論又重新開始了。光是波還是粒子呢？最終答案為「都是」。光有時表現得像是粒子，有時像是波，取決於進行的實驗為何。這一切都非常神祕。

很快地，有一些先驅開始瞭解到解釋這塊拼圖的方法，而量子力學（quantum mechanics）就誕生了。結果，所有古典的確定性，如粒子位置及其移動速度，都不適用於次原子粒子尺寸的物質。量子世界充滿了不確定性。你愈精準地測量粒子的位置，就愈不能確定它移動得有多

快。更糟的是，「它在哪裡？」這個問題也沒有好答案。你能做的至多是描述它位於特定位置的可能性。量子粒子（quantum particle）根本不是粒子，只是一團模糊雲狀的可能性。

　　物理學家愈深入探查量子世界，一切就變得愈模糊。他們可以用數學的方式解釋量子世界，但這樣的數學很古怪。在數十年內，他們已經相信，量子現象具有不可簡化的隨機性。量子世界其實**是**由不確定性組成，其中並沒有缺失的資訊，也不存在更深層次的描述。「廢話少說，算就對了」變成了標語；不要問「這一切代表什麼」這種彆腳問題。

　　物理進入量子時代的同時，數學卻激發出它獨有的新路線。我們原本認為，隨機性過程的相反是確定性過程：只要當下是確定的，那就只有一種未來是可能的。第五個不確定性時期出現的時機，是數學家與一些科學家發現，有一種確定性系統可能無法預測。那就是混沌理論，非線性動力學（nonlinear dynamics）在媒體上的名稱。假如數學家比實際上遠遠更早找到這項重大發現，那麼量子理論的發展可能會非常不一樣。事實上，混沌的一個例子被

發現的時間早於量子理論，但當時它被認為是一個特例。直到 1960 與 1970 年代，條理清晰的混沌理論才終於出現。儘管如此，基於呈現效果，我會先解釋混沌，再說明量子理論。

「預測很難，尤其是預測未來。」這是物理學家尼爾斯・波耳（Niels Bohr）說的話（還是尤吉・貝拉〔Yogi Berra〕說的？看吧，我們連**這件事**都不能確定。）[1] 這句話聽起來很好笑，其實不然，因為預測（prediction）跟事前預估（forecasting）是不同的。科學上大多數的預測是預測**有**一個事件會在特定條件下發生，但不是預測**何時**發生。我能預測因為壓力在岩石中累積，所以將會發生一次地震，而我們能藉由測量壓力來檢驗這個預測。但這不是預測地震的方法，預測地震需要在事發前就決定地震**何時**會發生。我們甚至可能「預測」某些事件**確實**曾在過去發生。如果在人們回頭查看過去紀錄之前，都沒人注意到這些事件，那麼這種預測確實可以用來檢驗理論。我知道這種行為常被稱為「後測」（postdiction），但只要是用來檢測科學假說，那麼預測或後測都是一樣的。1980 年，路易斯・阿爾瓦瑞茲（Luis Alvarez）與兒子華特・阿爾瓦瑞茲（Walter Alvarez）預測，六千五百萬年前有

一顆小行星撞擊地球，使恐龍滅絕。這是一個真正的預測，因為做出這個預測**之後**，他們可以搜尋地理與化石紀錄，當作支持或反對這個預測的證據。

數十年來的觀察顯示，在加拉巴戈群島（Galápagos Islands）上，某幾種達爾文地雀（Darwin's finch）的鳥喙大小是完全可以預測的——只要你能預測平均年雨量就沒問題。鳥喙大小的變化取決於數年內的氣候有多潮濕或乾燥。在乾旱年，種子會比較硬，所以需要較大的鳥喙。在豐水年，較小的鳥喙更容易發揮作用。在這個例子中，我們能夠**有條件地**預測鳥喙大小。如果有一名可靠的祭司告訴我們明年的雨量，我們就有信心能預測鳥喙的大小。這絕對不同於隨機性的鳥喙大小。如果鳥喙大小是隨機的，就不會隨著雨量變化了。

屢見不鮮的是，一套體系的某些特徵可以預測，其它特徵則不可預測。我最喜歡的例子是關於天文學的。天文學家在 2004 年宣布，有一顆稱為 99942 阿波菲斯（99942 Apophis）的無名小行星可能將於 2029 年 4 月 13 日撞擊地球，或者如果它那次剛好錯過，也可能在 2036 年 4 月 13 日撞擊地球。一名記者（我先說明，是在幽默專欄裡）問道：天文學家怎麼能這麼確定**日期**卻無法確定**年份**？

　　讀到這裡請停下來，先思考這個問題。給你一個提示：年是什麼？

　　這非常簡單。小行星軌道與地球軌道交會或近乎交會時，就可能發生撞擊。這些軌道隨著時間會有些微改變，因而影響兩個天體會有多靠近彼此。如果我們沒有足夠的觀察結果來充分精確地測定小行星軌道，我們就不能確定小行星會多靠近地球。天文學家有足夠的軌道資料來排除接下來幾十年內的多數年份，但無法刪去 2029 年或 2036 年。相對地，可能發生撞擊的日期背後的原理很不一樣。經過一年後，地球會回到軌道上（幾乎）相同的位置。這就是「年」的定義。尤其是我們的星球每隔一年會接近與小行星軌道的交會點；換句話說，就在每年的同一天（如果時間點接近午夜，可能會提前或延遲一天）。對於阿波菲斯而言，這一天剛好就是 4 月 13 日。

　　所以波耳或貝拉說得很對，他的話也非常深奧。即使我們很清楚地瞭解萬物如何運作，我們可能還是不知道下星期、明年，或下個世紀會發生什麼事。

　　我們現在已經進入第六個不確定性時期，這個時期的特徵是我們發覺不確定性有許多形式，每一個形式都能被

理解到某種程度。我們現在擁有範圍廣泛的數學工具組，幫助我們在依然相當不確定的世界裡做出明智的抉擇。迅捷、強大的電腦讓我們能快速且準確地分析巨量資料。「大數據」（big data）正在全速發展，儘管目前我們比較擅長收集資料，而非有效利用它們。我們的心理模型可以用電腦模型增強功能。我們在一秒內能進行的運算，比歷史上所有使用紙筆的數學家都要多。我們結合在數學上對於不同形式不確定性的理解以及精密的演算，以便獲取模式與結構，或只是量化我們有多不確定，這樣就能在某種程度上馴服這個不確定的世界。

　　我們比以前更擅長預測未來。但天氣預報告訴我們明天不會下雨，現實中卻下雨的時候，我們依然會不高興；不過，自從 1922 年富有遠見的科學家路易斯・弗萊・理察森（Lewis Fry Richardson）寫下《數值天氣預報》（*Weather Prediction by Numerical Process*）之後，天氣預測的準確度已經有長足的進步。不只是事前預估變得更好，還連帶有了對其正確機率的評估。天氣網站寫「25% 的降雨機率」時，代表在發表這句話的時候，有 25% 的機會絕對會下雨。如果是寫「80% 的降雨機率」，這句話可能五次裡就有四次是正確的。

英格蘭銀行（Bank of England）發布對於通貨膨脹率變化的預報時，同樣也會提供一個估計結果，顯示該行的數學模型分析員認為預報有多少可信度。他們也找到了公開這個估計結果的有效方式：預估的通貨膨脹率隨時間演變的「扇形圖」（fan chart），但不是用單一線條表示，而是用有陰影的條帶。隨著時間過去，條帶愈來愈寬，顯示準確率愈來愈低。陰影的深淺度顯示機率大小：陰影較深的區域更有可能發生。陰影區域涵蓋了 90% 的機率預報。

這裡的訊息有兩層含意。第一層是：隨著知識的發

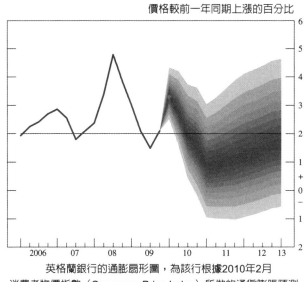

價格較前一年同期上漲的百分比

英格蘭銀行的通膨扇形圖，為該行根據2010年2月
消費者物價指數（Consumer Price Index）所做的通貨膨脹預測。

展，預測能變得更準確。第二層是：我們能研究我們在預測時應該多有信心，來**處理**不確定性。

第三層訊息也開始被我們瞭解，有時候不確定性其實很**有用**。許多科技領域故意創造可控的不確定性程度，以便讓裝置及流程運作得更好。用來為工業問題尋找最佳解決方案的數學技術會使用隨機擾動，以免卡在某些策略上，這些策略是鄰近區域中最好的，但不像更遠區域的策略那麼好。已記錄的資料中出現隨機變化，能改善天氣預報的準確度。衛星導航（SatNav）使用偽隨機（pseudo-random）數據流來預防電子干擾造成的問題。太空任務利用混沌來節省昂貴的燃料。

對於這些問題，就如同牛頓所說，我們仍然是「在海灘上玩耍」的孩子，「找到了一顆比較平滑的鵝卵石或一枚比較漂亮的貝殼，但廣袤的真理之海在〔我們〕面前還是一片未知。」許多深奧的問題尚無解答。我們還沒真正瞭解全球金融體系，即使這個星球上的一切都仰賴著它。我們的醫療專業讓我們能提早發現大多數疾病的傳播，讓我們能採取行動來減緩疾病的效應，但我們不一定能預測疾病如何散布。新疾病不時出現，而我們永遠無法確定下

一個疾病何時、何地會爆發。我們能極為精準地測量地震與火山，但我們預測它們的過往紀錄卻很不穩定，就跟我們腳下的地面一樣。

我們對於量子世界的理解愈深，就有愈多線索顯示，有某種較深層的理論能讓量子世界裡顯而易見的悖論更加合理。物理學家已經給出數學證據，我們無法藉由添加較深層次的真實性來解決量子不確定性。但證據包含了需要驗證的假設，以及不斷出現的漏洞。**古典**物理學的新現象與量子難題有不可思議的相似性，而且我們知道，這些現象的運作跟不可簡化的隨機性完全無關。如果我們在發現量子的古怪之前就瞭解這些領域，或瞭解混沌，那麼如今的理論可能會非常不同。或者我們可能會浪費數十年在尋找根本不存在的決定論（determinism）。

我已經將所有事情都清楚整理好，分類為六個不確定性時期，但實際狀況就沒這麼清晰整齊了。有些其實非常簡單的原則是以錯綜複雜的方式出現的。過程中出現過不可預期的迂迴曲折、大幅進步，以及死胡同。有些數學進展最終成為了轉移焦點的錯誤線索；其他則沉寂多年，後來才有人認可它們的重要性。即使是在數學家之間，也有意識形態的分歧。政治、醫學、金錢、法律都參與其中，

且往往有好幾個會同時參與。

　　按照時間順序講述這種故事並不明智，即使是在個別章節內講述也一樣。思想的流動比時間的流動更重要。本書會先講到第五個不確定性時期（混沌），再到第四個時期（量子）。我們會探討統計學在現代的應用，然後再討論基本物理學比較早期的發現。我們也會插入稀奇的小難題、一些簡單的計算，以及一些驚喜。儘管如此，一切的存在都有理由，而且都和諧地組合在一起。

　　歡迎來到這六個不確定性時期。

2 內臟占卜

家人嗃嗃，未失也；婦子嘻嘻，失家節也。

——《易經》

在巴比倫城（Babylon）的高牆裡，身穿華貴王袍的國王舉起了手。貴族與官員聚集在寬闊的神廟庭院裡，此時都安靜了下來。

外頭的平民做著日常工作，幸福地完全不知道即將發生的事可能顛覆他們的生活。無所謂：他們已經習慣了，這是眾神的意志，擔憂或抱怨也沒用。他們甚至很少思考這種事。

巴魯（*bārû*）祭司在祭壇上等待，手上拿著刀。根據古老儀式仔細挑選的一頭綿羊被人用短繩牽進來。這頭羊感覺到某種不愉快的事即將發生。牠咩咩叫著，掙扎著想擺脫束縛。

刀子劃過牠的喉嚨，鮮血噴湧而出。人群集體為牠哀悼。血流漸緩，慢慢滴落時，祭司仔細地劃下一刀，取出綿羊的肝臟。他虔誠地將肝臟放在血跡斑斑的石頭上，彎

著腰仔細研究。群眾都在屏氣等待。國王大步走到祭司身旁。他們低聲商議，比手畫腳，偶爾指著肝臟的某些特徵——這裡有個斑汙，那裡有個不尋常的突起。祭司將木釘放進一塊特殊泥板裡的洞，以記錄他們的觀察結果。祭司顯然很滿意，他再次跟國王商議，然後恭敬退下，而國王則轉身面對貴族。

國王宣布預兆支持他們攻打鄰國時，貴族歡呼雀躍。之後在戰場上，有些人對這場戰爭的看法可能會大不相同，但屆時也為時已晚了。

以上是當時的可能情況。我們對於古巴比倫王國所知甚少，甚至也不大瞭解公元前約 1600 年這個王國的覆滅，但在當時，類似上述作法的習俗一定是這座古城裡常見的活動。巴比倫即以此聞名。《聖經》告訴我們[2]：「巴比倫王站在岔路那裡，在兩條路口上要占卜。他搖籤（原文作「箭」）求問神像，察看犧牲的肝。」巴比倫人相信，經過特殊訓練的祭司（稱為巴魯）能解讀綿羊的肝臟，預言未來。他們彙整了一長串預兆清單，稱為**巴魯圖**（Bārûtu）。基於實用原因，也為了迅速提供解答，巴魯在實際占卜時會將就使用較簡短的摘要。他們的占卜流程

系統化又充滿傳統；他們檢查肝臟的特定區域，每個都有自己的涵義，象徵著特定的神明。巴魯圖依然存在於百餘塊刻畫著楔形文字的泥板上，記載著超過**八千個**預兆。巴比倫人相信一頭死綿羊的單獨一個器官就能傳達豐富訊息，這些訊息極為多樣、晦澀，偶爾也非常乏味。

　　巴魯圖有十個主要章節。前兩章討論肝臟以外的動物器官，而其他八章則聚焦在特定的特徵上：**比那**（*be na*）代表「牧場」，是肝左葉的一條溝；**比吉爾**（*be gír*）代表「道路」，是與第一條溝呈直角的另一條溝；**比吉斯圖庫爾**（*be giš.tukul*）代表「偶然的標記」，是一個小突起，族繁不及備載。這些肝臟區域有許多會被進一步細分。與各區域相關的預兆被稱為預測，通常與歷史有關，就好像祭司在記錄肝臟區域與過往事件之間所形成的關聯。有些預測很明確：「阿瑪－蘇耶納國王（King Amar-Su'ena）的預兆，他被一頭公牛用角撞傷，卻死於一隻鞋的啃咬。」（這段模糊的文字可能暗指他穿著涼鞋時被蠍子咬傷。）有些直到今天都還適用：「會計員將掠奪王宮。」其他預測似乎很明確，卻缺乏關鍵細節：「一位名人會騎著一頭驢到來。」還有些預測太過模糊，以致於在實際上沒有用處：「長期預報：悲嘆。」肝臟的有些區域被分類

為不可靠或含糊不清。這一切看起來都很有條理，而且說來奇怪，幾乎就像科學系統一樣。預兆清單經過長時間的彙整，不斷編輯與擴充，並由之後的抄寫員複製，才能流傳到我們手上。其他證據也留存下來了。尤其是大英博物館藏有一塊綿羊肝臟的黏土模型，可追溯至公元前 1900 年到 1600 年。

　　我們現在將這種預言未來的方法稱為**肝卜**（hepato-mancy）——用肝臟占卜。更廣義地說，**臟卜**（haruspicy）是一種檢查獻祭動物（主要為綿羊與雞）內臟的占卜儀式，而**臟器占卜**（extispicy）是使用整體臟器的占卜儀式，主要關注臟器的形狀與位置。這些方法被伊特拉斯坎人（Etruscans）採用，比如在義大利就發現了一件公元前 100 年的肝臟黃銅雕刻，這顆肝臟被分成數個標記著伊特拉斯坎神祇名字的區域。羅馬人也延續這項傳統；他們對於巴魯的稱呼是**臟卜師**（*haruspex*），*haru* 代表內臟，*spec-* 代表觀察。解讀內臟的儀式在尤利烏斯·凱撒（Julius Caesar）與克勞狄一世（Claudius）的時代都有記載，但在公元大約 390 年狄奧多西一世（Theodosius I）統治時就已停止記載，當時基督教終於取代了古老異教最後的殘餘痕跡。

　　為什麼我要在一本講述不確定性數學的書裡跟你說這些呢？

　　占卜顯示出人們在很久以前就極渴望預言未來。其根源絕對又比占卜更早，但巴比倫的銘刻很詳盡，它們的來源很可靠。歷史也顯示宗教習俗如何隨著時間過去而變得更加繁複。這些紀錄清楚表明，巴比倫王室與祭司相信這種占卜方法──或者至少可以說，他們發現假裝相信這種方法很方便。但他們使用肝卜的時間很長，顯示這種信仰是真實的。即使到了現在，類似的迷信也非常多──避開黑貓跟梯子；如果你灑了一些鹽，就把一小撮鹽扔過你的肩膀；破碎的鏡子會帶來厄運。露天遊樂場的「吉普賽人」依然會提議你花點小錢，讓他們幫你看手相算命，而他們的命運線跟金星環術語也使人聯想到巴魯圖對於綿羊肝臟上標記的深奧分類。許多人懷疑這種信仰，其他人則勉強承認「這種信仰可能有點道理」，還有一些人全心相信星星、茶葉、掌紋、塔羅牌、中國《易經》裡的蓍草莖占卜能預測未來。

　　有些占卜方法被系統化地闡述，就跟古巴比倫的巴魯圖一樣複雜，變化越來越多……騎著驢到來的名人會讓人聯想到通俗小報上現代星象算命所說的真命天子，這種預

測夠模糊，有夠多的可能事件與之產生關聯並「證實」它，卻又明確到足以傳達一種神祕知識的印象。對於算命師來說，這樣自然就帶來了穩定收入。

為什麼我們這麼沉迷於預測未來？這是合理又自然的現象，因為我們一直生活在不確定的世界裡。現在依然如此，但至少我們如今比較瞭解我們的世界為何不確定、如何不確定，而且我們在某種程度上能好好利用這種知識。相較之下，我們祖先的世界更不確定。岩石沿著地質斷層滑動時，他們不會預料到有地震發生，而如今我們能藉著監測到超高壓力來預測地震。地震是憑機率出現的自然現象，其不可預測性曾被歸因於強大的超自然力量心血來潮造成的事件。當時這是最簡單也或許是唯一的方式來合理化這種隨機、無明顯理由發生的事件。一定有**某種東西**造成這些事件，而且它一定具有自身意志，能夠決定這些事件應該發生，而且擁有確保這些事件發生的力量。神明是當時最可信的解釋。神明具有支配自然的力量；不論是何事、何時，祂們都隨心所欲，而普通的血肉之軀只能逆來順受。以神明來解釋，至少人類還有可能安撫祂們，並影響祂們的所作所為——至少祭司是這麼宣稱的，而質疑祭司並沒有好處，更別提違抗他們了。總之，正確的魔法儀

式、王室與祭司的特權或許能夠讓人窺見未來,並解決某些不確定的問題。

　　這一切的背後是人類狀況的某個層面,它將我們這個物種與其他多數動物區分開來,這一層面便是受時間束縛。我們清楚知道未來會出現,而我們規劃當下,也是出於我們對未來的期許。即使是我們還在非洲草原上狩獵採集的時候,部落耆老也知道季節會變換、動物會遷徙,不同時期會有不同植物供人使用。天空中遙遠的徵象預示著即將來臨的暴風雨,你愈早注意到這些徵象,你就愈有機會在暴風雨到來前找到避雨的地方。藉由預料未來,你就能減輕某些最糟糕的影響。

　　隨著社會與其科技變得愈來愈發達,我們也愈來愈主動受到時間束縛,伴隨著更高的準確性與更大的影響範圍。如今我們在工作日會於特定時間起床,**因為**我們想趕上當地火車去工作地點。我們知道火車預定離站的時間;知道它何時應該抵達目的地;我們安排自己的生活,讓我們能準時上班。我們預計週末即將到來,就預訂了足球賽、電影或劇院門票。我們在幾星期前就預訂了餐廳,因為 29 號星期六是埃斯梅拉達(Esmerelda)的生日。我們在 1 月特賣時購買聖誕卡片,因為那時比較便宜,然後在

接下來的十一個月把這些卡片存放起來，直到我們又需要它們的時候，才拚命回想存放的地方在哪。總而言之，我們認為未來會發生的事件深深地影響著我們的生活。若不考慮這個因素，要解釋我們的行為是很困難的。

作為受時間約束的生物，我們知道未來不一定會如預期進行。上班搭的火車誤點了。一場雷雨癱瘓了我們的網路。一個颶風橫掃而過，重創十幾個加勒比海小島。選舉結果不像民調預測的那樣，而我們的生活被我們毫不贊同的人攪得天翻地覆。不意外的是，我們非常重視預測未來。這有助於我們保護自己與家人，而且也給了我們一種掌握自己命運的感覺（不論這種感覺多麼虛幻）。我們如此渴望知曉未來，以致於我們輕信了最古老的一種詐騙——宣稱可預知未來事件的人。如果祭司能影響神明，他就能安排更美好的將來。如果薩滿巫師（shaman）能預測何時會下雨，那麼至少我們能事先準備，不需要花太多時間等待。如果靈視者（clairvoyant）能占卜我們的星象，我們就能時刻注意真命天子或者騎著驢子的名人。如果有人能說服我們相信他們的能力是真的，那我們就會蜂擁前去購買他們的服務。

就算那是一派胡言也一樣。

為什麼至今仍有許多人相信運氣、宿命、預兆呢？

為什麼我們這麼容易著迷於神祕的符號、長長的清單、複雜的文字、精緻的古代服裝、儀式和頌唱呢？

為什麼我們會天真地想像這個浩瀚、難以理解的宇宙會在乎一群過度發展的猩猩生活在一塊潮濕的岩石上，繞著一顆平凡無奇的恆星運轉呢？這顆恆星還只是 **10 的 17次方**（10 萬兆）顆星星中的其中一顆，我們可觀察到的區域內就有這麼多星星，而宇宙或許又更為廣袤。為什麼我們會站在人類的角度去理解那個宇宙呢？甚至，宇宙這樣的存在**能夠**在乎嗎？

為什麼我們如此輕易相信明顯就是胡說八道的言論，甚至至今依然如此？

當然，我說的是**你的**信仰，不是我的。我的信仰是理性的，必定奠基於有事實根據的佐證之上，是古老智慧的成果。它引導著我的生活，而每個人也都應如此遵循。你的信仰是愚昧的迷信，絲毫沒有事實根據，唯一支持此信仰的是對傳統無條件地敬重服從，而且你還不斷試圖左右其他人的行為。

當然，你認為我並無不同，但這其中有一個差別。

我是對的。

這就是信仰的問題。對盲目信念的信仰往往無法被證實。即使可以證實，我們也常常忽略測試結果，或者若結果證實我們的信仰是錯的，我們就會否定該測試的意義。這種態度也許不理性，卻反映了人類腦部的演化及結構。在任何人類頭腦看來，信仰是很有道理的，即使是外界認為愚蠢的信仰亦然。許多神經科學家認為我們可以合理地將人類大腦視為一台貝氏決策機器（湯瑪斯‧貝葉斯〔Thomas Bayes〕是長老會牧師，也是統計學專家——在第 8 章有更多關於他的介紹）。粗略來說，我所說的這台機器，其結構正是以具體化的信仰所組成。透過個人經驗以及長期演化，我們的大腦已建構出一個網路，由各種假設相互交織而成，這些假設即是基於某事件而對另一事件可能的發展所進行的推測。

如果你的大拇指被槌子打到，大拇指就會痛：這項假設發生的可能性極高。如果外面在下雨，而你沒穿雨衣也沒帶雨傘就出門，你就會淋濕：結論同上。如果天空看起來灰濛濛的但目前沒下雨，而你沒穿雨衣也沒帶雨傘就出門，你就會淋濕：嗯，也許不會。外星人會定期駕駛幽浮（不明飛行物、飛碟）來拜訪地球：如果你相信的話，那絕對沒錯；如果你不信，那就絕不可能。

　　當我們碰到全新的資訊，我們不會立刻接受。除非我們瘋了：明辨虛實與真假的需求對人類大腦的演化有著深遠的影響。我們會將新的資訊放在我們已相信事物的脈絡底下進行判斷。有人聲稱看見天空中有道奇怪的光，以迅雷不及掩耳的速度移動？如果你相信幽浮，那這很明顯就是外星人來訪的證據。如果你不相信，那這就是誤解，或是憑空捏造。我們會本能地做出諸如此類的評斷，且往往沒有實際證據為憑。

　　當我們大腦理性的一面發現了明顯的矛盾點，有些人會掙扎著反抗這些不一致之處。有些人飽受折磨，以致完全失去了信念。還有人改信了新的宗教、異教、信仰體系⋯⋯隨你怎麼叫都行。但大部分人還是跟隨著自己從小就被教導的信仰。宗教是一種「流行病」，從一些特定教派的成員身分可以看出來，這些成員會隨著世代而改變，表示你的信仰是承襲自父母、手足、親戚、老師以及來自你所屬文化的權威人物等人。而這就說明了我們為什麼往往堅信著外人棄如敝屣的信念。如果你從小就被教導崇拜貓女神，每天都被告誡如果忘記焚燒神聖的香或誦唸正確的咒語，就會有恐怖的後果，那麼這些行為以及其伴隨而來的滿足感很快就會根深柢固。事實上，這些觀念被深深

植入你的貝氏決策大腦中，且你可能會愈趨無法對這些觀念產生懷疑，無論證據顯現出多矛盾的例證也一樣。這就好比一顆為門鈴而設計的電鈴按鈕並不能突然用來發動汽車。若要做此改變就必須大幅調整、重新設計迴路，而重新改變大腦的迴路是非常困難的。再者，當你懂得誦唸正確的咒語，你的文化就和野蠻人區別開來了，那些野蠻人甚至不相信貓女神，更別說是崇拜她了。

信念很容易強化。如果你持續且選擇性地尋找，總是能找到確切的證據。每天都會發生許多事，有好事、有壞事：其中有些事件會強化你的信念。你的貝氏大腦會叫你忽略其他的事情：其他都不重要。大腦會將它們過濾掉。這就是為什麼假新聞會引起這麼大的騷亂。問題是，你忽略的事是重要的。但要推翻那些根深柢固的假設，必須加把勁地動動你理性的頭腦。

有人曾經告訴我在科孚島（Corfu）上有一種迷信，當你看到一隻螳螂，就代表會有好運或厄運降臨，究竟是前者或後者則**取決於發生了什麼事**。這也許聽起來很可笑（而且也許不是真的），但當現今自然災害的倖存者在感謝神傾聽他們的祈禱、拯救他們的生命之時，卻很少想到那些死者早已不存在，也不能抱怨了。有些基督教教派會

將螳螂解釋成虔誠的象徵；還有其他教派將其解釋成死亡的象徵。我想這取決於你為什麼覺得螳螂的姿勢總是看起來像在祈禱，當然還有你對於禱告有（或沒有）什麼信念。

　　人類的演化是為了在這個混亂的世界上有效地運作。我們的大腦塞滿了對潛在問題快速而簡陋的解決辦法。打破鏡子真的會帶來厄運嗎？用「看到鏡子就打」的方式當作實驗太浪費了；如果此迷信是錯的，那此舉也沒有達成什麼成就，但如果迷信是對的，那我們就是自找麻煩了。最後，還是不要打破任何鏡子簡單多了，以防萬一。每一個諸如此類的決定都強化了貝氏大腦中機率網路的一個連結。

　　在過去，這些連結對我們來說是很有幫助的。那時的世界比較單純，我們的生活型態也比較單純。如果我們偶爾以為遇上了花豹而倉皇逃跑，後來卻發現草叢只是在隨風搖擺，我們頂多看起來有點愚蠢。但今天，如果太多人想用自己的信念主宰這個星球，毫不考量客觀證據，我們就會讓自己和所有人都遭到嚴重的傷害。

　　心理學家雷伊‧海曼（Ray Hyman）在青少年時期開始看手相賺錢。他起初並不相信手相這套，但他必須假裝相信，否則沒有客人會上門。他依照傳統的方式解讀掌

紋，不久後他的預測變得非常成功 —— 據他的客人所言 —— 於是他開始相信這其中終究是藏有箇中奧妙的。專業心靈師史坦利・賈克斯（Stanley Jaks）熟悉這行的各種套路和訣竅，於是建議海曼做個實驗，先找出客人的掌紋是什麼意思，再跟他們講**完全相反的答案**。他照做了，結果他說：「我感到詫異且驚恐，我的解析就像之前一樣成功。」海曼立刻就成為了懷疑論者。[3]

當然，他的客人並沒有成為懷疑論者。他們下意識選擇相信看起來準確的預測，並忽略看起來錯誤的那些說法。反正一切都很含糊且模稜兩可，因此可以做各種開放性解釋，相信的人也就能夠找到許多證據支持手相是對的。科孚島對螳螂的迷信**永遠**是對的，因為不管接下來發生什麼事都不可能反證這個迷信。

雖然有些古文明極為重視綿羊肝臟的確切原因不明，但肝卜只是未來學家（futurologist）的巨大火藥庫裡其中一個武器而已。以西結（Ezekiel）曾記錄，巴比倫的國王也曾求教於家家戶戶崇拜的神祇 —— 也就是求神問卜。他還求教於一種真正的武器，方式即是「搖動箭矢」。這叫做**箭卜**（belomancy）。巴比倫時代結束後，箭卜受到阿拉伯人、希臘人和斯基泰人（Scythians）的

歡迎。箭卜有好幾種方法可以進行，但所有方法都會使用作為儀式用途的特殊箭矢，箭上有魔法符號的裝飾。神祕符號學總是很令人讚嘆，尤其是對教育程度低的人來說：它暗示著祕密的力量、神祕的知識。一個重要問題的幾個可能答案會被寫下來，綁在不同箭矢上，再將箭射出。射最遠的答案就是正確解答。或者，也許是為了避免浪費時間找回被射遠的箭，他們也會把箭放入箭袋中，再從中隨機抽出一支。

　　肝臟、箭——還有呢？幾乎任何事物都行。傑瑞娜・敦維奇（Gerina Dunwich）所著的《神祕學簡易字典》（*The Concise Lexicon of the Occult*）中列出了一百種占卜方式。其中我們熟悉的有**星占**（horoscopy），從一個人出生時星星的排列來預測他的命運；**觀掌術**（cheiromancy），另常稱**手相學**（palmistry），從掌紋看出一個人的未來；以及**茶葉占卜**（tasseography）——用的是茶葉。但這些都只是人類想像力的冰山一角而已，人類想像透過日常生活中的物品預測這個包羅萬象的宇宙。如果你對看手相沒興趣，何不試試**腳相學**（podomancy），看腳紋預測命運呢？或是**觀雲術**（nephelomancy）：從雲朵的形狀和方向推論出未來事件。**鼠占**（myomancy）：用

大鼠或小鼠的叫聲進行占卜。**無花果占卜**（sycomancy）
── 用無花果占卜。**洋蔥芽占卜**（cromniomancy）：用
洋蔥芽占卜。或是你也可以一不做二不休，用山羊或驢子
進行**顱卜**（kephalonomancy），德國人和倫巴底人
（Lombards）曾廣泛使用此占卜術。將山羊或驢子獻祭
之後，取下頭顱，並將之烘烤。將點燃的碳傾倒至頭顱
上，一面唸出犯罪嫌疑人的名字。[4] 當頭顱發出裂開的聲
響，就表示你找到罪犯了。這次不是預知未來，而是挖掘
過去的祕密。

　　乍看之下，這些方法十分迥異，似乎找不到任何共通
點，相似的地方似乎只有它們都是從日常生活中取材，進
行某種儀式，再將發生的事情解碼，解釋其中的神祕含
意。然而，許多這種方法都仰賴著相同的假設：為了瞭解
巨大且複雜的事物，而用**微小**且複雜的事物模擬其樣態。
茶葉在杯中形成的形狀很多變、隨機，且不可預測。未來
也很多變、隨機，且不可預測。猜想兩者之間或有關聯並
不突兀。同理，雲朵、老鼠叫聲和腳紋也一樣。如果你相
信命運，相信你的宿命在出生時就已決定──那為什麼這
些沒有被寫下來好讓專家閱覽呢？有什麼事物會隨著你出
生的日期和時間變化？月亮和行星在眾多恆星當中的運

行⋯⋯啊哈！

　　古老的文化沒有我們今天廣泛的科學知識，但不只是這些古老文化，至今仍有許多人相信占星學（astrology）。有些人不完全**相信**，但他們覺得先看自己的星象，再看預測準不準很有趣。在很多國家，簽國家彩券的人多如牛毛。他們知道**贏**的機率非常小（他們可能不知道到底有**多麼**小），但不入虎穴焉得虎子，如果真的**贏**了，你的財務煩惱就能瞬間煙消雲散。我並不認為簽樂透是明智的，因為幾乎每個人都會輸，但我的確認識一個贏了五十萬英鎊的人⋯⋯

　　簽彩券（在許多國家都有相似的形式）是一個純屬機率的遊戲，這是統計分析所支持的說法，但卻有數以千計的玩家想像有某種高明的手段能夠擊敗機率讓他們勝出。[5]你可以買一台小型開獎機，它會隨機吐出一顆顆小號碼球。用這台機器來決定該打什麼賭吧。由於這當中存在一個基本原理，所以必定會符合類似這樣的概念：「開獎機的運作方式就跟小型開獎機一模一樣，兩者都是隨機開獎，因此小型開獎機很神奇地竟跟真正的開獎機擁有相同的機制」。巨大事物的型態在微小事物中被複製了。茶葉與吱吱叫的老鼠也是同一套邏輯。

3 擲骰子

丟擲骰子最好的方式就是把它們丟掉。

——16 世紀諺語

　　幾千年以來，人類預知未來的想望體現為無數的占卜法、預言宣布、為了讓神祇息怒而舉行的繁複儀式，以及許多迷信。其中只有極少數對理性思考有所影響，更別提對科學或數學領域能有什麼作用了。就算有人想到可以將預測記錄下來，再將之與發生的事件做比較，也有太多方法可以忽略不符合預測的內容——神明被冒犯了、你誤解了預言的建議。人們往往會落入確認偏誤（confirmation bias）的陷阱：只注意到和預測或信念相符的事物，並忽略其他不相符的一切。成千上萬的人至今依然如此。

　　然而，在某一種人類活動中，忽略事實必定會導致災難發生，那就是賭博。即使是賭博，其中仍然存在著一定程度的自我欺騙；數以百萬計的人仍對機率抱有不理性且錯誤的信念。但此外還有數以百萬計的人對機率與其組合方式略有了解，所以賭徒和賭博業者如果了解基礎機率就

能創造更多利潤。他們不一定瞭解正規的數學，但能夠熟穩地掌握住基礎，加上幾條經驗法則以及從經驗中得出的推論。和宗教上的預測（例如預言）以及政治上的預測（充滿信心卻毫無事實根據的主張、假新聞、政治宣傳）不同的是，賭博是一項客觀測試，檢測你對機率的信念：長期下來，你會賺錢還是賠錢。如果你那套方法被吹捧能夠出乎意料獲勝，卻根本沒用，那你很快就會發現並後悔嘗試。你可以再把它推銷給容易受騙的人，不過那是另一回事了。如果**你**用了那套方法，投入了你自己的金錢，現實很快就會反咬你一口。

　　賭博長久以來都是一門龐大的生意。全世界每年有大約 10 兆的金錢在合法賭博業中流轉。（如果把金融業算進去就更多……）大部分的金流在某種程度上是經過回收循環的：賽馬賭客挑選馬匹下注，莊家會付出賭贏的錢而留著賭輸的賭金；大部分的錢都轉過好幾手，到處流動；但長期下來，很大一部分最後會落進莊家和賭場的口袋（和銀行帳戶）裡，並且不再流動。所以最後成為利潤的現金淨額雖然大量，但還是少了一點。

　　最早的真正機率論數學出現時，是當數學家開始仔細思考賭博和博弈遊戲（game of chance）的時候，尤其是

一些經過長期觀察所發現的特質。機率論的先驅必須設法從一堆令人困惑的方法中得出合理的數學原則，以往人類就是用這些方法處理機遇事件（chance event），包括直覺、迷信和迅速而草率的猜測。在處理社會或科學問題的時候，從其中最複雜的地方下手通常不是個好方法。譬如，如果早期的數學家嘗試預測天氣，那他們不會有什麼進展，因為當時缺乏可用的方法。反之，他們做了數學家一直在做的事：他們從最簡單的例子開始思考，這些例子大部分的複雜性都被移除了，數學家有機會清楚說明自己的想法。這些「玩具模型」往往被其他人所誤會，因為它們似乎與真實世界的複雜性沾不上邊。但在歷史上，對科學發展極其重要的重大發現都是從玩具模型開始的。[6]

　　機會的象徵原型是一種經典的賭博裝置：骰子。[7]

　　骰子可能起源於印度河流域，承襲自更古老的擲距骨遊戲（knucklebones）所使用的骨頭——用於算命和遊戲的獸骨。考古學家曾在沙赫・蘇克特（Shahr-e S khté，焚毀之城）找到六面骰子，基本上跟今天使用的一樣。該城位於古伊朗，公元前 3200 年到 1800 年有人類居住。最古老的骰子能追溯到大約公元前 2800 年至 2500 年，

用於一種類似雙陸棋（backgammon）的遊戲。大約在同一時間，古埃及人則用骰子玩**塞尼特棋**（*senet*），遊戲規則未知，不過人們對這個遊戲有許多猜想。

我們沒辦法確定這些早期的骰子是否使用於賭博。古埃及人並沒有今天所謂的錢，但他們時常使用穀粒作為一種貨幣型態，是複雜的物物交易制度（barter system）的一部分。但是以骰子賭博在兩千年前的羅馬很常見。當時大多數的羅馬骰子有個地方很奇怪。乍看之下它們長得像立方體，但十個中有九個的面是長方形，而不是正方形。這些骰子並不像真正的立方體一樣對稱，所以有些數字會比其他數字容易出現。即使只是這種微小的偏差，在一連串的賭注中也可能會有很大的影響，而骰子遊戲通常都是一連串賭注。直到十五世紀中，對稱的立方體才開始成為標準規格。那為什麼羅馬的賭徒被要求用不公平的骰子進行遊戲時沒有抗議呢？荷蘭考古學家耶爾默・埃肯斯（Jelmer Eerkens）深入研究過骰子，他猜想，相較於人們對物理的信念，或許對命運的信念才能夠解釋這個現象。如果你認為你的命運掌握在神明手中，那當他們想要你贏你就會贏，當他們要你輸你就會輸。如此一來骰子的形狀就無關緊要了。[8]

　　到了 1450 年，賭徒似乎開始變聰明了，因為大部分的骰子那時都已經是對稱的立方體。就連數字的排列也已標準化，可能是為了要更容易檢查六個數字都有出現。（有一種標準的作弊方法，至今仍有使用，那就是偷偷將檯面上的骰子換成動過手腳的骰子，上面有些數字會出現兩次，也就比較容易擲到這些數字。將同樣的數字寫在相反的兩面上，粗略瞄一眼是看不出端倪的。若用兩顆這樣的骰子，某些總和就不可能出現。另外還有許多作弊方法，甚至有些是使用完全正常的骰子。）起初，大多數骰子的 1 與 2 相對，3 與 4 相對，而 5 與 6 相對。這樣的排列稱為質數骰子（primes），因為相對的兩數之總和 3、7 和 11 都是質數。大約在 1600 年，質數骰子不再受歡迎，取而代之的是我們至今仍沿用的結構：1 與 6 相對，2 與 5 相對，而 3 與 4 相對。此種骰子稱為「七骰子」（sevens），因為相對的兩數之總和永遠是 7。質數骰子和七骰子都能以兩種相異的形式出現，也就是彼此的鏡像。

　　隨著骰子變得更符合規格、更標準化，賭徒可能也採取了更理性的方法。他們不再相信幸運女神能夠影響一顆不公平的骰子，而是開始注意到，任一特定結果會反覆出現，可能不是因為神祇介入造成的。他們幾乎很難不注意

到，使用公平的骰子時，雖然數字不會以任何可預測的順序出現，但任一數字出現的可能性就和其他數字一樣。所以長時間下來每個數字出現的次數都應該一樣多，伴隨著或多或少的差異。這種思維最終使得一些先驅數學家創立了一個新的數學分支：機率論。

這些先驅當中的第一人是吉羅拉莫・卡爾達諾（Girolamo Cardano），生活在文藝復興時期的義大利。他於 1545 年所著的《大術》（*Ars Magna*），意為「偉大的藝術」，為他在數學領域中贏得了肯定。這是關於我們今天稱為代數的第三本重要著作。希臘數學家丟番圖（Diophantus）大約於公元 250 年所著的《算術》（*Arithmetica*）提出了以符號表示未知數的方法。波斯數學家穆罕默德・花拉子米（Mohammed al-Khwarizmi）大約於公元 800 年所著之《代數學》（*al-Kitāb al-mukhtaṣar fḥis bāl-jabr walmuq bala*）首創了「代數」一詞。他沒有使用符號，但他開發出了解方程式的系統性方法——「演算法」（algorithms），由他的拉丁名阿爾戈利茲姆（Algorismus）衍伸而來。卡爾達諾將兩者合而為一——未知數的符號表示法，加上將符號視為一種新的數學物件

的可能。他也解出更多複雜的方程式，超越他的前輩。

　　他在數學領域的資歷無可挑剔，但他的性格卻有許多瑕疵：他是個賭徒，還是個無賴，並且有暴力傾向。但在他生活的年代本就充滿著賭徒和無賴，暴力隨處可見。卡爾達諾也是個醫生，以當時的標準來看還是個滿成功的醫生。他還是個占星家。他因為占卜耶穌基督的星象而招惹到教會。有人說他也占卜自己的星象，而此舉招致的麻煩更大了，因為他預測了自己的死期之後，由於對專業的自尊，遂以自殺的方式來確保自己的預測準確。這個故事似乎沒有客觀證據，但考慮到卡爾達諾的個性，某種程度上來說這件事是必然會發生的。

　　在審視卡爾達諾對機率論的貢獻之前，有些術語值得先在此整理一下。如果你選一匹馬下注，賭馬業者不會給你機率：他會報**賠率**給你。舉例來說，他可能會說，四點半在「廢克納姆馬場」（Fakingham Racecourse）舉行的文藝復興錦標賽中，「飛躍的吉羅拉莫」（Galloping Girolamo）的賠率是 3:2。意思是說如果你下注 2 英鎊而且贏了，莊家會付你 3 英鎊，**再加上**你原本的賭金 2 英鎊。如果你贏了，你就賺了 3 英鎊；如果你輸了，莊家就賺了 2 英鎊。

這樣的安排長遠來看是公平的，如果輸贏互相抵消的話。一匹賠率 3:2 的馬應該每贏兩次就要輸三次。也就是說，平均每五場賽就要贏兩場。因此贏一場的**機率**是五分之二：2/5。綜合而言，如果賠率是 *m:n*，該馬匹跑贏的機率就是

$$p = \frac{n}{m+n}$$

如果賠率是百分百公正無私的話。當然，賠率很少是公平的；莊家做這行是為了賺錢。換句話說，賠率會很接近這個公式：莊家不想要顧客發現自己被騙錢了。

不論實用性為何，這個公式能夠告訴你如何將賠率轉換成機率。你也可以採取另一種方式，切記賠率是一種比率：6:4 和 3:2 是一樣的。比率 *m:n* 就是分數 *m/n*，也等於 1/*p*-1。驗證一下，如果 *p* = 2/5，我們可以得出 *m/n* = 5/2 - 1 = 3/2，故賠率為 3:2。

卡爾達諾一直都缺現金，於是他成為專業賭徒與西洋棋手以便改善財務。他的《論賭博遊戲》（*Liber de ludo aleae*）於 1564 年寫成，但直到 1663 年才做為合集的一部分出版，那時他早已過世。這本書包含了第一個對機率

的系統性處理。他利用骰子來說明一些基本觀念，並寫道：「倘若你偏離了……公平，要是對你的對手有利，你就是個笨蛋，要是對你有利，你就不公正。」這是他對「公平」的定義。在這本書的其他段落，他解釋了如何作弊，所以看來他並不是真的**反對**不公平，只要不公平發生在別人身上就好。另一方面，即使是誠實的賭徒也需要知道如何作弊，才能抓到作弊對手。基於這種想法，他解釋為何公平機率可被視為輸贏的比率（對賭客而言是輸贏的比率，對莊家而言是贏輸的比率）。實際上，他將一個事件的機率定義為在長時間內該事件發生的比例。他解釋相關的數學，將其應用到骰子賭博。

他以他的分析作為開場白，並加上這句話：「賭博最基本的原則是完全公平的條件，例如對手、旁觀者、賭金、環境、骰盒，以及骰子本身的條件。」按照這種規定，擲一顆骰子很簡單。擲出的結果有六種，如果骰子是公平的，每種結果是平均擲六次出現一次。所以每一面的機率是 1/6。如果談到兩顆以上的骰子，卡爾達諾的基本知識正確，其他幾名數學家則錯了。他認為兩顆骰子有 36 種機率相同的投擲結果，三顆骰子則有 216 種。如今我們會說，$36 = 6 \times 6$（亦即 6^2），而 $216 = 6 \times 6 \times 6$（亦即

6^3），但卡爾達諾計算的方式如下：「有六種骰面相同的投擲結果，以及十五種骰面不同的組合，這十五種組合翻倍就變成三十種，所以總共有三十六種投擲結果。」

　　為什麼要翻倍？假設一顆骰子是紅色，另一顆是藍色。那麼一個 4 點跟一個 5 點的組合可以在兩種情況中出現：紅 4 與藍 5；紅 5 與藍 4。不過，一個 4 點跟一個 4 點的組合只會發生在一種情況：紅 4 與藍 4。這裡使用顏色是為了讓解釋更清楚：即使兩顆骰子**看起來**一模一樣，依然有兩種情況會投出不同點數的組合，但只有一種情況會投出點數相同的兩顆骰子。關鍵是點數的組合順序，而不是無順序的組合。[9] 雖然這樣的觀察看似簡單，卻是很重要的進展。

　　在三顆骰子的情境中，卡爾達諾解決了一個長久以來的難題。賭徒早就從經驗得知，投擲三顆骰子時，總數為 10 的情況比 9 更容易出現。不過這讓他們很困惑，因為有六種方式會得到總數為 10 的結果：

　　1+4+5　1+3+6　2+4+4　2+2+6　2+3+5　3+3+4

但**也**有六種方式得到總數為 9 的結果：

1+2+6　1+3+5　1+4+4　2+2+5　2+3+4　3+3+3

那為什麼 10 更常出現呢？卡爾達諾指出，三顆骰子有二十七種**順序**的骰面會讓總數為 10，但只有二十五種骰面讓總數為 9。[10]

他也討論了重複多次投擲骰子的情況，而他在這方面有了非常重要的發現。第一個發現是事件的可能性為長時間內該事件發生的比例。如今這被稱為「頻率學派」（frequentist）對於機率的定義。第二個發現是如果單一事件的機率為 p，在 n 次試驗中每次發生事件的機率就是 p^n。他花了一些時間才找到正確的公式，而他的書也包含了他在過程中犯的錯。

你不會期待一名律師跟一名天主教神學家對於賭博有多大興趣，但皮耶・德・費馬（Pierre de Fermat）與布萊茲・帕斯卡（Blaise Pascal）是頗有成就的數學家，他們無法忍住不接受挑戰。在 1654 年，德・默勒騎士（Chevalier de Méré）以熱愛賭博聞名，他顯然把這項愛好延伸到「甚至是數學上」—— 這確實是很罕見的讚美 —— 他請費馬與帕斯卡為「點數問題」提出一個解法。

假設有一場簡單的賭局，例如投擲硬幣，每位玩家有50% 的機率會贏。起初他們出了相同賭金，放進一個「壺」裡，並同意第一個贏得特定回合數（亦即「點數」）的人就能贏錢。然而，這場賭局在結束前被打斷了。根據那時的分數，賭客們該怎麼分配賭金呢？舉例來說，假設壺裡有 100 法郎，賭局應該在一位玩家贏得 10 回合時結束，但他們不得不在分數為 7 比 4 時放棄遊戲。每位玩家應該得多少？

這個問題引起了兩位數學家之間的密集通信，除了帕斯卡寫給費馬的第一封信以外，他們的其餘信件都保留至今，帕斯卡在那封遺失的信中顯然提出了錯誤答案。[11] 費馬以不同的計算回應帕斯卡，敦促他回信表達是否同意自己的理論。答案正是他所期盼的：

先生，

我與您一樣被不耐所攫獲，雖然我現在還躺在床上，但我忍不住要告訴您，我昨晚從卡克維先生手中收到您關於點數問題的來信，我對於您的敬佩溢於言表。我沒有空閒寫長信，但總而言之，您已經找到了點數與骰子的兩種分配方法，它們是完全公平的。

帕斯卡承認他先前的嘗試是錯誤的，他們兩人來回探討這個問題，由皮耶・德・卡克維（Pierre de Carcavi）作為中間人（他跟費馬一樣，是一名數學家兼議會律師）。他們的主要想法是，最重要的並非賭局的過去歷史——除了設定點數以外——而是接下來的回合裡可能發生的事。如果玩家設定的是贏得 20 回合者勝出，而賭局在比數為 17 比 14 時被打斷，那麼跟設定贏得 10 回合者勝出，比數為 7 比 4 時做比較，兩種狀況的賭金分配方式應該完全相同。（在這兩種狀況中，一位玩家需要再贏 3 點，另一位則需要再贏 6 點。他們如何到達那個階段則與賭金的分配無關。）兩位數學家分析了這套規則，計算我們如今所謂的「每位玩家的期望值（expectation）」——如果遊戲被重複許多次，玩家應該贏得的平均金額。這個例子的答案是賭金應該以 219 比 37 的比率分配，領先的玩家獲得較多賭金。這可不是你猜得到的答案。[12]

下一個重大貢獻來自克里斯蒂安・惠更斯，他在 1657 年寫了《論博弈遊戲的計算》（*De ratiociniis in ludo aleae*）。惠更斯也討論了點數問題，明確表達出期望值的概念。我在這裡不寫出他的公式，而是舉一個典型例

子。假設你玩一種骰子遊戲很多次，輸贏規則是：

如果你擲出 1 或 2，輸 4 英鎊

如果你擲出 3，輸 3 英鎊

如果你擲出 4 或 5，贏 2 英鎊

如果你擲出 6，贏 6 英鎊

我們無法立即確定長遠而言你是否擁有優勢。為了找出答案，我們計算如下：

輸 4 英鎊的機率是 2/6，等於 1/3

輸 3 英鎊的機率是 1/6

贏 2 英鎊的機率是 2/6，等於 1/3

贏 6 英鎊的機率是 1/6

然後將每次贏或輸（輸以負數計算）乘以相應機率，得出你的期望值，接著把它們加起來：

$$\left(\text{-}4\times\frac{1}{3}\right)+\left(\text{-}3\times\frac{1}{6}\right)+\left(2\times\frac{1}{3}\right)+\left(6\times\frac{1}{6}\right)$$

就等於 -1/6。也就是說，你平均每一局輸 16 便士。

要知道為何如此，請想像你投擲骰子六百萬次，每個點數出現一百萬次——各點數出現的次數都很平均。然後你也可能投擲骰子六次，每個點數出現一次，因為比例是一樣的。在這六次投擲中，你擲出 1 跟 2 時輸 4 英鎊，擲出 3 時輸 3 英鎊，擲出 4 跟 5 時贏 2 英鎊，擲出 6 時贏 6 英鎊。因此你「贏的賭金」總共是：

$$（-4）＋（-4）＋（-3）＋2＋2＋6＝-1$$

如果你除以 6（亦即遊戲次數），並把相同的輸贏金額歸為一組計算，你就會重建出惠更斯的表達式。期望值是一種個別贏或輸的平均值，但每次結果必定是依據其機率進行「加權」。

惠更斯也將他的數學理論應用到實際問題上。約翰·葛蘭特（John Graunt）於 1662 年發表的《對死亡率表的自然與政治觀察》（*Natural and Political Observations Made upon the Bills of Mortality*）一般被認為是最早對於人口學（demography）的重要研究，也是最早對於流行病學（epidemiology）的研究之一。惠更斯與弟弟洛德維克（Lodewijk）根據該書中的表格，利用機率來分析人類預期壽命。機率與人類活動早已逐漸糾纏在一起。

4 丟硬幣

正面我贏，反面你輸。

——兒童遊戲中常說的俗諺

　　跟雅各布・白努利（Jakob Bernoulli）的巨著《猜度術》（*Ars conjectandi*）相比，先前所有關於機率的文獻都黯然失色，他於 1684 年與 1689 年之間著成該書，由姪子尼古拉一世・白努利（Nicolaus Bernoulli）於 1713 年出版，雅各布當時已經過世。雅各布之前已經發表過許多關於機率的文章，他彙整了主要的想法與當時已知的結果，並添加許多他自己的研究。該書一般被認為是機率論正式成為數學分支的標誌。它開頭就討論排列組合（permutations and combinations）的組合性質，我們很快會以現代數學符號再次討論這個部分。接著，他修訂了惠更斯在期望值上的想法。

　　丟硬幣是機率文本最主要的素材。它簡單、為人熟知，而且能清楚說明許多基礎概念。正面／反面是博弈遊戲中最基本的選擇。白努利分析了如今所謂的**白努利試驗**

（Bernoulli trial）。該模型是重複進行一個具有兩種結果的遊戲，例如結果是正面或反面的丟硬幣遊戲。硬幣可能有偏差：例如可能有 2/3 的機率出現正面，所以有 1/3 的機率出現反面。兩種結果的機率加總一定等於 1，因為每次投擲結果不是正面就是反面。他問了一些問題，比如「丟 30 次硬幣獲得至少 20 次正面的機率是多少？」並利用被稱為排列組合的算式來回答它們。建立了這些組合概念的相關性之後，他接著將這些概念的數學發展至相當深的層次。他把這部分的數學與二項式定理（binomial theorem）連結起來，二項式定理是一種展開「二項式」$x + y$ 的冪的代數結果；例如

$$(x + y)^4 = x^4 + 4x^3y + 6x^2y^2 + 4xy^3 + y^4$$

該書的第三部分將先前的研究結果應用到卡牌與骰子遊戲，當時這兩類遊戲很常見。該書的第四也是最後一部分繼續聚焦在應用上，但重心轉到社會脈絡的決策，包括法律與財經。白努利在此處的巨大貢獻是大數法則（law of large numbers），該法則指出在數目龐大的試驗中，任何特定事件如正面或反面所發生的次數往往非常近似於試驗數量乘以該事件的機率。白努利稱其為他的黃金定

理，「我浸淫了二十年的問題」。頻率學派對機率的定義
為：「一特定事件發生次數的比例」，白努利的這項結果
可視為該定義的一種證明。白努利有不同看法：對於在試
驗中利用比例來推演出潛在機率，他的研究結果提供了一
項理論證明。這接近於機率論的現代公理觀點。

　　白努利為後輩設立了標準，但他留下了幾個尚未解答
的重要問題。其中一個很實際：試驗次數很大時，利用白
努利試驗的計算過程變得非常複雜。舉例來說，投擲一個
公平硬幣1000次時，得到正面600次以上的機率是多少？
算式中包括將 600 個整數相乘，再除以 600 個整數。在
缺乏電腦的情況下徒手進行計算，最好的狀況已經是冗長
又費時，最壞的狀況則超出人類能力。解決這種問題成為
了人類藉由機率論瞭解不確定性的下一大步。

　　過了一段時間，以過去的方式描述機率論的數學開始
讓人困惑，因為隨著數學家逐漸對這個領域有更深的理
解，符號、術語，甚至觀念也不斷改變。所以現在我想用
比較現代的方式，來解釋歷史發展上的某些主要觀念。這
會釐清並統整一些觀念，我們在本書接下來的部分會需要
它們。

　　一個公平硬幣在長期之下會產生的正面次數大致等同於反面次數，這似乎是顯而易見的。每一次的投擲都無法預測，但經過一系列投擲所累積的結果在平均上是可預測的。所以雖然我們不能確定任何特定一次投擲的結果，但我們能限制住長期之下不確定性的程度。

　　我丟了硬幣 10 次，得到正反面的序列如下：

反　正　反　反　反　正　反　正　正　反

有 4 次正面與 6 次反面 —— 次數接近對半分，但其實不然。這些比例有多大可能？

　　我會一步步算出答案。第一次投擲結果不是正面就是反面，兩者有相等的機率，亦即 1/2。前兩次投擲結果可能是正正、正反、反正、反反的任何一個，總共有四種可能結果，每一種的可能性都相等，所以每種結果有 1/4 的機率。前三次投擲結果可能是正正正、正正反、正反正、正反反、反正正、反正反、反反正、反反反的任何一個，總共有八種可能結果，每一種的可能性都相等，所以每種結果有 1/8 的機率。最後，我們來討論前四次投擲結果。總共有 16 種序列，每種有 1/16 的機率，我根據正面出現的次數來列出它們：

0 次　　1 種序列（反反反反）

1 次　　4 種序列（正反反反、反正反反、反反正反、
　　　　　　反反反正）

2 次　　6 種序列（正正反反、正反正反、正反反正、
　　　　　　反正正反、反正反正、反反正正）

3 次　　4 種序列（正正正反、正正反正、正反正正、
　　　　　　反正正正）

4 次　　1 種序列（正正正正）

我投擲的序列從「反正反反」開始，只有一個正面。這樣的正面次數在 16 種可能結果中會發生四次：機率為 4/16，等於 1/4。相較之下，兩個正面與兩個反面在 16 種可能結果中會發生 6 次：機率為 6/16 = 3/8。所以雖然正面與反面的可能性相等，但獲得相同次數正反面的機率卻不是 1/2；而是小於 1/2。另一方面，獲得**接近**兩個正面的機率——這裡指 1 個、2 個或 3 個正面——是 (4 + 6 + 4)/16 = 14/16，也就是 87.5%。

投擲十次時，正面與反面的序列會有 2^{10} = 1024 種。類似的計算（是有捷徑的）顯示，有特定正面次數的序列數量如下：

0 次	1 種序列	機率 0.001
1 次	10 種序列	機率 0.01
2 次	45 種序列	機率 0.04
3 次	120 種序列	機率 0.12
4 次	210 種序列	機率 0.21
5 次	252 種序列	機率 0.25
6 次	210 種序列	機率 0.21
7 次	120 種序列	機率 0.12
8 次	45 種序列	機率 0.04
9 次	10 種序列	機率 0.01
10 次	1 種序列	機率 0.001

　　我投擲出的序列有 4 個正面與 6 個反面，是機率為 0.21 的事件。最可能出現的正面數量為 5 個，機率僅有 0.25。挑選特定的正面次數無法提供非常豐富的資訊。更有趣的問題是：取得某個範圍內的正反面次數有多少機率呢？比如說 4 個到 6 個之間的次數有多少機率？答案是 0.21 + 0.25 + 0.21 = 0.66。換句話說，假設我們丟一枚硬幣十次，我們就能預期有三分之二的機率出現 5:5 或 6:4 的正反面次數。反之，我們也能預期有三分之一的機率出

現**較大**的正反面次數差異。所以，在理論平均值附近，不只可能出現一定幅度的波動而已，而且可能性很大。

如果我們要尋找較大幅度的波動，例如 5:5、6:4、7:3（順序可調換）的正反面次數，那麼符合這些限制的機率就變成 0.12 + 0.21 + 0.25 + 0.21 + 0.12 = 0.9。而正反面次數更明顯不平衡的機率大約是 0.1──十分之一。這個機率雖然小，但不是不可能。令人驚訝的是，你丟一枚硬幣十次時，獲得兩個以下正面或兩個以下反面的機率居然高達 1/10，這種事件平均每十次試驗就會發生一次。

如同上述這些例子所說明的，機率的早期研究主要在探討如何計算可能性相等的案例。這個計算事物的數學分支被稱為組合數學（combinatorics），而最早期研究的主流觀念則是排列組合。

排列是依照順序安排數個符號或物品的方法。比如說，符號 A、B、C 能以六種方式排序：

ABC　ACB　BAC　BCA　CAB　CBA

類似的列表顯示四個符號有 24 種排序方式，五個符號有 120 種，六個符號有 720 種，以此類推。通則很簡單。

舉例來說，假設我們希望將六個字母 A、B、C、D、E、
F 以某種順序排列。我們能以六種不同方式選擇第一個字
母：A、B、C、D、E、F 任一個。選了第一個字母後，
就剩下其他五個字母繼續排序，所以有五種方式來選擇第
二個字母。每種方式都能被附加到初始選擇裡，所以總體
而言，我們選擇前兩個字母時有

$$6 \times 5 = 30$$

種方式。下一個字母有四種選擇，再下一個有三種選擇，
再下一個有兩種選擇，第六個字母只剩下一種選擇，所以
排序方式的總數為

$$6 \times 5 \times 4 \times 3 \times 2 \times 1 = 720$$

這個計算的標準符號為 6!，念法是「六的階乘」（six
factorial）（更正確的英文名稱為「factorial six」，但幾
乎沒人這麼說）。

　　同理，一套 52 張撲克牌的排序方式總數為

$$52! = 52 \times 51 \times 50 \times \cdots \times 3 \times 2 \times 1$$

根據我可靠的電腦以飛快速度告訴我的，總數是

80,658,175,170,943,878,571,660,636,856,403,766,

975,289,505,440,883,277,824,000,000,000,000

這個答案精確又龐大，而且你無法列出所有可能性來找到答案。

　　更廣泛地說，從六個字母 A、B、C、D、E、F 中選出任四個字母進行排序時，我們也能夠算出有多少種排序方式。這些排序方式稱為（從六個字母選四個的）排列。計算過程很類似，但我們選了四個字母後就不再繼續選擇，所以我們得到

$$6 \times 5 \times 4 \times 3 = 360$$

種方式來排列四個字母。以數學描述這個過程的最簡潔方式，是將其視為

$$(6 \times 5 \times 4 \times 3 \times 2 \times 1) / (2 \times 1) = 6!/2! = 720/2 = 360。$$

我們在算式中除以 2!，目的是去掉 6! 最後的 ×2×1，那是我們不需要的部分。同理，從 52 張牌裡選出 13 張進行排序時，排序方法的總數為

$$52!/39! = 3,954,242,643,911,239,680,000$$

組合也非常類似，但現在我們不是計算排序方式的數目，而是計算不同選擇的數目，並忽略順序。舉例來說，13張牌可以產生多少種不同牌組？訣竅是先計算排列的數目，然後在不考慮順序的情況下，找出有多少種排列方法具有相同組合。我們已知每一個含有 13 張牌的牌組能以13! 種方式排序。這代表在 13 張牌整整 3,954,242,643, 911,239,680,000 種排序方式的（假想）清單裡，每一個13 張牌組（不排序）會出現 13! 次。所以無排序的牌組數目為

$$3{,}954{,}242{,}643{,}911{,}239{,}680{,}000/13! = 635{,}013{,}559{,}600$$

也就是不同牌組的數目。

在計算機率的時候，我們可能會想知道拿到特定 13 張牌的機率是多少 —— 假設是所有的黑桃好了。那正是6350 億種牌組中的其中一種，所以能拿到這種組合的機率是

$$1/635{,}013{,}559{,}600 = 0.000000000001574 \ldots$$

也就是 1.5 兆分之一。世界上，應該平均每 6350 億種牌組就會出現一種這樣的牌組。

　　有一種答案寫法能夠傳達很多訊息。從 52 張牌中挑選出 13 張的選法（52 張牌中任意 13 張的**組合**方法）總數為

$$\frac{52!}{13!39!} = \frac{52!}{13!\,(52-13)!}$$

以代數表示，從 n 個物品中挑選出 r 個物品的方法總數為

$$\frac{n!}{r!\,(n-r)!}$$

所以我們可以用階乘的形式算出該組合方法數。這種情形口語中通常稱作「n 中取 r」；高級的術語是**二項式係數**（binomial coefficient），以符號寫成

$$\binom{n}{r}$$

該術語之所以出現，與代數的二項式定理有關。看看我前幾頁 $(x+y)^4$ 的公式，係數是 1、4、6、4、1。我們連續丟四次硬幣，並計算特定次數的正面有幾種排序方式的時候，也會得到相同數字。如果你把四替換成任何整數也是一樣。

　　知道了這些後，我們再來看看正面和反面的 1024 種

序列。我說過丟擲硬幣後，其中正面出現四次的結果共有
210 種序列。我們可以用處理組合問題的方式算出這個答
案，雖然乍看之下不太明顯。這是因為這個問題與有序序
列有關，有序序列中符號可以重複出現，看起來與組合非
常不一樣。竅門在於把它理解為這四次正面會出現在哪些
位置。這個嘛，它們可能會出現在第一、二、三、四個位
置──正正正正，其後為六個反面。或是它們可能出現在
第一、二、三、五個位置──正正正反正，後面再接著五
個反面。或是……無論位置為何，列出四次正面出現的位
置就和從數字 1、2、3、……、10 中取四個數字一樣，
也就是從十個數字中取出四個數字的組合數。而我們已經
知道怎麼計算這個問題了：我們只要算出

$$\frac{10!}{4!\,(10-4)!} = \frac{10!}{4!\,6!} = 210$$

太神奇了！繼續重複此類計算，我們即可算出所有排序方
法：

$$\frac{10!}{0!\,10!} = 1 \quad \frac{10!}{1!\,9!} = 10 \quad \frac{10!}{2!\,8!} = 45 \quad \frac{10!}{3!\,7!} = 120$$

$$\frac{10!}{4!\,6!} = 210 \quad \frac{10!}{5!\,5!} = 252$$

之後的排法數就會以相反的順序出現。你可以用符號來理
解，或是（舉例來說）將六個正面和四個反面看作是一樣
的，也就是說四次反面的組合數很明顯地和四次正面的組
合數相同。

　　這些數字大致上有個「形狀」，它們剛開始較小，到
了中間會上升至一個頂點，接著又下降，整個列表大約以
中央為對稱軸。當我們將序列數量與正面次數繪製成長條
圖（bar chart），高級一點也可稱作直方圖（histogram），
我們就能清楚地看見這個圖樣。

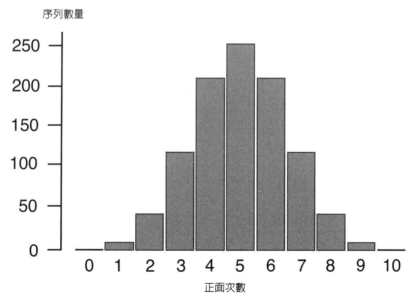

十次試驗的二項分布（binomial distribution），正面和反面出現的可能性
相同。將縱軸上之數字除以1024即可求出機率。

　　從某一範圍內的可能事件隨機取得的測量值稱為隨機
變數（random variable），將隨機變數的每個數值連結至
其個別機率的數學原理稱為機率分布（probability distri-
bution）。此處隨機變數所指為「正面次數」，其機率分
布的圖形與長條圖非常相似，差別在於縱軸上的數字必須
除以 1024 來代表機率。此種機率分布因為與二項式係數
有所聯結，所以稱為二項分布。

　　當我們的問題不同，分布即會出現不同形狀。舉例來
說，丟擲一顆骰子時，可得到 1、2、3、4、5 或 6，且每
一種結果的可能性都相同。此為均勻分布（uniform
distribution）。

　　如果我們丟擲兩顆骰子，再將出現的數字相加，其總
和從 2 到 12 會以不同方式出現：

2 = 1 + 1　　　　　　　　　　　　　　　　　　　1 種

3 = 1 + 2, 2 + 1　　　　　　　　　　　　　　　　2 種

4 = 1+ 3, 2 + 2, 3 + 1　　　　　　　　　　　　　3 種

5 = 1 + 4, 2 + 3, 3 + 2, 4 + 1　　　　　　　　　4 種

6 = 1 + 5, 2 + 4, 3 + 3, 4 + 2, 5 + 1　　　　　5 種

7 = 1 + 6, 2 + 5, 3 + 4, 4 + 3, 5 + 2, 6 + 1　　6 種

總和逐次遞增 1，但方法數卻減少了，因為點數 1、2、3、4、5 的投擲結果會依次消失：

$$8 = 2 + 6, 3 + 5, 4 + 4, 5 + 3, 6 + 2 \qquad 5\ 種$$
$$9 = 3 + 6, 4 + 5, 5 + 4, 6 + 3 \qquad 4\ 種$$
$$10 = 4 + 6, 5 + 5, 6 + 4 \qquad 3\ 種$$
$$11 = 5 + 6, 6 + 5 \qquad 2\ 種$$
$$12 = 6 + 6 \qquad 1\ 種$$

　　因此這些總和的機率分布呈三角形。各總和的方法數已標記在圖中；某一總和的機率即是該總和方法數除以總方法數，也就是 36 種。

　　如果我們丟擲三顆骰子，再將出現的數字相加，圖形形狀就會變得較圓滑，且與二項分布較為相似，雖然並不完全相同。於是我們發現，我們丟擲的骰子愈多，總和就愈接近二項分布。第 5 章的中央極限定理（central limit theorem）能解釋此現象之原因。

　　硬幣和骰子經常被用來作為隨機的隱喻。愛因斯坦曾說過上帝不和宇宙擲骰子，這是眾所周知的名言。比較少人知道他原本並不是這樣說的，但他實際上說的話所表達的是一樣的論點：他不認為自然法則包含隨機性。因此，

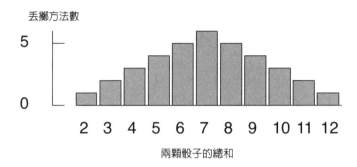

兩顆骰子總和的分布。將縱軸除以36可求得機率。

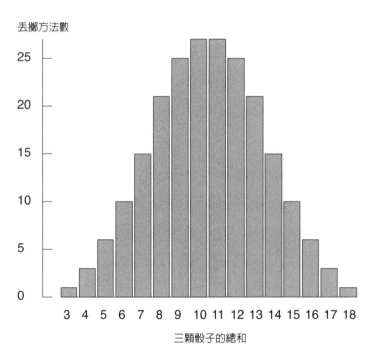

三顆骰子總和的分布。將縱軸上之數字除以216可求得機率。

當我們發現他可能用了一個錯誤的隱喻，會猶如當頭棒喝一般讓人突然清醒過來。硬幣和骰子有個不可告人的祕密：它們並不如我們所想的那麼隨機。

2007 年，佩爾西・戴康尼斯（Persi Diaconis）、蘇珊・荷姆斯（Susan Holmes）和理查・蒙哥馬利（Richard Montgomery）研究了丟擲硬幣的動態機制。[13] 他們從物理著手，建造了一台可以將硬幣拋到空中的擲硬幣機器，如此一來硬幣在自由翻轉之後就會掉落在一個平坦的接收表面上，不會胡亂彈跳。他們製造此機器是為了能在有所控制的情況下擲出硬幣，而且控制極為嚴密，只要你將硬幣正面朝上放入機器，它就永遠會是正面的結果——儘管在空中翻轉非常多次也一樣。如果將其反面朝上放入，它掉落時就永遠是反面朝上。該實驗清楚證明了擲硬幣是一個預先決定的機械式過程，不是隨機的。

應用數學家約瑟夫・凱勒（Joseph Keller）曾分析過一個特殊情況：一枚硬幣以一完全水平軸為中心旋轉，不斷翻轉之後以手接住。他的數學模型顯示如果硬幣的轉速夠快，停留在空中的時間夠久，只要初始條件有些微的變異性就能讓正面與反面的比例相等。換句話說，硬幣掉落時正面朝上的機率會非常接近預期值 1/2，反面朝上亦

然。此外，就算你固定只以正面朝上或反面朝上擲出硬幣，以上數據仍然適用。所以拋擲用力一點能夠有效增加隨機性，前提是硬幣必須要以凱勒的模型假設的那種特別方式旋轉。

從另一個極端來看，我們可以想像同樣用力地拋出一枚硬幣，不過這次讓硬幣以一垂直軸為中心旋轉，像播放黑膠唱片的唱盤一樣。硬幣被拋向空中，再掉下來，但並未翻轉，所以它掉落時朝上的面永遠和拋出手中時朝上的面相同。現實中丟擲硬幣的情況介於兩者之間，其旋轉軸心既不水平也不垂直。如果你沒作弊，軸心可能是接近水平的。

為了明確表達，假設我們固定只以正面朝上拋擲硬幣。戴康尼斯的團隊證實，只要該硬幣**完全**按照凱勒的假設，以精準的水平軸為中心**翻轉**（實際上是不可能的），大部分都會得到正面的結果。在一些實驗中，有人以正常的方式丟擲硬幣，正面朝上的結果大約佔了51%，反面朝上則是49%。

在我們擔心本該「公平」的硬幣不公平之前，我們必須先考慮到三個因素。人丟擲硬幣沒辦法像機器一樣精準。更重要的是，人丟擲硬幣時不會永遠都以正面朝上拋

出，而是有時正面有時反面，是隨機的。這抵消了永遠是正面或反面結果的機率，所以結果就是（非常接近）一半一半。並不是**丟擲**的動作使其機率相等；而是擲硬幣的人在丟擲之前把它放在大拇指上的時候，就潛意識地隨機化了。如果你想佔點上風，你可以練習精準地擲出硬幣，練到很高明的程度，然後永遠以你想要的那一面朝上拋出。一般流程能夠輕而易舉避免這種可能性，方法就是加入另一個隨機元素：一個人丟，另一個人在硬幣還在空中時決定「正面」或「反面」。由於丟硬幣的人事先並不知道另一個人的選擇，所以他以哪一面朝上拋出硬幣都沒辦法影響到輸贏的機會。

擲骰子比較複雜，有更多可能的結果。但檢視同樣的問題似乎很合理。你擲骰子時，決定最後哪一面會朝上最重要的因素是什麼？

可能性非常多。骰子在空中翻轉得多快？它彈跳了幾次？2012 年，馬爾欽・卡比塔尼亞克（Marcin Kapitaniak）和同事開發了一個精細的骰子數學模型，考慮了空氣阻力和摩擦力等因素。[14] 他們將骰子的模型製作成一個稜角分明的完美數學方塊。為了測試模型，他們拍攝滾動中的

骰子，製作成高速播放的影片。結果他們發現上面提到的因素都沒有一件更加簡單的事來得重要：骰子原本的狀態。如果你以 1 朝上擲出骰子，擲到 1 的機會就比其他數字更高一點點。同理，任何其他數字朝上也是如此。

　　傳統的「公平骰子」假設每一個面都有 1/6 ≒ 0.167 的機率被擲到。理論模型則顯示在一種極端的情況下，桌子是軟的，且骰子不會彈起來，最後擲到一開始朝上那一面的機率有 0.558——比 0.167 高很多。若較符合現實地假設骰子彈跳四或五下，機率就變成 0.199——仍然高很多。只有當骰子以極高速旋轉，或是彈跳大約二十下，預測的機率才會接近 0.167。有些實驗使用一種特殊的機械裝置來擲骰子，以非常精準的速度、方向和骰子初始狀態投擲，也顯示出相似的預測機率。

5 資訊過量

合理的機率是唯一的確定性。
——艾德格 · 華生 · 豪（Edgar Watson Howe），
《罪人講道》（*Sinner Sermons*）

　　卡爾達諾的《論賭博遊戲》把潘朵拉的盒子開了一個
小縫，白努利的《猜度術》則把整個盒子都打開了。機率
論改變了遊戲規則——而且由於該理論在賭博中的應用，
所以這樣的改變頗為名符其實——但人們過了很久才逐漸
瞭解，該理論對於評估機遇事件的可能性有著重大影響。
統計學大略可說成是機率論的應用分支，它出現的時間要
更晚一點。統計學某些重要的「史前階段」發生在 1750
年左右，第一個重大突破是在 1805 年。

　　統計學起源於兩塊非常不同的領域：天文學和社會
學。兩個領域都有一個問題，就是需要從不完美或不完全
的觀測資料中取得有用的資訊。天文學家想要找出行星、
彗星與相似天體的運行軌道。他們的研究結果可供他們以
數學來解釋天體現象，但除此之外還有潛在的實用性結

論，特別是對海上航行來說格外重要。在社會上的應用則較晚發生，在 1820 年代晚期才隨著阿道夫・凱特勒（Adolphe Quetelet）一起出現。

　　這其中有個連結：凱特勒在布魯塞爾的皇家天文台（Royal Observatory）擔任天文學家兼氣象學家，但他也是比利時統計局的地區特派員，而這才是他在科學領域名聲遠播的原因。凱特勒值得獨佔一個章節的篇幅，我會在第 7 章描述他的想法。這裡，我先專注於統計學在天文學的起源，這種淵源為統計學打下了堅實的基礎，有些源自於此的方法至今仍在使用。

　　在十八及十九世紀，天文學主要的焦點是月亮和行星的運行，後來擴展至彗星和小行星。多虧了牛頓的引力理論，天文學家能夠非常準確地寫下許多種軌道運動（orbital motion）的數學模型。主要的科學問題在於以觀測值比較這些模型。他們用望遠鏡取得資料，幾十年過去，器材變得更精密，取得的資料也更準確。但要完全準確地測量出恆星和行星的位置是不可能的，所以所有的觀測值都存在著無法控制的誤差。溫度的改變會影響器材。地球瞬息萬變的大氣層造成光的折射，使得行星的影像搖晃而模糊難

辨。用來移動多種刻度和規格的螺紋有些微缺陷，當你轉動把手調整，它會先卡住一下子才會有反應。如果你用同樣的器材重複同樣的觀測，你往往會得到有些微差距的結果。

在儀器的工程技術進步的同時，同樣的問題仍舊存在，因為天文學家總是在試著突破知識的界線。更好的理論總是需要更精準、更準確的觀測。天文學家有個特點：他們能夠多次觀測同一個天體。這個特點本來應該對他們有利。很不幸地，當時的數學技術還無法處理；過量的資訊造成的問題似乎比解決的還要多。事實上，數學家的知識雖然正確，但其實會造成誤導；他們的方法不應拿來解決這些問題。他們也開始應變，尋找新的方式，就像天文學家一樣，但這些新的想法過了一段時間才被理解。

兩種主要的技巧誤導了數學家，即代數方程式的解法以及誤差的分析，兩者在當時皆已發展得非常成熟。我們在學校都學過怎麼解出「聯立方程式」（simultaneous equations），像是

$$2x - y = 3 \quad 3x + y = 7$$

答案是 $x = 2$，$y = 1$。要確定 x 和 y 的值需要兩個方程式，

因為一個方程式只能表示兩者之間的關聯。有三個未知數時，就需要三個方程式才能得到唯一解。有更多未知數時也是以此類推：有多少未知數我們就需要多少方程式。（有時有些技術上的情況會需要排除互相抵觸的聯立方程式，我說的是不會出現如 x^2 或 xy 的「線性」方程式，不過我們先不講那些。）

代數最麻煩的地方就在於當你的方程式比未知數**多**，通常會無解。術語上會說未知數此時是在一個「超定」（overdetermined）的系統中──你接收了太多關於未知數的資訊，而且這些資訊是互相矛盾的。舉例來說，如果在上述題目中，我們再加上一個條件 $x + y = 4$，那就出現問題了，因為另外兩個方程式已經代表 $x = 2$，且 $y = 1$，所以照理說應為 $x + y = 3$。這下糟了。要多一個方程式且不會造成問題只有一種方法，就是該方程式必定得符合前兩個的推論。如果第三個方程式是 $x + y = 3$，那就沒有問題，或是同樣道理的 $2x + 2y = 6$ 也行得通，但只要總和為任何其他數就不行。當然，要能這麼剛好是不太可能的，除非額外加入的方程式是一開始就決定如此的。

誤差分析（error analysis）著重於單一公式，譬如 $3x + y$。如果我們已知 $x = 2$ 且 $y = 1$，那此算式答案即為

7。但假設我們只知道 x 介於 1.5 和 2.5 之間，而 y 介於 0.5 和 1.5 之間，那對於 $3x + y$ 我們可以知道什麼？嗯，在這個情況下，當我們用最大的可能值代入 x 和 y，就會得到最大的值，如下

$$3 \times 2.5 + 1.5 = 9$$

同樣地，當我們用最小可能值代入 x 和 y，就會得到最小值，如下

$$3 \times 1.5 + 0.5 = 5$$

所以我們可以知道 $3x + y$ 位於 7 ± 2 的範圍內。（此處 $\pm$ 代表「加或減」，而可能的值介於 7 - 2 和 7 + 2 之間。）事實上，我們可以用更簡單的方法得出這個結果，也就是合併最大和最小的**誤差**：

$$3 \times 0.5 + 0.5 = 2 \quad 3 \times (-0.5) - 0.5 = -2$$

十八世紀的數學家都瞭解這些，也瞭解更複雜的公式，其中包括數字乘除，以及負數是如何影響估計值。這些公式為微積分推導而來，微積分在當時是最強大的數學理論。他們從這些研究得出了一件事，那就是當你將幾個有誤差

的數字合併，其結果的誤差會**更大**。譬如，以上例說明，僅僅 x 和 y 的 ± 0.5 誤差就讓 $3x + y$ 的誤差擴大為 ± 2。

　　那麼，想像一下，你是當時頂尖的數學家，手上有 75 個方程式和 8 個未知數。對於這個問題，你馬上可以「知道」什麼？

　　你馬上就知道你的麻煩可大了。你要解 8 個未知數，卻多出了 67 個方程式。你可以迅速查看你是否能先解出其中 8 個方程式，然後這些答案是否會（奇蹟似地）完全符合另外 67 個方程式。如果是極度準確的觀測值，那方程式就不會互相矛盾（如果理論公式正確的話），但這些數字只是觀測值，誤差是無可避免的。的確，在我所設想的情況中，那 8 個方程式的解並不符合其他 67 個方程式。有可能很接近，但只是如此還不夠好。無論如何，從 75 個方程式中取出 8 個有將近 170 億種選法：你該選哪些呢？

　　將方程式合併以減少方程式的數量也許是個可行的策略——但過去的經驗已經表明，將方程式合併會**增加**誤差。

　　這個情境還真實上演了。這位數學家是李昂哈德·歐

拉（Leonhard Euler），歷史上最偉大的數學家之一。
1748 年，法國科學院（French Academy of Sciences）宣
布了一年一度的數學競賽題目。天文學家愛德蒙‧哈雷
（Edmond Halley）是著名的哈雷彗星的命名來由，他在
該題目公布前兩年發現，木星與土星會輪流使彼此在軌道
上稍微加速或減速，這跟只有其中一個天體存在時的狀況
不一樣。該競賽題目需要用引力定律來解釋這個效應。歐
拉一如往常參加了比賽，並且以 123 頁回憶錄的形式提交
了他的結果。他主要的理論結果是一道連結 8 個「軌道要
素」（orbital elements）的方程式，軌道要素是與這兩個
天體軌道有關的量。為了將自己的理論與觀測值做比較，
他必須找出那些軌道要素的值。他並不缺觀測值：他在天
文學檔案庫裡找到了 75 個，取得的資料介於 1652 和 1745
年之間。

　　所以：75 個方程式和 8 個未知數 —— 極度超定。歐
拉怎麼辦呢？

　　他先調整方程式，使之能得出其中兩個他頗有把握的
未知數的值。他能做到這點是因為他發現這些資料似乎每
59 年就會重複一次，幾乎一模一樣。所以 1673 年和 1732
年（兩者間隔 59 年）的方程式非常相似，當他將其中一

個剔除，就只剩下兩個重要的未知數。1585 年和 1703 年
（兩者間隔 118 年：59 的兩倍）的資料也是相同的規律，
剩下同樣那兩個未知數。兩個方程式，兩個未知數：沒有
問題。他解出了那兩個方程式，推導出了那兩個未知數。

　　現在他手上有著同樣那 75 個方程式，不過只剩下 6
個未知數──但現在問題反而更糟了：方程式現在超定得
更加嚴重了。他試著用相同的訣竅處理其他資料，但他找
不到任何組合能讓大多數的未知數消失。他沮喪消沉地寫
道：「我們無法從這些方程式得到任何結論；原因也許是
我一直試著完全滿足好幾個觀測值，但我應該試著大約滿
足它們即可；**而且誤差還自行成倍增加了**〔我自己加的粗
體〕。」此處歐拉指的很明顯是誤差分析中眾所皆知的事
實：合併方程式會放大誤差。

　　在那之後，他又做了一些嘗試，但都沒有效果，且沒
什麼成果。統計學家兼歷史學家史蒂芬・史蒂格勒
（Stephen Stigler）[15] 說道：「歐拉……只能在黑暗中摸
索解答」，並將其與天文學家托拜厄斯・邁耶（Johann
Tobias Mayer）在 1750 年的分析做出對比。雖然我們常
說月亮面對地球的永遠是同一面，但這其實有點簡化。月
亮的另一面我們大部分都看不到，但許多現象其實會讓我

們看見的部分有些晃動。這些晃動稱為**天平動**（libration），
而這讓邁耶很感興趣。

　　1748 至 1749 年間，邁耶對一些月球表面特徵的位置
進行觀測大約一年的時間，尤其是一個名為曼尼里烏斯
（Manilius）的隕石坑。在 1750 年的一篇論文中，他用
3 個未知數寫下了一個公式，並用他觀測的資料來計算，
推論出了幾個月球的軌道特性。他面臨了與歐拉當年一樣
的問題，因為他做了 27 天的觀測，面前有 27 個方程式，
3 個未知數。他用非常不同的方式處理這個問題。他將所
有資料分成三組，一組有九個觀測值，並將各組所有的方
程式合併，如此每組就有一個合併的方程式。這麼一來他
就有 3 個方程式，3 個未知數：沒有超定問題，他用一般
計算方式算出了答案。

　　這個程序似乎有點隨興：你要如何將方程式分成三組
呢？邁耶有一個系統性的方式，將看起來頗為相似的方程
式放在同一組。這方法很務實，但也合理。他避開了這種
作業的一大問題，那就是數值不穩定性（numerical insta-
bility）。如果你計算很多相似的方程式，你其實就是將
大數字除以小數字，使得潛在性的誤差變大。他知道這件
事，他說：「〔他所分出的組別〕優勢在於……這三組算

式的差異被盡可能地放大。差異愈大，找出的未知數值就愈準確。」邁耶的方法太合理了，以致於我們可能沒有領會到它是多麼革命性的創舉。從來沒有人做過這樣的事情。

但，先等一等：將九個方程式合併不是會**擴大**誤差嗎？如果每個方程式的誤差都差不多，使用這種程序不是將總誤差乘以 9 了嗎？邁耶絕不這麼想。他表示：「這些值……是從比它多九倍的觀測值衍伸而來……其正確性也多了九倍。」也就是說，可能誤差會**除以** 9，而不是乘以 9。

他搞錯了嗎？還是傳統的誤差分析錯了呢？

答案是：兩者都錯了一點。這裡的統計學重點是誤差分析在當時雖已發展成熟，但其所著重的是**最壞情況**的結果，即所有個別誤差合併起來而產生的最大可能總誤差。但這並不能（正確）解決問題。天文學家需要的是**典型的**或是**最有可能的**總誤差，而這通常包含正負號的誤差，因此在某種程度上會互相抵消。舉例來說，如果你有十個觀測值，每個值都是 5 ± 1，即所有觀測值不是 4 就是 6。它們的總和介於 40 和 60 的範圍之間，誤差為 10，而正確的總和為 50。但是實際來說，觀測值中約有一半是 4，

另一半是 6。如果剛好各半，總和又是 50，那就完全正確。如果假設有六個 4 和四個 6，那總和就是 48，也不算太差。總和的誤差只有 4%，而所有個別誤差都是 20%。

邁耶的想法是對的，但他錯在一個技術上的細節：他主張九倍的觀測值會讓誤差除以 9。後來的統計學家發現我們應該要除以 3——9 的**平方根**（詳見稍後內容），但他的方向是正確的。

邁耶處理超定方程式的方法比歐拉來得更有系統（歐拉使用的根本不太能算是一種方法），而且此法展現了一個重要觀念，那就是用正確方法合併觀測值能提高而非降低準確度。我們應將最後決定性的技術歸功於阿德里安・馬里・勒讓德（Adrien Marie Legendre），他在 1805 年出版了一本篇幅較短的書，名為《決定彗星軌道的新方法》（*Nouvelles méthodes pour la détermination des orbites des comètes*）。勒讓德用不同方式將問題重新敘述：有一線性方程式之超定系統，哪些未知數的值能滿足那些方程式且產生**最小的總誤差**？

這方法完全改變了遊戲規則，因為如果誤差夠小，你

就永遠能找到一個答案。誤差不能完全消除，但關鍵的問題是：你能多接近零誤差？當時的數學家能夠回答這個問題；用微積分或甚至只是代數就可以處理了。但首先，你需要另一樣材料：總誤差的定義。勒讓德的第一個想法是將個別誤差相加，但不太有用。如果答案應為 5，而你算了兩次都得到 4 和 6 的結果，那麼個別誤差就是 -1 和 +1，兩者相加就是零。相反方向的誤差會互相抵消。為了避免此類情況，勒讓德須將所有誤差轉換為正數。

轉換為正數有一種做法，那就是將誤差以其絕對值代替，如此就能將負號還原。很不幸地，這種方法會造成很難計算的代數與不簡潔的答案（不過今天我們可以用電腦處理這個問題）。他並沒有這麼做，反而把所有誤差都平方化，再將其相加。正數或負數的平方永遠都是正的，且以代數處理平方後的數字也很好計算。要將誤差平方的總和縮到最小是個很好解決的問題，而且用一個簡單的公式就能得到解答。勒讓德將此技巧稱為**最小平方法**（method of least squares），他說此法「適合用於揭露最接近真實的系統狀態」。

只考量兩個變數時，有個常見應用在數學上是相同

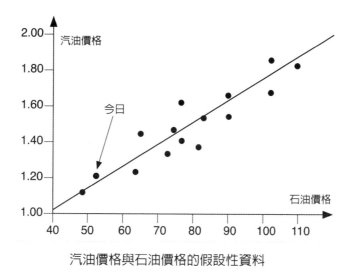

汽油價格與石油價格的假設性資料

的，就是在一組連結這兩個變數的數值資料中，畫出一條
符合資料的直線。舉例來說，汽油價格與石油價格之間是
什麼關係呢？也許今天石油每桶為 52.36 美元，而汽油每
升為 1.21 英鎊。這就形成了一個資料點（data point），
其坐標為（52.36，1.21）。你花了幾天的時間到幾間加
油站查看，比如說你記錄了 20 個這樣的坐標（在現實應
用中，可能會有幾百或甚至幾百萬個）。假設你想用未來
的石油價格預測未來的汽油價格，你沿橫軸標出石油價
格，沿縱軸標出汽油價格，就能得到許多散狀分布的點。
就連在這張圖上你都能看見一個大略的趨勢：不出所料，

石油價格愈高，汽油價格就愈高。（然而，有時候石油價格下降時，汽油價格會維持原樣或是上升。根據我的經驗，汽油從不會在石油漲價時下跌。石油價格的上升會立刻傳到消費者身上，價格若下降則要過更久才會反映在加油站這端。）

有了勒讓德的數學，我們就能做得更好了。我們能夠找到穿過那團點且盡可能接近那些點的一條直線，因為誤差平方的總和被縮到最小了。這條線的方程式能告訴我們如何以石油價格預測汽油價格。舉例來說，它或許能夠告訴我們若要盡可能準確地預估汽油價格（每公升幾英鎊），就得把石油價格（每桶幾美元）乘上 0.012 再加上 0.56。這並不完美，但能將誤差降到最低。若有更多變數，那麼畫一個圖表可能不是很有幫助，但與之相同的數學技巧能夠計算出接近最好的答案。

勒讓德的概念為本書討論的大題目提供了一個簡單卻非常有用的答案：**我們該如何處理不確定性？**他的答案是：將它降至最低。

當然，這並不容易。對於那個特定的總誤差測量法，勒讓德給出了「接近最好的」答案，但若選擇不同，也許一條不同的直線會將誤差最小化。再者，最小平方法也有

些缺陷。誤差平方化這個技巧完美地把代數簡化了，但它可能會偏重於「離群值」（outlier）—— 與其他多數點不合群的資料點。可能有間修車廠每公升賣 2.50 英鎊，其他人都賣 1.20 英鎊。誤差平方化會擴大那間修車廠定價產生的效應，遠比平方化之前還要大，整個公式也就被扭曲了。有個實用的解決方法就是去除離群值。但有時候，在科學或經濟領域，離群值是很重要的。如果你把它們去除，你就漏掉重點了。如果你把其他人的資料都去除的話，你會證明世界上所有人都是億萬富翁。

此外，如果你被允許把資料刪除，那你也可以移除任何和你想證明的論點相抵觸的觀測值。現在有許多科學期刊要求**所有**和特定出版品相關的實驗性資料都要放在網路上，這樣任何人都能看到其中沒有任何作弊行為。倒不是說他們預期會有許多作弊行為，但誠實公開是良好的做法。而且偶爾確實有科學家會作弊，所以這也可以預防不誠實的行為。

勒讓德的最小平方法不是資料關係統計分析的最後定論，但卻是很好的*初論*—— 它是第一個能夠讓人們從超定方程式中得出有意義結果的真正系統性方法。後來的概論能夠處理更多變數，用多維的「超平面」（hyperplane）

而不是線條來表示資料。從接著要說的角度來看，我們也可以處理**更少**的變數。我們有一組資料，哪個單一值以最小平方法來看是最好的答案？比如說，假設資料點是2、3和7，哪個單一值能讓資料間差異平方的總和接近為最小值？稍加計算就能迅速算出這個值就是該組資料的平均數（mean）（平均值〔average〕的同義詞），（2 + 3 + 7）/3 = 4。[16] 相似的計算也顯示，以最小平方法來看，任何資料的最佳估計值就是平均數。

　　說到這裡我得回顧一下過往，為這個故事起個新的開頭。當數字變得很大，二項式係數就很難以手算得出結果，所以早期的先驅開始找精確的逼近法。有一種我們仍沿用至今的逼近法是亞伯拉罕・棣・美弗（Abraham de Moivre）發現的。他於1667年在法國出生，但在1688年就為躲避宗教迫害而逃到英國。1711年，他開始出版和機率有關的著作，並在1718年出版的《機會論》（*Doctrine of Chances*）中集結整理他的想法。在那個時期，他對於將白努利的見解應用於經濟、政治等領域已經不抱希望，因為當試驗的次數太多，要計算出二項分布就很困難。但很快地，他開始有了進展，他用一套更容易處理的方式來

逼近二項分布。他將他的初步研究結果發表在 1730 出版
的《分析雜記》（*Miscellanea analytica*）裡，三年後他
就完成了這項研究。1738 年，他將這些新想法納入《機
會論》裡。

他先逼近最大的二項式係數，也就是中間的數值，然
後發現這個值大約是 $2^{n+1}/\sqrt{2\pi n}$，而 n 就是試驗的次數。
接著他試著從中間的數往外推算出其他二項式係數的值。
1733 年，他推導出了一套逼近公式，將白努利的二項分
布連結到我們今天所謂的常態分布（normal distribution）。
這套公式日後對機率理論和統計學兩者的發展都非常重要。

常態分布形成一道優美的曲線，中間有一個高峰，就
如同其逼近的二項分布一樣。高峰的形狀對稱，且兩側曲
線快速下降，使曲線下方的總面積為有限值；這個數值實
際上等於 1。曲線的形狀有點像一座鐘，因此現在又稱為
「鐘形曲線」。常態分布是一種連續分布（continuous
distribution），代表它能以任何實數（無限小數）估測。
如同所有連續分布一般，常態分布不會顯示出取得任何**特
定**測量值的機率——機率是零。它反而會顯示出測量值落
在某一特定值域內的機率。這項機率就是位於該特定值域
內的曲線下方面積。

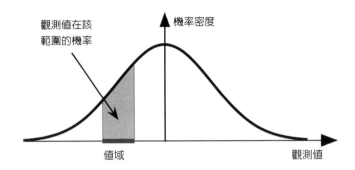

在常態分布曲線下方且位於特定值域之間的面積，代表觀測值落在該值域的機率。

統計學家喜歡使用一整個系列的相關曲線，這些曲線的軸被「縮放」以改變平均數及標準差（standard deviation）。公式是

$$\frac{1}{\sqrt{2\pi\sigma^2}}\ e^{-(x-\mu)^2/2\sigma^2}$$

能以 $N(\mu, \sigma^2)$ 簡稱。這裡的 μ 是平均數（又稱為「平均值」），處於中央高峰的位置，而 σ 是標準差，測量曲線的「範圍」——亦即中央區域有多寬。平均數告訴我們與常態分布相符的資料之平均值，而標準差告訴我們平均數的波動平均有多大（平均數的平方 σ^2 被稱為**變異數**〔variance〕，有時變異數比較容易處理）。包含 π 的係

數讓整個區域等於 1。它出現在機率問題是很值得注意的，因為 π 的定義通常與圓有關，而我們還不清楚圓是怎麼跟常態分布扯上關係的。儘管如此，它跟一個圓的圓周長與直徑比率是完全相同的數字。

以術語表示棣‧美弗的大發現，就是若有 n 個大量試驗，則二項分布的長條圖具有與常態分布 $N(\mu, \sigma^2)$ 相同的形狀，其中 $\mu = n/2$，$\sigma^2 = n/4$。[17] 即使在 n 很小時，這也是相當好的逼近法。左邊的圖顯示 10 次試驗的長條圖與曲線，右邊的圖顯示 50 次試驗的長條圖與曲線。

皮耶－西蒙‧拉普拉斯（Pierre-Simon de Laplace）是另一位對天文學與機率抱有強烈興趣的數學家。他在 1799 年至 1825 年之間出版的巨著《天體力學》（*Traité*

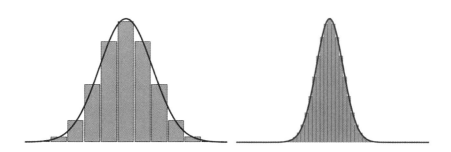

左：十次試驗時二項分布的常態逼近（normal approximation），正面與
　　反面的機率相等。
右：五十次試驗時常態逼近又更接近曲線了。

de mécanique céleste）一共五卷，佔據了他大部分的時間，不過在第四卷於 1805 年問世之後，他開始研究一個舊想法，然後完成了這部作品。他於 1810 年向法國科學院提出了我們如今所謂的**中央極限定理**。這項影響深遠的定理概括了棣・美弗的研究結果，鞏固了常態分布在統計學與機率學上的特殊地位。拉普拉斯證明，多次試驗中的成功總數可逼近常態分布，這跟棣・美弗的研究結果相同，不僅如此，來自相同機率分布的**任何**序列隨機變數的總數——**不論是哪種機率分布**——也可逼近常態分布。平均數也是如此，總數除以試驗次數會得出平均數，但橫軸的大小必須相應地進行調整。

　　讓我來說明一下。在天文學或其他領域，一項觀察結果就是一個數字，會因為誤差而在一定範圍內變動。相關的「誤差分布」（error distribution）告訴我們任何特定大小的誤差有多大可能會發生。不過，我們通常不知道誤差分布是什麼。中央極限定理說這其實無所謂，只要我們重複觀察許多次，取平均值就好。我們從每個系列的觀測值都能取得這樣一個平均值。如果我們重複整個流程很多次，產生的平均值列表就有自己的機率分布。拉普拉斯證明，這個分布一定會逼近常態分布，而且如果我們結合夠

多觀測值，就能讓這個逼近法和我們期待的一樣好。未知的誤差分布會影響這些平均值的平均數與標準差，但不會影響整體模式。實際上，平均數會保持不變，而標準差則會除以每個平均值的觀測次數平方根。觀測次數愈多，平均觀測值就會愈緊密地聚集在平均數周圍。

這解釋了為什麼邁耶主張「結合九倍的觀測值會讓誤差除以 9」是錯誤的。九應該由其平方根取代，也就是 3。

幾乎在同一時間，偉大的德國數學家卡爾・弗里德里希・高斯（Carl Friedrich Gauss）在他於 1809 年出版的天文學巨著《天體運動論》（*Theoria motus corporum coelestium in sectionibus conicis solum ambientium*）討論最小平方法時，也利用了相同的鐘形函數。他藉由尋求資料的最有可能直線模型，利用機率找出最小平方。為了求出一條特定直線有多大可能性，他需要一個用於誤差曲線的公式：觀測誤差的機率分布。為了求得這個公式，他假設多個觀測值的平均數是真值（true value）的最佳估測值，並推導出誤差曲線是一個常態分布。然後他證明了將可能性最大化會導出標準的最小平方公式。

這是一種很奇怪的解決方法。史蒂格勒指出，這套邏輯是環狀的，而且有個斷層。高斯認為如果誤差是常態分

布，則平均數（最小平方的特例）只是「最有可能的數值」；一般認為平均數是合併觀測值的好方法，如此一來誤差分布就是常態分布，所以假設誤差為常態分布就會導回最小平方。高斯在晚年發表的文章裡批評自己的方法，但他的研究結果立即引起了拉普拉斯的共鳴。

　　在那之前，拉普拉斯做夢也沒想到，他的中央極限定理與尋找最適合的直線有關聯。現在他發覺，這個定理證明了高斯的方法是正確的。如果觀察誤差源自許多小誤差的集合——這是一個合理的假設——那麼中央極限定理暗指了誤差曲線一定是（逼近）常態分布。這進而暗指了從自然機率的意義上看，最小平方估計值是最適合的。這幾乎就像在說：誤差的模式是由一系列隨機擲硬幣所控制一般，如此一來，每次正面都使觀測值超出了一特定微量，而每次反面又使觀測值不足了相同微量。這樣一切都說得通了。

　　在第 4 章，我們探討了一顆、兩顆、三顆骰子擲出的點數總和。我會計算這些分布的平均數與標準差。平均數在中間。擲一顆骰子時，中間的數字是在 3 跟 4 之間，亦即 3.5。擲兩顆骰子時，點數總和的平均數是 7。擲三顆骰子時，總和平均數位在 10 跟 11 之間，也就是 10.5。

我們可以把擲兩顆骰子想成是骰子的兩個觀測值，平均**觀測值**就是點數總和除以 2。如果我們把 7 除以 2 就會得到 3.5，也就是一個骰子的平均數。三顆骰子也是如此：把 10.5 除以 3，又再次得到 3.5。這顯示將來自特定分布的觀測值平均之後，會產生相同平均數。根據中央極限定理，標準差分別是 1.71、1.21 與 0.99，比率為 1 比 $1/\sqrt{2}$ 比 $1/\sqrt{3}$。

　　當常態分布能恰當表示一個機率性過程時，我們就能計算在任何特定範圍內測量值的機率。尤其是我們能藉由計算常態曲線下的相對應面積，找到一觀測值偏離平均數特定量的機率。因為曲線寬度就像標準差 σ 一樣縮放，

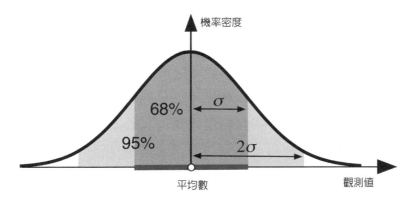

常態曲線（normal curve）的平均數（或平均值）位於中間；標準差 σ 測量平均數周圍觀測值的散布情形。位於平均數的 σ 之內的事件有大約68% 的發生率；位於2 σ 之內的事件有大約95%的發生率。

所以這些結果能夠以適用任何常態分布的形式來呈現，不論其標準差可能為何。計算結果顯示，大約 68% 的機率位在平均數的 $\pm\sigma$ 之內，95% 的機率位在平均數的 $\pm2\sigma$ 之內。這些數據意味著，觀測值與平均數相差超過 σ 的機率大約是 32%，而相差超過 2σ 只有 5% 的發生率。隨著差異愈來愈大，機率也迅速地下降：

與平均數相差超過 σ 的機率是 31.7%

與平均數相差超過 2σ 的機率是 4.5%

與平均數相差超過 3σ 的機率是 2.6%

與平均數相差超過 4σ 的機率是 0.006%

與平均數相差超過 5σ 的機率是 0.00006%

與平均數相差超過 6σ 的機率是 0.0000002%

在大多數生物與醫學研究中，2σ 程度的結果被視為耐人尋味，3σ 程度的結果則具有決定性意義。特別是金融市場會使用像是「四西格瑪事件」（four-sigma event）的用語，來形容某個事件有多不可能，例如股價在幾秒內下跌 10%。這個用語代表根據常態分布，該事件應該只有 0.006% 的機率會發生。我們會在第 13 章看到，常態分布不一定適用於金融資料，在這個領域，「厚尾」（fat tails）可能會讓極端事件比常態分布所顯示的遠為普遍。在粒子物理學（particle physics）中，一種新基本粒子的存在取決於從數以百萬計的粒子碰撞中套取出統計性證據。而在這個領域，一項重要的新發現並不會被認為是值得發表的，甚至也不會被認為值得在媒體上公開，直到它有超過 5σ 程度的機率是統計上的意外，才能發表、公開。大致來說，「這種粒子被明顯偵測到，是一次意外事件」的機率為百萬分之一。在 2012 年，偵測到希格斯玻色子（Higgs boson）的消息並未公開，雖然研究人員使用 3σ 程度的初步結果來縮小需要被檢測的能量範圍，但直到研究資料達到 5σ 那樣的可信度才被發表。

　　機率到底**是**什麼？到目前為止，我給它的定義相當模糊：一個事件的機率是該事件在長期之下於試驗中發生的比例。白努利的大數法則證明了這種「頻率學派」對機率的詮釋。不過，在任何特定系列的試驗中，這個比例會變動，而且它鮮少會等同於該事件的理論性機率。

　　我們或許可以試著從微積分（calculus）的意義上來定義機率：隨著試驗次數變大，這個比例的限制就是機率。一序列數字的限制（如果它存在的話）是一個很特殊

的數字，以致於不論特定誤差有多小，只要這個序列夠長，那麼它的數字偏離限制的程度會小於該誤差。問題是一系列的試驗可能會非常罕見地出現以下結果

正正正正正正正正正正正正正正正正正正正……

正面每次都出現。或者正面比反面可能多上許多，而反面零星分散在試驗結果裡。我同意這樣的序列不太可能出現，但並非完全不可能。現在的問題是：我們指的「不太可能」是什麼意思？意思是非常小的機率。顯然我們需要定義「機率」來定義正確的限制類型，我們也需要定義正確的限制類型來定義「機率」。這是個惡性循環。

最後數學家領悟了，應對這個阻礙的方法是向古希臘的幾何學家歐幾里得（Euclid）借鑑。不要再擔心機率**是**什麼；而去思考你寫下它們**做**什麼。更準確地說，寫下你**想要**它們做什麼——也就是所有先前研究中出現的通則。這些通則被稱為公理（axiom），其他的一切都是從公理推導而來。接著，如果你想把機率論應用到現實中，就假設機率會以某種特定方式影響現實。你使用公理化理論（axiomatic theory）來研究假設的結果；然後以實驗比較結果，確認這個假設是否正確。如同白努利所理解的，他

的大數法則證明了我們可以利用觀察到的頻率來估計機率。

　　如果事件次數是有限值，例如硬幣的兩面或骰子的六面，那麼建立機率的公理是相當簡單的事。如果我們用 $P(A)$ 來代表事件 A 的機率，我們所需的主要性質為正數（positivity）

$$P(A) \geqq 0$$

普遍通則是

$$P(U) = 1$$

U 是普遍事件的「任何結果」，而加法規則（addition rule）是

$$P(A \text{ 或 } B) = P(A) + P(B) - P(A \text{ 且 } B)$$

因為 A 跟 B 可能重疊。如果它們沒有重疊，就簡化為

$$P(A \text{ 或 } B) = P(A) + P(B)$$

由於 A 或非 $A = U$，我們很容易就推導出減法規則（negation rule）

$$P(\,\text{非}\ A) = 1 - P(A)$$

如果兩個獨立事件 A 跟 B 相繼發生，我們把兩者都會發生的機率定義為

$$P(A\ \text{然後}\ B) = P(A)P(B)$$

如此就能證明這個機率滿足上述規則。你可以從這些規則回溯到卡爾達諾的研究，而它們在白努利的研究中也相當明顯。

　　這一切看起來都很好，但連續機率分布的出現將公理複雜化了，這得歸功於棣・美弗的驚人突破。這是不可避免的，因為測量值不一定是整數，所以機率的應用也需要連續分布。舉例來說，兩顆星星之間的角度是一個連續變數，而且可以是 0° 與 180° 之間的任何數字。你測量得愈準確，連續分布就變得愈重要。

　　這裡有個實用的線索。討論常態分布的時候，我說過它以區域代表機率，所以我們應該確實將區域的性質公理化，引入「曲線下的總面積為 1」的規則。連續分布有一條額外規則，就是加法公式適用於無限多的事件：

$$P(A\ \text{或}\ B\ \text{或}\ C\ \text{或}\ ...) = P(A) + P(B) + P(C) + ...$$

這個公式基於一個假設，就是 A、B、C 等事件都沒有重疊。「...」的符號表示等號兩邊都可以是無限的；右邊的算式很合理（收斂〔converge〕），因為每個數值都是正值，而且總和永遠不會超過 1。這種狀況下我們能使用微積分來算出機率。

連續分布也適用於將「區域」概括為具有相同行為的任何數量，三維空間的體積就是個例子。這種方法的結果是機率會對應於「測度」（measure），而測度會將某種與區域相似的東西分配給一事件空間的適當子集（subset）（稱為「可測度的」）。昂利・勒貝格（Henri Lebesgue）在 1901 至 1902 年間將測度引進積分理論，俄國數學家安德雷・柯爾莫哥洛夫（Andrei Kolmogorov）則於 1930 年代利用測度將機率公理化，如後文所述。一個**樣本空間**（sample space）的組成是一個集合（set）、一些稱為**事件**的子集，以及對於事件的一種測度 P。公理指出，P 是一種測度，而整個集合的測度為 1（換句話說，**某件事**發生的機率為 1）。這些工具已經相當足夠了，不過事件集合必須具有某些技術性的集合論性質，才能支持一種測度。完全相同的設定也適用於有限集合，但你就不需要處理無限值。柯爾莫哥洛夫的公理性定義終止了幾個長達數

世紀之久的激烈爭議，並給予數學家一個明確定義的機率概念。

　　樣本空間有一個更技術性的名稱，就是**機率空間**（probability space）。我們在統計學應用機率論時，從柯爾莫哥洛夫的理論來看，我們將可能發生之真實事件的樣本空間模擬為一個機率空間。舉例來說，研究人口中男孩與女孩的比率時，真正的樣本空間是該人口的所有兒童。我們用來與這個樣本空間比較的模型是由四個事件組成的機率空間：空集合 Ø、G（女孩）、B（男孩）、宇集（universal set）{G, B}。如果男孩與女孩的可能性相等，則這四個事件的機率為 $P(Ø) = 0$，$P(G) = P(B) = 1/2$，$P(\{G, B\}) = 1$。

　　為了簡單起見，我使用「樣本空間」來同時指稱真實事件與理論模型的樣本空間。重要的是，不論處理真實事件或理論模型，都必須確定我們選擇了一個適當的樣本空間，如同下一章的謎題所展示的一樣。

6 謬誤與矛盾

熱切渴望有個兒子的男人，在即將成為父親的那個月裡，只要得知有男孩出生就會非常焦慮。他們想像每個月月底，男孩與女孩的出生比率應該相同，所以他們認為這代表接下來更容易有女孩出生。

> —— 皮耶－西蒙·拉普拉斯，
> 《機率論》（*A Philosophical Essay on Probabilities*）

　　人類對機率的直覺真是糟得無藥可救。

　　需要快速預估機遇事件的機率時，我們的答案常是完全錯誤的。我們能訓練自己改進，就像專業賭徒與數學家一樣，但那需要花費時間跟精力。且當我們需要立即判斷某件事有多大可能的時候，我們說不定還是會弄錯。

　　我在第 2 章提過，這種事之所以會發生，是因為當更合理的反應可能很危險時，演化會傾向於「快速而簡陋」的方法。比起偽陰性，演化更偏好偽陽性。要選擇一個若隱若現的褐色物體到底是一頭花豹還是一塊石頭時，即使是一次偽陰性都可能造成致命後果。

　　古典機率悖論（是從「給出驚人結果」的意義上看，

而非自相矛盾的邏輯）支持這種看法。請思考一下生日悖論（birthday paradox）：要有多少人在同一個房間裡，才會出現其中兩個人非常有可能同一天生日的情況？假設一年有 365 天（沒有 2 月 29 日），而且每一天的機率都相等（這不太正確，不過姑且假設一下）。除非之前你就見過這個問題，否則人們往往會選擇相當大的數字：或許是 100，或者是 180，因為這差不多是 365 的一半。正確答案是 23。如果你想知道原因，我已經把推導過程放在本書最後的註解了。[18] 如果生日的分布不均勻，答案可能小於 23，但不會大於 23。[19]

再來看另一個人們常覺得困惑的謎題。史密斯夫婦有兩個孩子，而且至少一個是女孩。為了簡單起見，假設男孩與女孩的可能性相等（其實男孩的可能性稍微更大，但這是一個謎題，不是一篇人口學的學術論文），而且孩子不是男孩就是女孩（忽略性別與異常染色體的問題）。我們也假設孩子的性別是獨立隨機變數（對於大多數夫妻來說的確如此，但並非所有夫妻都這樣）。史密斯夫婦有兩個女孩的機率是多少？不，不是 1/2，是 1/3。

現在，假設**第一個**孩子是女孩。他們有兩個女孩的機率是多少？這次就真的是 1/2 了。

　　最後，假設至少有個孩子是出生在星期二的女孩，他們有兩個女孩的機率是多少？（假設一星期的每一天都有相同可能性——這在現實中也不正確，不過相差不遠。）我會先讓你們自己思索一下這個問題。

　　本章接下來要檢驗機率上的矛盾結論與錯誤推理的其他例子。我已經納入某些一直很受歡迎的例子，還有一些較不為人知的例子。它們的主要目的是闡明一個訊息：提到不確定性的時候，我們需要非常謹慎地思考，不要倉促判斷。即使我們握有處理不確定性的有效方法，我們依然要記住，如果誤用這些方法，它們可能會誤導我們。這裡的重要觀念「條件機率」（conditional probability）是本書不斷強調的主題。

　　面臨兩個選項的抉擇時，有一個常見錯誤是做出自然預設的人類假設，即機會是相等的——對半機率。我們漫不經心地說事件是「隨機的」，但我們很少檢驗這到底是什麼意思。我們常以為它等同於事情發生與不發生的可能性是相等的：對半機率。就像是擲一枚公平硬幣一樣。我在本章的第二段結尾就做了這樣的假設，我那時寫道：「說不定」。實際上，可能發生的事情與不太可能發生的

事情，發生機率很少相等。如果你思考這句話字裡行間的含意，答案就顯而易見了。「不太可能」代表機率低，「可能」代表機率較高，所以即使是我們常見的用語都意義不明。

這些歷史悠久的機率謎題顯示，搞錯答案的可能性遠遠更大。我們會在第 8 章看到，對機率的理解不足，可能會在重要時刻讓我們走上歧途，例如在法庭上判決有罪或無罪的時候。

以下是一個我們能進行計算的明確案例。如果桌上擺了兩張牌，你被告知（這是實話！）其中一張是黑桃 A，另一張不是，那麼你選到黑桃 A 的機率似乎很顯然是 1/2。在這種情況下是正確的。但在非常相似的情況下，演化在我們腦中安裝的對半機率預設假設則會完全錯誤。有個經典例子是蒙提霍爾問題（Monty Hall problem），備受機率理論學者喜愛。這個問題如今幾乎算是老生常談，但某些方面往往會被忽略。此外，這也是一條絕佳的路徑，讓我們能進入**條件**機率違反直覺的領域，也就是我們的目的地。條件機率是**假設**其他某個事件已經發生時，某個特定事件發生的機率。平心而論，提到條件機率時，演化在我們腦中安裝的預設假設是非常不恰當的。

　　蒙提・霍爾是美國電視遊戲節目《做個交易吧》
（*Let's Make a Deal*）的初代主持人。生物統計學家史蒂
夫・塞爾文（Steve Selvin）於 1975 年發表一篇論文，探
討該節目的其中一版策略；1990 年瑪麗蓮・沃斯・莎凡
特（Marilyn vos Savant）在《美國大觀》（*Parade*）雜
誌上的專欄提及這個問題，使其廣為人知（同時引起了廣
大且焦點錯置的爭議）。這個謎題是這樣的：你的面前有
三扇緊閉的門，一扇門後有一台法拉利跑車當作最大獎；
其他兩扇門後各有一頭山羊當作安慰獎。你選擇一扇門；
門打開的時候，你就會贏得門後的獎項。不過，主持人
（他知道跑車在哪扇門後）會在你選擇之後打開其他兩扇
門的其中一扇，他**知道**這扇門後是一頭山羊，並給你機會
改變主意。假設你想要法拉利跑車更甚於山羊，你該怎麼
做呢？

　　這個問題是模型化與機率論裡的一道練習題，在很大
程度上取決於主持人是不是總會提供這種選擇。我們先從
最簡單的狀況開始：他總是會提供選擇，而且每個參加者
都知道。若是這樣，如果你更換選項，就能把贏得跑車的
機會**翻倍**。

　　這個說法馬上與我們預設的對半機率概念相抵觸。你

現在看著兩扇門。一扇門後是山羊；另一扇門後是跑車。機率肯定是對半分的。不過，其實不然，因為主持人所做的事取決於你選的是哪扇門。具體來說，他沒有打開你選的**那扇門**。「藏著跑車的門**正好是你選的那扇門**」的機率為 1/3。這是由於你從三扇門中選擇，而且因為你可以自由選擇，所以跑車在每扇門後的機率也相等。長時間來看，你的選擇會贏得跑車的機率是三分之一——所以不會贏得跑車的機率是三分之二。

由於另一扇門已經被刪除，所以「藏著跑車的門**正好不是你選的那扇門**」的條件機率是 1−1/3 = 2/3，這是因為只有一扇這樣的門，而我們剛剛已經知道，你選錯門的機率是三分之二。因此，換成選擇另一扇門贏得跑車的機率是三分之二。這是史蒂夫說的答案，也是瑪麗蓮答案，雖然她有很多讀者不相信。但這答案是正確的，只要主持人按照規定的條件行事。

如果你不相信，請繼續讀下去。

有個心理怪癖很有意思：宣稱機率一定是對半分（所以每扇門有相等機率贏得跑車）的人通常傾向**不改變心意**，即使對半機率暗示了更換選擇不會有任何損失。我猜測這種現象跟該問題的模型化層面有關，這其中包括人們

會暗暗懷疑——他們很有可能是對的——主持人的所作所為是為了欺騙你。或者這可能是貝氏大腦作祟，認為自己被欺騙了。

如果我們捨棄「主持人總是會給你機會來改變心意」的條件，那麼整個計算就會完全改變。在一個極端狀況下，假設只有在你的選擇會贏得跑車的時候，主持人才會給你機會來改變選擇。如果他提供選擇的機會，那麼你選的門贏車的機率為 1，另一扇門贏車的機率為 0。在另一個極端狀況下，如果只有在你的選擇不會贏得跑車時，主持人才給你機會來改變選擇，那麼條件機率就是相反的結果。如果主持人以適當比例混合這兩種狀況，你維持原本選項而贏車的機率可能是任何大小，且你輸掉遊戲的機率也是如此，這個說法似乎很合理。計算顯示這個結論是正確的。

證明對半機率不可能正確的另一個方法，是把這個問題廣義化，並思考一個更極端的例子。一名舞台魔術師將一副撲克牌面朝下展開（這是一副有 52 張不同牌的正常撲克牌，沒有動任何手腳），如果你抽中黑桃 A 就能獲得獎品。你選擇一張牌並將其抽出，**依舊**是面朝下。魔術師拿起其他 51 張牌檢查，同時不讓你看到這些牌，然後

他開始將它們面朝上一張張擺在桌上，沒有一張是黑桃A。他持續這麼做了一段時間，然後把一張牌面朝下放在你的牌旁邊，接著又繼續把不是黑桃A的牌面朝上一張張擺在桌上，直到他擺完整副牌。現在有50張牌面朝上，它們都不是黑桃A，還有兩張牌面朝下：你一開始選的牌，還有他放在你的牌旁邊的牌。

　　假設他沒有作弊——如果他是舞台魔術師，這個假設或許有點蠢，但我向你保證，在這個場合下他沒有作弊——那麼哪張牌更有可能是黑桃A？它們的可能性相等嗎？幾乎不可能。你的牌是從52張牌中隨機選擇的，所以在52次中有一次它會是黑桃A。而52次中有51次黑桃A會在其餘牌裡。若是如此，魔術師的牌一定是黑桃A。在罕見的狀況下，它不在其餘牌裡——52次中只有一次會是如此——你的牌是黑桃A，而魔術師的牌則是在他捨棄50張牌後的任一張牌。所以你的牌是黑桃A的機率是1/52；魔術師的牌是黑桃A的機率是51/52。

　　不過，對半機率的狀況在適當條件下確實會出現。如果將沒看到之前發生經過的人帶到舞台上，給他看這兩張牌，並要求他選擇哪一張是黑桃A，那猜對的機會是1/2。差別是在第一種情況中，你在活動一開始就選了牌，

而魔術師所做的則取決於你的選擇。但第二種情況在流程完成後，人才出現，所以魔術師無法根據他們的選擇來做任何事。

為了清楚說明問題，假設我們重複這個流程，不過這一次在魔術師開始丟掉牌之前，你就把你的牌**面朝上**放著。如果你的牌不是黑桃 A，他的牌就一定是黑桃 A（再次假設牌沒被動手腳）。長時間來看，這種情況會在 52 次中發生 51 次。如果你的牌是黑桃 A，那麼他的牌就不可能是；這種情況長期之下會在 52 次中發生一次。

如果你**打開你選的門**，同樣的論點也適用於跑車及山羊。三次中有一次你會見到跑車，其他兩次你會見到兩扇打開的門後都是山羊，還有一扇關著的門。**你覺得跑車在哪裡？**

回到史密斯夫婦與孩子的問題，這個謎題比較簡單，但同樣具有欺騙性。請回想這兩個版本：

一、史密斯夫婦有兩個孩子，你被告知至少一個是女孩。假設男孩與女孩的可能性相等，加上我之前提過的其他條件，則他們有兩個女孩的機率是多少？

二、現在假設你被告知**第一個**孩子是女孩，他們有兩個女
　　孩的機率是多少？

我們對第一個問題的預設反應是想到：「一個孩子是女
孩，另一個孩子是男孩或女孩的可能性相等。」這推導出
答案是 1/2。問題是他們可能有兩個女孩（畢竟我們就是
要預估這個事件的發生機率），在這種狀況下，「**另**一個
孩子」並不是特殊定義的。設想，兩個孩子的出生是按順
序發生的（即使是雙胞胎，也有一個孩子先出生）。可能
順序為

女女 女男 男女 男男

假設第二個孩子的性別與第一個的性別是各自獨立的事
件，所以這四種可能順序的機率相等。如果所有可能順序
都可能發生，那麼每種順序的機率為 1/4。不過，額外的
資訊排除了「男男」，所以我們剩下三種可能順序，而且
它們的可能性依舊相等。其中只有一種是女女，所以其機
率為 1/3。

　　看來機率似乎改變了。起初，女女有 1/4 的機率；突
然就變成 1/3。怎麼會這樣？

　　改變的是事件的情境。這些謎題討論的都是適當的**樣本空間**。額外資訊「不是男男」將樣本空間從四種可能削減為三種。如今實際樣本空間的組成不是有兩個小孩的所有家庭，而是有兩個小孩且不全是男孩的家庭。相應模型

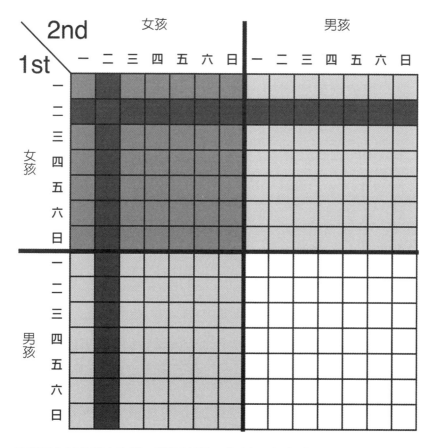

星期二女孩的樣本空間。淺灰陰影：「至少一個女孩」。中灰陰影：「兩個都是女孩」。深灰陰影：「至少一個女孩在星期二出生」。

的樣本空間由女女、女男、男女所組成，這些組合的可能性都相等，所以它們在那個樣本空間裡的機率是 1/3，不是 1/4。男男是無關的，因為它在這個案例中不可能發生。

　　額外資訊改變相關機率，並不是矛盾的事。如果你下注在「飛躍的吉羅拉莫」上，然後你得到一個最新的祕密消息：最被看好的「振奮的白努利」（Barnstorming Bernoulli）染上了某種神祕疾病會拖慢牠的速度，那麼你贏的機會絕對會增加。

　　這個謎題是條件機率的另一個例子。在數學上，計算條件機率的方法是藉由只納入仍然可能發生的事件來削減樣本空間。為了讓較小樣本空間的總機率等於 1，先前的機率必須全都乘以一個適當的常數（constant）。我們很快就會看到是**哪個**常數。

　　在這個謎題的第三版中，我們知道至少有一個孩子是在星期二出生的女孩。與前面一樣，問題是：史密斯夫婦有兩個女孩的機率是多少？我把這個稱為目標事件，我們想算出的機率是史密斯夫婦達成目標的機會。如同我之前所說，我們會假設一星期的每一天都有相等可能性，以便維持簡單的敘述。

　　乍看之下，新的資訊看似無關緊要。她哪天出生很重

要嗎？每一天的機率都相等啊！但在倉促下結論之前，讓我們檢查適當的樣本空間。圖中顯示第一個與第二個孩子的性別及出生日所產生的一切可能組合。這是全部的樣本空間，共有 196 個方格（14×14），每個方格的可能性都相等，機率為 1/196。左上象限包含 49 個方格，除了一部分區域由深灰色方格重疊覆蓋之外，其餘為淡灰色陰影。這對應到「兩個都是女孩」的事件；該事件的機率為 49/196 = 1/4，與預期相符。

新資訊為「至少有個孩子是在星期二出生的女孩」，將樣本空間削減為兩個深灰色的條狀區域。這兩條區域包含 27 個方格：14 個水平方格加上 14 個垂直方格，再減去重疊的 1 個方格，因為我們不能將同一事件計算兩次。在經過削減後的新樣本空間裡，這些事件的可能性依然相等，所以每個事件的條件機率為 1/27。請數一數有多少深灰色方格落在「兩個都是女孩」的目標區域裡：答案是 13（7 + 7，減去重疊的 1 格）。其他 14 格位於史密斯夫婦有至少一個男孩的區域裡，所以他們無法達到目標。所有小方格的可能性相等，所以「在至少一個是星期二出生的女孩之條件下，史密斯夫婦有兩個女孩」的條件機率是 13/27。

結論：出生在哪一天**確實**很重要！

我想除了純粹意外之外，不太可能有人猜得到這個答案，除非他們是擅長心算的統計學家。你必須進行計算才能知道答案。

不過如果我們被告知至少有個孩子是星期三或星期五出生的女孩，我們會使用圖上不同的條狀區域，得出相同的條件機率。在那種情況下，出生日**並不**重要。到底是怎麼回事？

有時告訴人們一套違反直覺的數學，會讓他們認為數學很沒用，他們不會接納數學令人驚奇的力量。現在就有可能發生這種情況，因為有些人直覺不相信這個答案。她出生在哪一天可能改變機率，這對他們而言根本不合理。如果你有這種感覺，那麼只用計算過程解釋不會有太大幫助；你會強烈懷疑其中出錯了，所以我們需要某種直覺性的解釋來支持上述的計算。

「她哪一天出生並不會改變任何事」的論述有個潛在的錯誤，很細微但很關鍵。選擇哪一天是無關緊要的，但是挑選一個特定的日子就有關係了，因為也許並沒有一個特定的**她**。就我們所知 —— 的確，這就是這個謎題的重點 —— 史密斯夫婦可能有兩個女孩。若是如此，我們知道

其中**一個**是星期二出生，但不知道是哪一個。那兩個比較簡單的謎題顯示，有些額外資訊能增加辨別兩個孩子的機會，例如誰先出生，這種資訊會改變兩個女孩的條件機率。如果第一胎是女孩，那機率就如我們所料：1/2（如果第二胎是女孩，情況也是如此）。但如果我們不知道哪一個孩子是女孩，條件機率就會降低至 1/3。

這兩個較簡單的謎題說明了額外資訊的重要，但確切的效果卻不怎麼具直覺性。在目前的版本中，我們並不清楚額外資訊是否能分辨出兩個孩子：我們不知道**哪一個**孩子是星期二出生的。為了釐清情況，我們來數圖表中的方格。

方格圖表中有三個灰色象限符合「至少一個女孩」的條件。中灰色象限對應的是「兩個都是女孩」，淡灰色象限是「第一胎是女孩」和「第二胎是女孩」，而白色象限對應的是「兩個都是男孩」。每個象限都有 49 個小方格。

「至少一個女孩」這個資訊排除了白色象限。如果我們知道的就這麼多，那麼目標事件「兩個都是女孩」在 147 個方格中佔了 49 個，機率為 49/147 = 1/3。然而，如果我們得到的額外資訊是「第一胎是女孩」，那麼樣本空間就只有上面兩個象限，佔了 98 個方格。現在目標事件有 49/98 = 1/2 的機率。這些是我之前就得到的數字。

在這些情況下，額外的資訊增加了兩個女孩的條件機率。之所以會如此是因為該額外資訊縮小了樣本空間，但也是因為額外資訊與目標事件相符。這是中灰區域，位於兩個縮小後的樣本空間內。所以當樣本空間縮小，中灰區域在樣本空間內的比例就會升高。

這個比例也可能下降。如果額外資訊是「第一胎是男孩」，樣本空間就變成是下面兩個象限，而整個目標事件就被排除了：其條件機率降低至零。但只要額外資訊與目標事件一致，它就會使目標事件更有可能發生，就和條件機率測量的一樣。

額外資訊愈**明確**，樣本空間就縮得愈小。然而，依照該資訊的情況不同，也可能縮減目標事件的空間大小。結果取決於以下兩種效應的交互作用：第一種效應使目標的條件機率增加，但第二種確使其降低。這個通則很簡單：

$$\text{有資訊的情況下，達到目標的條件機率}$$
$$= \frac{\text{達到目標且與資訊一致的機率}}{\text{資訊的機率}}$$

在這個謎題的複雜版本中，新的資訊是「至少有一個孩子是在星期二出生的女孩」。這沒有與目標事件相符，

也沒有與之不符。有些深灰色的區域位於左上象限，有些沒有，所以我們要進行計算。樣本空間被縮減至 27 個方格，其中 13 個符合目標，其他 14 個不符。整體的條件機率為 13/27，比起我們沒有額外資訊時得到的 1/3 機率還要大得多。

我們來查看結果是否與我剛才說的規則相符。「額外資訊」在 196 個方格中佔 27 個，機率為 27/196。「達到目標且與資訊一致」在 196 個方格中佔 13 個，機率為 13/196。我的規則表示我們希望得到的條件機率為

$$\frac{13/196}{27/196} = \frac{13}{27}$$

也就是我們數方格得到的結果。196 互相抵消，所以這個規則利用在整個樣本空間裡界定的機率呈現出數方格的過程。

請注意 13/27 很接近 1/2，而如果我們被告知第一個孩子是女孩，機率也會是 1/2。這呼應了我的重點，以及條件機率改變的原因。因為有可能兩個孩子都是女孩，所以我們知道的資訊是否有可能分辨兩者就有很大的差別。這就是為什麼「其中一個女孩在星期二出生」很重要：如果**兩個**孩子都在星期二出生，那就會產生模糊，對我們幫

助較小。為什麼呢？因為就算另一個孩子也是女孩，她也更有可能出生在另一個日子，她在同一天出生的機會只有1/7。隨著我們增加分辨兩個孩子的機會，我們就漸漸遠離機率1/3的狀況（無法分辨），靠近機率1/2的狀況（清楚知道指的是哪個孩子）。

答案之所以並非剛好1/2，是因為在目標區域中，兩條深灰條狀區域各有7個方格，其中有一方格重疊。在目標區域之外，這兩個條狀區域並無重疊。所以條狀區域有13格在目標區域內，14格在目標區域外。重疊的地方愈小，條件機率就愈接近1/2。

現在給你這個謎題的最後版本。所有條件和先前相同，不過這次我們不知道孩子在星期幾出生，而是知道其中一個孩子是在聖誕節出生的女孩。假設一年中每一天機率都相等（跟之前一樣，現實世界中並非如此），且沒有2月29日這一天（一樣與現實世界不同），兩個孩子都是女孩的條件機率為何？

答案是729/1459，你相信嗎？計算過程詳見註解。[20]

條件機率一定要這麼吹毛求疵嗎？以解謎來說，不一定，除非你熱愛解謎。但在現實世界中，這確實可能攸關生死。我們在第8章及第12章就會知道為什麼。

　　日常用語中，人們常說「平均法則」（law of averages）。這個用語可能是從白努利的大數法則簡化而來，但在日常生活中習慣使用此詞，已經形成了危險的謬誤，這也是為何沒有數學家或統計學家會使用這個詞語。我們來看看其中牽涉到什麼，以及為什麼他們不喜歡這個用詞。

　　假設你重複丟擲一枚公平硬幣，並持續記錄正面和反面出現的次數。隨機的波動一定會發生，所以到了某個階段的累計總數中，正反面出現的次數可能會不同——比如正面比反面多 50 次。平均法則背後有一部分的直覺是認為如果再繼續丟擲硬幣，多出來的正面次數就會消失。如果適當解讀的話，這麼說是正確的，不過即使如此，情況還是很微妙。其中的錯誤在於你會想像多出來的正面次數會增加反面出現的可能。然而，這種設想也不是完全不合理；不然兩者的比例最後要怎麼取得平衡呢？

　　這信念透過一種表格被強化了，這種表格能夠顯示任一特定號碼在樂透中出現的頻率。網路上可以找到英國國家彩券（National Lottery）的資料。有一項改變擴大了可能被抽中的號碼範圍，將這些資料變得更複雜。在 1994 年 11 月和 2015 年 10 月之間，總共有 49 個號碼，開獎機吐出 12 號球共 252 次，13 號只出現了 215 次。事

實上，13 號是最少出現的號碼。最常出現的是 23 號，被抽中 282 次。這些結果引起了很多解讀。是不是開獎機不公平，導致有些號碼更容易出現？13 號之所以比較少出現是因為它如眾所皆知般不吉利嗎？又或者，我們未來都應該簽 13 號，因為它出現的次數落後了，而平均法則表示它以後會追上？

　　表現最差的數字是 13 號這點頗令人玩味，但不管為宇宙寫劇本的是誰，他都習慣用一些老套劇本。碰巧的是，20 號被抽中了 215 次，而我不知道任何關於這個數字的迷信。根據白努利原版的規則，統計分析顯示當開獎機以相等的機率抽取號碼時，如此巨大的波動是可以預期的，所以並沒有科學上的理由可斷定開獎機是不公平的。再者，我們也很難看出開獎機要如何「知道」哪一顆球上寫了什麼號碼，因為號碼並不會影響開獎機的運作機制。用 49 個可能性相等的號碼來建構出簡單明瞭的機率模型，幾乎一定能適用於樂透，而且 13 號在未來被抽中的機率不會被過去所影響。雖然 13 號出現的次數少了一些，但它出現的可能性並不比其他號碼多或少。

　　丟硬幣也是一樣的道理，原因相同：如果硬幣是公平的，正面就算現在出現比較多次，也不會增加反面以後出

現的可能性，正面或反面的機率仍是 1/2。我在前面問了一個反問句：不然兩者的比例最後要怎麼取得平衡呢？答案是還有另一個方法可以讓這件事發生。雖然正面出現比較多次對於反面接下來出現的**機率**並沒有影響，但大數法則隱含的意思是長時間下來，正面和反面出現的次數確實會漸趨相等。這不代表它們會相等；只是代表它們的比例會接近於 1。

假設原本我們丟擲了 1000 次，得到 525 次正面和 475 次反面：正面多出 50 次，而比例是 525/475 = 1.105。現在假設我們再丟兩百萬次硬幣，我們預期會平均得到一百萬次正面和相同次數的反面。假設結果恰好是這樣，絲毫不差。現在的累計次數為 1,000,525 次正面和 1,000,475 次反面，正面**仍然**多出 50 次。然而，比例現在是 1,000,525/ 1,000,475，也就是 1.00005。這又更加接近 1 了。

這個時候，我必須承認機率論告訴了我們更確切的事情，而這聽起來就像人們認知的平均法則一樣。也就是說，無論最初再怎麼不平衡，如果你繼續丟硬幣且丟得夠多次，那麼**在某個階段**，反面會追上且出現次數等同正面的機率是 1。本質上，這件事是一定會發生的，但因為我

們討論的是可能無限長的過程，所以說「幾乎一定」比較好。即使正面多出現了一百萬次，反面最後幾乎一定會趕上正面出現的次數。你只要**繼續丟**，丟得夠久就可以——不過的確要丟非常久。

　　數學家經常將這個過程看作是隨機漫步（random walk）。想像一個指針沿著一條數線（正負整數按順序排列）移動，從 0 出發。每丟一次硬幣，如果是正面就將指針往右移一格，如果是反面就往左邊移一格。那麼指針在任何時候的位置就表示正面多出反面的次數。譬如說，如果一開始丟擲得到「正正」，那指針就會在右邊兩格的位置，即數字 2；如果是「正反」就會先往右邊一格，再往左邊一格，最後會回到 0。如果我們將指針最後停留的數字與時間製作成圖表，左／右變成了下／上，那麼我們就能看到一個看似隨機的之字形曲線。舉例來說，以下序列

反反反反正反正正正正正反反反正反反反正

　　（這是我實際丟硬幣得到的結果）會形成下面那張圖表。有 11 個反面和 9 個正面。

　　隨機漫步的數學概念告訴我們指針**不會**回到零的機率是 0。因此，最終正反次數會相同的機率是 1——幾乎一

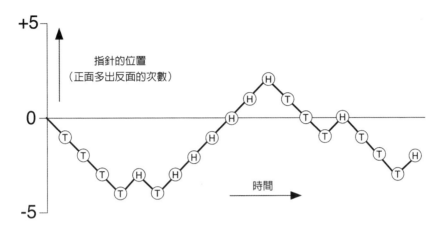

一個典型隨機漫步中的前20次變動情形。（T：反面，H：正面）

定如此。但是該理論也告訴我們一些更驚人的事情。首先，即使一開始的正面或反面多出的次數非常多，這些論點依然正確。無論最初多麼不平衡，如果我們繼續丟擲硬幣，不平衡的狀態最後幾乎一定會消失。然而，要達成這個目的所需的平均時間是**無限大**。這可能看起來很矛盾，但它其實是這個意思：如果我們等到指針第一次回到 0，那會花上一定的時間，然後，指針最終幾乎一定會再次回到 0。這次可能會比第一次移動的格數要少一些，也可能多一些。有時候會花更長的時間；的確，如果你任意選擇一個非常大的數，那麼等待指針再次回到 0 幾乎一定也會需要至少這麼長的時間。如果你取無限多個任意決定且非

常大的**數字**，將它們平均，那你得到一個無限大的平均值也是合理的。

這個反覆回到 0 的習性，看起來好像和我先前說硬幣沒有記憶的論述有所衝突。但是，其實並沒有。因為儘管我說了這麼多，就某種意義上而言，丟擲硬幣得到的結果仍然可能**不會**在經過長時間後出現相等的趨勢。我們已經看到，如果等得夠久，那麼不管我們希望累計總數有多大（負或正），它幾乎就一定會有多大。同理，它最終也一定會抵消任何最初的不平衡。

總之，回到剛才說的，如果我們等得夠久就可能會有相等的趨勢。那不就證明了平均法則嗎？並沒有，因為隨機漫步理論並沒有探討正面或反面出現的機率。沒錯，它們「經過很長一段時間之後」會相等——但我們不知道在特定情況下究竟需要多長的時間。如果我們恰好在相等的時間點停下來，看起來似乎平均法則是正確的。但那是作弊：我們得到想要的結果後就停下來了。大多時候，比例並沒有平衡。如果我們事先指定了丟擲硬幣的次數，那一旦丟到該次數之後，正面和反面就沒有理由會相等了。事實上，平均而言，丟擲一定次數之後的差異會和一開始一模一樣。

7 社會物理學

讓我們在政治學與倫理學上運用從觀察及計算中建立
的方法吧，這方法在自然科學上給了我們很多幫助。
　　　　　　　——皮耶－西蒙·拉普拉斯，《機率論》

以撒·艾西莫夫（Isaac Asimov）的經典科幻小說《基地》（*Foundation*）於 1940 年代在雜誌上發表，並於 1951 年成書。在該作品中，數學家哈里·謝頓（Hari Seldon）利用心理史學（psychohistory）預測了銀河帝國（Galactic Empire）的覆滅。心理史學是針對人類群體對社經事件的反應模式之演算。謝頓起初因叛國罪接受審判，原因是他的預測會助長他所謂的帝國覆滅。他獲准在一顆偏遠星球上組成一個研究團隊，目的是減少破壞，並將隨後的無政府時期從三萬年縮減到僅僅一千年。

艾西莫夫跟他的讀者都知道，預測數千年內的大規模政治事件其實並不合理，但這是一種「懸置不信」（suspension of disbelief）。我們讀小說時都會如此。珍·奧斯汀（Jane Austen）的書迷意識到伊莉莎白·班奈特

（Elizabeth Bennet）與達西先生（Mr Darcy）其實並不存在的時候，不會有人生氣。但艾西莫夫很聰明，他知道這種預測 —— 不論有多準確 —— 都很容易受到任何未預期，甚至理論上也沒預料到的大型干擾所影響。用流行語來講，就是這種預測很容易受到「黑天鵝事件」（black swan event）的影響。他也瞭解，樂意接受心理史學的讀者終究會發現這個道理。所以在《基地》系列的第二部裡，正是這樣的一次事件阻撓了謝頓的計畫。不過，謝頓很聰明，他預見到他的計畫會出錯，而且他有個祕密的應急計畫在第三部揭曉。這個計畫也不像表面上那般應急，而是更高層次的預先規劃。

　　《基地》系列的聞名之處為在關鍵群體的政治陰謀，而非粗製濫造一頁又一頁全副武裝的巨型艦隊上演太空大戰的情節。主角群會收到這類戰爭的定期報告，但敘事方式與好萊塢風格大相逕庭。故事情節（如同艾西莫夫自言）發想自愛德華·吉朋（Edward Gibbon）的《羅馬帝國衰亡史》（*History of the Decline and Fall of the Roman Empire*）。這個系列是預測史詩級不確定性的大師班，每個高階官員與公務員都應該閱讀這個系列。

　　心理史學將一種假設性數學技巧發揮到極致，產生了

戲劇效果，但我們每天都會將這些基本概念用在抱負沒那麼遠大的工作上。哈里・謝頓在某種程度上是受到一名十九世紀數學家的啟發，這名數學家是其中一位最早認真探討數學應用在人類行為的人。他的名字是阿道夫・凱特勒，於 1796 年出生在比利時的根特市（Ghent）。現代人沉迷於「大數據」與人工智慧（artificial intelligence）的前景（跟危險），這種沉迷是凱特勒智慧結晶的直接產物。

當然，他並沒有將之稱為心理史學。他稱之為社會物理學。

統計學的基礎工具與技術誕生於物理科學，特別是天文學，它們是一種系統性方法，從不可避免存在著誤差的觀察結果中，提取出最大量的有用資訊。但隨著對機率論的瞭解加深，科學家逐漸適應這種新的資料分析方法後，一些先驅開始將這種方法延伸到原本的領域之外。從不可靠的資料中做出最準確的可能推論，是所有人類活動的領域都要面對的問題。簡而言之，這是在一個不確定的世界裡尋求最大確定性。因此，它對於需要現在制定計畫來應對未來事件的任何人或組織都有特殊的吸引力。其實它幾

乎對每個人都有吸引力；但政府（國家政府與地方政府）、
企業、軍隊尤甚。

在一段相對較短的時間內，統計學掙脫了天文學與前
沿數學的束縛，呈現出爆炸般的活躍狀態，使其在所有科
學領域（尤其是生命科學）、醫學、政府、人文科學，甚
至是藝術都變得不可或缺。因此，那個點燃引線的人從純
粹數學家轉變為天文學家，又屈從於研究人類屬性與行為
的社會科學及應用統計學的誘惑，也是很合理的事。凱特
勒將一項發現遺留給後世，就是儘管自由意志與環境帶來
了不可捉摸的變化，人類行為在整體上也比我們所期待的
遠遠更容易預測。對人類行為的預測絕不完美，也不完全
可靠，但如同人們所說的，至少「差強人意」。

他也留下了兩個更明確的概念，影響都很大：「均人」
（l'homme moyen，英文為 average man），以及常態分
布的無所不在[21]如果太拘泥於字面或應用得太廣，那麼
這兩個概念都有嚴重瑕疵，但它們開闢了新的思考方式。
儘管有瑕疵，但今日依然可用。它們的主要價值是作為
「概念驗證」（proof of concept）——意思是數學能告
訴我們一些關於我們行為方式的重要概念。如今這項主張
是有爭議的（什麼不是呢？），但凱特勒對一項人性弱點

的統計調查進行初步試驗時，這項主張在當時引起的爭議更大。

　　凱特勒獲得了一項科學學位，是當時新成立的根特大學（University of Ghent）所頒授的首位博士。他的論文探討的是圓錐截痕（conic section），這個主題可追溯至古希臘幾何學家，他們以一個平面切開圓錐，發現了重要曲線──橢圓、拋物線、雙曲線。他教了一陣子的數學，直到他獲選進入布魯塞爾皇家學院（Royal Academy of Brussels），他才投身長達五十年的學術領域生涯，成為比利時科學界的中心人物。大約在 1820 年，他參與了鼓吹建造新天文台的行動。他當時對天文學所知不多，但他天生就是個創業家，而且他懂得如何應付政府的繁文縟節，所以第一步就是爭取政府的支持，並讓政府保證會提供資金。

　　接著他才慢慢彌補他在天文學上的匱乏，而建造那座天文台的目標正是為了進一步闡釋這個領域。1823 年，他去巴黎出公差，與重要的天文學家、氣象學家、數學家一起進行研究。他向弗朗索瓦・阿拉戈（François Arago）與阿列西・布瓦爾（Alexis Bouvard）學習天文學與氣象學，向約瑟夫・傅立葉（Joseph Fourier）與當

時可能已經年老的拉普拉斯學習機率論。那趟旅程使他一生都著迷於機率在統計資料上的應用。1826 年之前，凱特勒是低地國（Kingdom of the Low Countries）（法文為 Pays-Bas，是如今的比利時與荷蘭地區）統計局的地區特派員。接下來我會直接稱呼「比利時」，而非「低地國」。

這一切都是無意間開始的。

有一個非常基本的數字深深影響著在一個國家發生，以及將會發生的一切，這個數字就是該國人口。如果你不知道國內有多少人，就很難合理地規劃任何事。你當然可以粗略估算，並制定應急計畫處理某種程度上的誤差，但那都只是一些經驗法則。你最後可能浪費一堆錢在不必要的基礎建設上，或者低估需求並引發危機。這不僅僅是十九世紀會出現的問題，現代每個國家都在設法對付這種問題。

要知道有多少人居住在你的國家，最理所當然的方式就是計算人數，也就是進行一次普查，但普查並沒有那麼簡單。人們四處移動，還會躲起來避免被判有罪或繳稅，或者他們只是為了防止政府窺探他們自以為是隱私的事

務。不論如何，比利時政府於 1829 年計劃進行一次新的
人口普查。當時凱特勒已經研究人口數據一段時間了，他
也參與了政府的計畫。他寫道：「目前我們手上的資料只
能視為暫時性的，而且需要修正。」這些數據依據的是更
舊的數字，而且是在艱困的政治環境下取得的；後來更新
這些數據的方式是加上登記的出生人數，減去登記的死亡
人數。這有點像是以「航位推算法」（dead reckoning）
來航行：隨著時間過去，誤差會逐漸累積。而且這種方法
會遺漏掉移入人口／移出人口。

　　全面性人口普查耗費甚鉅，所以根據上述方式進行計
算來估計兩次普查之間的人口，是很合理的事。但你不能
很長時間都不進行普查，每十年進行一次人口普查是常見
的情況。因此凱特勒敦促政府舉辦一次新的人口普查，以
便獲得準確的基線（baseline），供未來估計使用。不過，
他從巴黎帶回了一個有趣的想法，是他從拉普拉斯那裡得
來的。如果這個想法成功了，就能省一大筆錢。

　　當時拉普拉斯已經利用將兩個數字相乘的方式來計算
法國人口。第一個數字是前一年的出生人數。這個數據可
以從出生登記冊上找到，而且相當準確。另一個數字是總
人口與年出生人數的比率──出生率的倒數（reciprocal）。

將這兩個數字相乘顯然會得到總人口，但看來你似乎需要知道總人口才能找到第二個數字。拉普拉斯的絕妙想法是：你可以利用現在所謂的抽樣（sampling）來取得一個合理的估計值。選擇少數合乎典型的地區，在那些地區進行全面性普查，然後跟那些地區的出生人數做比較。拉普拉斯認為，大約三十個這樣的地區就應該足以估計整個法國的人口，他做了一些計算來證實他的想法。

　　然而到頭來，比利時政府還是放棄使用抽樣，並進行全面性人口普查。之所以出現大逆轉，原因似乎是該國一名顧問凱弗伯格男爵（Baron de Keverberg）機智、富含資訊卻惜遭誤導的評論。這位男爵確實發現，不同地區的出生率取決於一大堆令人眼花撩亂的因素，其中只有寥寥幾個因素能夠預料到，所以他認為建立一個具代表性的樣本是不可能的。誤差會累積，使結果毫無用處。當然，他在這方面也同樣犯了歐拉曾犯的錯誤：他設想的是最壞情況而非典型情況。在實務上，大多數的抽樣誤差會透過隨機變異（random variation）互相抵消。不過這個錯誤是可以被原諒的，因為拉普拉斯認為，對人口抽樣的最佳方法是事先選擇一些被認為在某種意義上能代表整個國家的地區，這些地區在貧富、受教程度、性別等方面的混合比

例類似於整個國家。

如今，民意調查常常是根據這些方法設計的，試圖從小樣本中取得良好結果。這種工作很神祕，而且以往有效的方法似乎也愈來愈常失敗，我懷疑這是因為每個人都受夠了民調、市場調查問卷及其他惹人厭的侵擾。如同統計學家最終發現的，只要隨機樣本的大小合理，它們通常具有足夠代表性。至於樣本應該多大，我們會在本章後文看到。但這一切在當時都還沒發生，於是比利時試圖計算每一個人。

凱弗伯格男爵的評論有個很有用的效果：鼓勵凱特勒在非常精確的環境下收集極大量資料，然後詳盡地分析它們。他很快從計算人口延伸到測量人口，並將測量值與其他因子進行比較，例如季節、溫度、地理位置。他花了八年時間收集資料，內容包括出生率、死亡率、婚姻狀態、受孕日期、身高、體重、體力、生長率、酗酒、精神錯亂、自殺、犯罪。他調查人們在年齡、性別、職業、位置、季節、入獄、住院上的差異。他每次都只比較兩個因子，這樣他就能繪製出圖表來說明兩者關係。他彙整了大量證據，都是關於在一個典型族群中，所有這些變數變化的定

量特性。他於 1835 年在《論人類與其能力發展：社會物理學論文集》（*Sur l'homme et le développement de ses facultés, ou Essai de physique sociale*）發表他的結論，該書於 1842 年發行英文版，譯為《論人類與其能力發展》（*Treatise on Man and the Development of His Faculties*）。

　　重要的是，每次他提到這本書時都是用該書的副標題「社會物理學」。而且他在 1869 年籌備新版本時，也更換了他原先的標題與副標題。他很清楚自己創造了什麼：人類特性的數學分析。或者為了避免過度誇大，這裡指的是可被量化的人類特性。書中有個概念吸引了大眾的注意力，至今依然如此：均人的概念。

　　如同我的一位生物學家朋友常說的，「均人」有一個乳房跟一個睪丸。在這個性別意識強烈的時代，用詞必須非常謹慎。其實凱特勒非常清楚地意識到——只要他的概念具有任何意義——他也需要為不同族群考量到平均女性、平均兒童，甚至還有許多類似概念的不同例子。他很早就發現，身高或體重等屬性（適當限制在單一性別與年齡組）的資料傾向於聚集在單一數值附近。如果我們將資料繪製成長條圖或直方圖，最高的長條位於中間，其他長條則從中間向兩側下滑。整個形狀大致對稱，所以中央高

峰——最常出現的數值——也是平均值。

　　我要趕緊補充,這些說法並不精確,而且也不適用於所有資料,即使是人類的資料也是如此。舉例來說,財富分配的形狀就很不一樣:大多數人貧窮,而非常少數的超級富豪卻擁有半個地球。財富分配的標準數學模型為帕累托(冪次律)分布(Pareto (power-law) distribution)。但許多類型的資料作為實證觀察結果,也顯示出這種模型,而且正是凱特勒發覺了這種模型在社會科學的重要性。當然,他所發現的形狀普遍都是鐘形曲線——歐拉與高斯的常態分布——或是相當接近常態分布而足以成為合

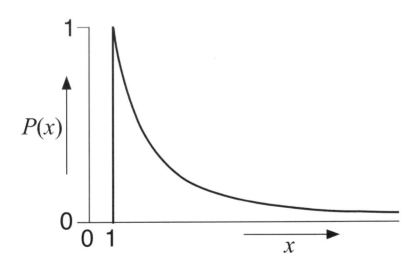

某常數 a 基於冪 x^a 的帕累托分配,在 x = 1 截止。

理數學模型的曲線。

詳細的圖表很有用，但凱特勒想要一個言簡意賅的摘要，亦即能夠以生動易記的方式傳達重點的摘要。因此，他不會採用「某一群超過二十歲人類男性的身高鐘形曲線之平均值為 1.74」這樣的說法，而會說「該群的平均男性為 1.74 公尺高」。然後他可以比較不同族群的平均男性。平均比利時步兵與平均法國農民相比較的結果是什麼？「他」是較矮、較高、較輕、較重，或是差不多呢？「他」與平均德國士兵的比較結果是什麼呢？布魯塞爾與倫敦的平均男性相比較呢？那平均女性呢？平均兒童呢？如果你想要的話，也可以比較平均貓或平均狗，不過凱特勒只研究人類。鑒於以上所述，哪個國家的平均男性比較容易成為殺人犯或受害者？還是致力於救死扶傷的醫生？還是企圖終結自己生命的自殺者？

這裡的重點是：凱特勒的意思並非「一個經過隨機選擇的標準人類會符合各方面的平均值」。的確，從某種意義上來說這樣的人不可能存在。身高與體重之間的關聯大致上意味著兩者不可能同時符合平均值。假設其他條件都相等，以體積來計算體重，又以身高的立方來計算體積。在有著三個方塊的族群裡，身高為 1、2、3 公尺，平均身

高為 2。它們的體積分別為 1、8、27，所以平均體積為
12。因此，平均方塊的體積並不等於平均方塊身高的立
方。總而言之，平均方塊不是立方體。在實務上，這種批
評比表面上看起來更沒說服力，因為人類資料大多集中在
平均數附近。身高為 1.9、2、2.1 公尺的方塊，它們的平
均身高為 2，平均體積為 8.04。這樣一來，平均方塊顯然
很接近立方體。

　　凱特勒早就知道上述問題。因此他為每個屬性都設想
了不同的「平均男性」（平均女性、平均兒童）。對他而
言，這只是一種方便的說法，以便簡化複雜的敘述。如同
史蒂芬・史蒂格勒所說：「均人是一種手段，用來克服社
會的隨機變異並顯現出規律，這些規律就成為他的『社會
物理學』定律。」[22]

　　與天文學家相似，社會科學家開始慢慢瞭解一件事：
我們可以透過合併數個來源的資料得出有效推論，並不需
要全面瞭解或控制可能誤差的不同情況與大小。我們會需
要一定程度的瞭解，而且品質較佳的資料通常能提供較準
確的答案，但資料本身就包含一些關於研究結果品質的線
索。

　　1880 年後，社會科學領域開始廣泛使用統計學的概念，尤其是鐘形曲線，經常被用來代替實驗。有個關鍵人物是法蘭西斯・高爾頓（Francis Galton），他也是將資料分析應用於天氣預測的先驅，並發現了反氣旋（anticyclone）的存在。他製作了第一張天氣圖，於 1875 年刊登在《泰晤士報》（*The Times*），他深深著迷於現實世界的數值資料與其中蘊藏的數學規律。達爾文（Darwin）出版《物種起源》（*The Origin of Species*）的時候，高爾頓正開始研究人類遺傳。一個孩子的身高和他父母的身高有什麼關係？體重、智力呢？他採用了凱特勒的鐘形曲線，用以分離不同的族群。若某資料的鐘形曲線顯示出兩個高峰而不是一個，高爾頓主張這就代表該族群必定是由兩個相異的亞族群所組成，各自遵循著自己的鐘形曲線。23

　　而後高爾頓深信，優良的人類特質是具遺傳性的，這項從演化論演繹而來的推論並沒有得到達爾文的認同。對高爾頓而言，凱特勒的均人是這個社會必須避免的要素。人類應該更有雄心壯志。他在 1869 年的著作《遺傳的天才》（*Hereditary Genius*）中呼籲統計學領域研究天才和偉人的遺傳特徵，其中既提及平等主義的目標（「每個人

〔應有〕表現自己能力的機會，又，若極具天賦，〔應〕被允許接受一流的教育與引導進入專業」）卻又鼓勵「種族的自豪感」，這在今天看來是個怪異的組合。他在 1883 年的著作《論人類才能及其發展》（*Inquiries into Human Faculty and Its Development*）首創了「優生學」（eugenics）一詞，提倡以財務獎勵的方式鼓勵上流家庭通婚，並針對據稱能力較優越的人進行刻意生育繁衍。1920 及 1930 年代是優生學的全盛時期，但隨後廣泛的濫用情形，使其聲勢一落千丈，這些情形包括對精神病患強制絕育以及納粹對於優等民族的幻想。如今，此概念一般被視為種族歧視，且違反《聯合國防止及懲治滅絕種族罪公約》（*United Nations Convention on the Prevention and Punishment of the Crime of Genocide*）和《歐洲聯盟基本權利憲章》（*European Union's Charter of Fundamental Rights*）。

　　無論高爾頓的品格如何，他對統計學的貢獻都是相當重大的。到了 1877 年，他的研究讓他發明了迴歸分析（regression analysis），此方法將最小平方法概括化，將一資料集（data set）與另一資料集做比較，找出最有可能的關係。根據此法，「迴歸線」（regression line）是一條最符合資料間關係的直線模型。[24] 這形成了統計

學的另一核心概念：相關（correlation）。此概念量化了兩個（或更多）資料集之間的關係程度——譬如吸菸程度與肺癌的發病率。相關的統計學方法可追溯至物理學家奧古斯特・布拉菲（Auguste Bravais），他最著名的是對晶體的研究。1888 年，高爾頓討論了一些例子，包括前臂長度與身高之間的關係。

　　假設你想量化人類身高和手臂長度之間的關係有多緊密。可先取得一些個體資料當作樣本，測量這些量，然後將相應成對的數字繪製在圖上。接著你用最小平方法畫一條符合這些點的直線，就像我在汽油價格和石油價格的圖上畫的一樣。這個方法一定能讓你繪成某種線條，無論資料點有多分散。相關量化了該線條有多符合那團資料。如果資料點非常接近那條線，代表兩個變數呈現高度相關。如果資料點模糊地分散在線條周圍，相關就較低。最後，如果線條的斜率是負值，即一個變數增加時另一變數減少，上述的道理也同樣適用，不過應稱為負相關。因此，我們希望定義一個數字，用以擷取資料之間的關聯有多緊密，以及該關聯的方向。

　　英國數學家兼生物統計學家卡爾・皮爾森（Karl Pearson）定義了一種合適的統計測度，至今仍在使用。[25]

這就是相關係數（correlation coefficient）。若有兩個隨機變數，求出其平均數。將隨機變數與各自的平均數相減後，再將兩個差相乘，並計算此乘積的期望值。最後，將此期望值除以兩個隨機變數的標準差乘積。此概念表示，如果資料相同，結果就是 1；如果資料恰恰相反，一者是另一者的負數，結果就是 -1；而如果它們是各自獨立的，結果就是 0。更概括地說，任何確切的線性關係都會導致相關係數為 1 或 -1，依斜率正負值而定。

如果兩個變數之間有因果連結——一者導致另一者發生——則兩者應為高度相關。當資料顯示吸菸與罹患肺癌之間呈現顯著正相關，醫生就會相信其中一者導致了另一者的發生。然而，無論是把哪個變數當作潛在原因，都會得到相同的相關結果。比如說容易罹患肺癌的體質導致人們更加頻繁地吸菸。你甚至可以編造一個理由；例如，吸菸可能有助於緩解癌前細胞（precancerous cell）對肺部造成的刺激。或者也許有其他因素導致兩者的發生——說不定是壓力。每當有醫學研究人員發現某產品與某疾病之間有顯著相關，該產品的公司往往會拿「相關不代表因果」這句話來應對，因為如果大眾發現他們的產品確實會導致該疾病，他們就無利可圖。相關確實不一定代表因

果，但這句話隱藏了一個不討喜的真相：相關對於潛在因果是很有效的指標。再者，如果有獨立證據顯示產品可能會導致該疾病，高度相關就可以強化這個證據。比如當菸草煙霧被發現含有致癌物（carcinogen）——會導致癌症的物質——吸菸與罹患肺癌的因果關係就有更有力的科學根據了。

　　有個方法能夠從數個潛在的影響中找出哪些才是重要的，那就是運用通則化，舉例來說，相關矩陣（correlation matrix）可以產生許多不同資料集的相關係數陣列。相關矩陣對發現相關性而言很有用，但也可能被誤用。比如說，假設你想知道飲食如何影響各種疾病。你擬了一張清單，列出 100 種食物和 40 種疾病。接著你挑選一些人作為樣本，並觀察他們吃了哪些食物，以及他們染上了哪些疾病。你計算出每個食物和疾病組合相對應的相關係數：在這群人的樣本中，某食物與某疾病的關聯有多緊密，產生的相關矩陣是一個長方形的表格，共有 100 列對應至食物，40 欄對應至疾病。位於某一特定列和欄的元素（entry）就是該列對應的食物與該欄對應的疾病兩者的相關係數。表中共有 4000 個數字。現在你看著表格，試著找出接近 1 的數字，這些數字就代表食物和疾病之間可

能存在的關聯。比如說，或許「胡蘿蔔」那列與「頭痛」那欄的元素是 0.92。這就讓你可以試探性地推論：吃胡蘿蔔可能會導致頭痛。

理論上，接著應該做的事情是開始一項全新的研究，研究新的受試者，並收集新的資料來測試假說。不過因為那得花錢，所以有時候研究人員會從原本的實驗提取資料。然後利用統計檢定來評估該特定相關的顯著性，忽略所有其他資料，且僅僅分析那一關聯，好似其他部分都沒被檢驗過一樣。如此一來他們就得出結論：吃胡蘿蔔很有可能導致頭痛。

這種方法稱為「兩次浸漬」（double-dipping），而就像上述所示，此法是錯誤的。舉例來說，假設你隨機選了一名女性，測量她的身高，並發現以常態分布為假設的前提下，任何人有相同（或更高）身高的機率是 1%。那麼你就會很合理地推斷，她異於常人的身高不是隨機的結果。然而，如果你選擇她的方式其實是先測量數百名女性的身高，然後從中選出最高的女性，那就不能推斷出上述結論：在那麼大的族群裡，你很可能碰巧就找到這樣一個人。相關矩陣的兩次浸漬即是類似的概念，但設定更為複雜。

　　1824 年，《賓州人報》（*Aru Pennsylvanian*）進行了第一份「模擬民調」（straw poll），即非正式的投票，藉以大略瞭解安德魯·傑克森（Andrew Jackson）還是約翰·昆西·亞當斯（John Quincy Adams）會當選美國總統。該民調顯示傑克森得到 335 票，而亞當斯有 169 票。最後傑克森果然贏了。從此，選舉吸引了執行民意調查的人。但因民調（或「調查」〔survey〕）基於實際考量，只取一小部分的投票人口作為樣本。所以一個重要的問題就出現了：樣本應該要多大，結果才會準確呢？同樣的問題在許多其他領域也很重要，譬如人口普查和新藥物的醫學試驗。

　　在第 5 章，我們看到拉普拉斯研究了抽樣，但他建議若要得到準確的結果，就得確保樣本的資料與整個族群的資料比例必須相似。這個條件並不容易達成，所以民意調查者主要著重於隨機樣本，也就是透過隨機過程選人作為樣本（直到最近不再採用此法）。舉例來說，假設我們想在一龐大的人口中找出一個家庭的平均人數。我們挑選了隨機樣本，並計算樣本平均數（sample mean），即樣本的平均大小。據推測，樣本愈大，樣本平均數就會愈接近實際上的平均數。那麼，我們該選出多大的樣本，才可以

充分地確定我們達到了某個程度的準確性呢？

以數學表示，樣本中的每個家庭都會連結至一個隨機變數。假定同樣的機率分布適用於每個家庭——即整個人口的分布——而我們想要估計其平均數。大數法則告訴我們，如果樣本夠大，那麼樣本的平均數「幾乎一定」會跟我們所希望的一樣接近真平均數（true mean）。也就是說，隨著樣本大小無限增加，樣本平均數接近真平均數的機率也會趨近於 1。但這並沒有告訴我們樣本應該要多大。為了找出答案，我們需要更詳盡的結果，也就是第 5 章的中央極限定理，它將樣本平均數和實際平均數之間的差與常態分布連結起來。[26] 接著再用常態分布計算出相關的機率，並推論出應該有效的最小樣本大小。

在家庭人數的例子裡，我們先做一個初步樣本來估計標準差，大略估計一個數字即可。我們決定我們對於結果正確有多少把握（比如 99%），以及我們願意接受多大的誤差（比如 1/10）。如此，樣本大小應符合以下條件：假設這是一個標準常態分布，平均數為 0 且標準差為 1，則樣本平均數偏離真平均數小於 1/10 的機率至少是99%。透過常態分布的數學，我們發現樣本大小應為至少 $660\sigma^2$，σ^2 就是整個人口的變異數。由於我們是用一個

大致估算的樣本來估計該變異數，我們應該允許更大的誤差，所以我們把樣本變大一點點。請注意這裡的樣本大小並非取決於整個人口的大小，而是取決於隨機變數的變異數——也就是隨機變數有多分散。

　　類似的分析也用於不同的抽樣問題，依照合適的分布及估計的量而定。

　　民意調查在抽樣理論中佔有特別的一席之地。社群媒體的出現改變了民調的數量。設計良好的網路民調會仔細挑選出一組個體，並詢問他們的意見。然而，也有許多民調直接允許任何想投票的人進行投票。這些民調設計不佳，因為觀點強烈的人較可能投票，許多人甚至不知道有此民調，有些人可能沒有網路連線，這樣的樣本並不具代表性。電話民調也可能有偏差，因為很多人不接陌生的推銷電話，或是在調查者詢問他們意見時拒絕回應。在這個詐騙滿天飛的時代，他們可能甚至無法確定這通電話是否為真正的民調。有的人可能沒有電話。有些人不會告知調查者自己的真正意圖——比如說，他們可能不願意讓陌生人知道他們打算投給一個極端政黨。甚至問題的用字遣詞也可能影響人們回答的方式。

　　民調機構使用各種方法，試圖將這些誤差來源減到最少。這些方法中有許多與數學相關，但也涵蓋了心理學與其他因素。民調結果全然錯誤的恐怖故事層出不窮，而且發生頻率似乎與日俱增。有時候有些特殊因素能夠「解釋」此現象的成因，譬如民意在後期突然轉變，或是人們刻意說謊，好讓對手以為自己領先而自滿。我們很難評估這些理由的合理程度，不過執行得當的意見調查在整體上還是保持著不錯的紀錄，它為減少不確定性提供了有用的工具。另外，民調也冒著影響結果的風險；舉例而言，如果人們認為他們選擇的人必定會贏，他們可能就乾脆不投票了。出口民調（exit poll）是在人們剛投完票不久時詢問他們投給了誰，這種民調往往非常準確，在正式計票結果出爐之前就早早提供正確結果，又不會影響投票過程。

8 你有多確定？

荒謬，名詞。與一個人的觀點明顯矛盾的言論或信念。

——安布羅斯·比爾斯（Ambrose Bierce），
《魔鬼辭典》（*The Devil's Dictionary*）

　　牛頓提出微積分的時候，喬治·貝克萊主教（Bishop George Berkeley）寫了一本小冊回應：《分析學家》（*The Analyst*），副標題為：「致一位異教數學家的論文，仔細檢視當代分析的目標、原則及推論是否比宗教的神祕與信仰的概念更令人清楚理解，或更有證據支持其演繹。」書名頁上有一句引自《聖經》的警句：「先除掉你眼中的梁木，才可以看得清楚，去除掉弟兄眼中的木屑。（譯註：引自《聖經》新譯本）—— 馬太福音 7:5」

　　你不需多機敏就能推斷出這位主教並不喜歡微積分。當他的小冊在 1734 年問世，科學正突飛猛進，而許多學者與哲學家開始主張，要瞭解自然世界，奠基於證據之上的科學是比信仰更好的方式。基督教信仰原本被視為是憑藉上帝權威的絕對真理，卻被數學篡奪了地位。數學不僅

真確，而且**一定**真確，這點是可以被證明的。

　　當然，數學並不是這樣的，不過宗教也不是。但在當時，主教有充分的理由對挑戰信仰的思想感到不快，於是他指出微積分的一些邏輯問題，企圖撥亂反正。他那不甚隱晦的意圖就是說服全世界相信，數學家並不如他們自己所宣稱的那樣有邏輯，進而推翻他們宣稱「自己是絕對真理的唯一捍衛者」的主張。他說的有道理，但說服他人承認錯誤時，直接正面攻擊是很糟糕的做法；當外人試圖在數學領域上對數學家下指導棋，數學家是會不高興的。最終貝克萊沒有抓到重點，而且專家都看出來了，儘管當時他們沒能清楚嚴謹地解釋其中的邏輯基礎。

　　這本書並不是講微積分的，但我還是要說這個故事，因為它會直接帶我們認識一個不被重視的偉大數學英雄。這個人的科學聲譽在他去世的時候還很普通，但自他死後，他的聲譽就與日俱增。他的名字是湯瑪斯・貝葉斯，而他掀起了一場統計學的革命，直到如今仍與現實息息相關。

　　貝葉斯生於 1701 年，出生地可能在赫特福德郡（Hertfordshire）。他父親約書亞（Joshua）是長老會牧

師，而湯瑪斯也跟隨他的腳步。他在愛丁堡大學攻讀理則學（logic）與神學（theology），當過父親的助手一小段時間，而後在坦布里治威爾斯（Tunbridge Wells）的錫安山教會（Mount Sion Chapel）擔任牧師。他撰有兩本截然不同的著作。第一本是 1731 年的《神的恩典——試圖證明神的旨意與領導之主要目的是為了祂的造物之幸福　》（*Divine Benevolence, or an Attempt to Prove That the Principal End of the Divine Providence and Government is the Happiness of His Creatures*）。恰恰是我們預期一個新教神職人員會寫的書。另一本是 1736 年的《流數理論導論，以及對〈分析學家〉作者的反對意見提出數學家的抗辯》（*An Introduction to the Doctrine of Fluxions, and Defence of the Mathematicians against the Objections of the Author of the Analyst*）。這就完全不是我們預期他會寫的書了。身為牧師的貝葉斯在為受到主教攻擊的科學家牛頓辯護。原因很簡單：貝葉斯不認同貝克萊的數學。

貝葉斯死後，他的朋友理查德‧普萊斯（Richard Price）接收了一些他執筆的論文，並從中節錄片段出版成兩篇數學論文。其中一篇探討漸進級數（asymptotic series）——這種公式是將大量較簡單的項相加，以逼近

某個重要的量，具有「逼近」的特定專門含意。另一篇論文的題目為〈論有關機遇問題的求解〉（Essay towards solving a problem in the doctrine of chances），出版於 1763 年，這篇論文是關於條件機率的。

貝葉斯的關鍵見解在論文開頭部分就出現了。該論文的第二個命題是這樣開始的：「若有一人的期望值取決於一事件的發生，則該事件的機率比該事件失敗的機率〔之比率〕，就等於他在事件失敗時的損失比他在事件發生時的獲利〔之比率〕。」這唸起來有點拗口，但貝葉斯用了更多細節來解釋。我會用現代詞彙重新改寫他原本的內容，但含意跟他的論文無異。

若有事件 E 和 F，「在 F 發生的前提下，E 就會發生」的條件機率寫作 $P(E|F)$（讀作「**在 F 發生的條件下 E 發生的機率**」）。假設 E 和 F 這兩個事件是各自獨立的，那麼我們如今稱為貝氏定理（Bayes's theorem）的公式如下所示

$$P(E|F) = \frac{P(F|E)P(E)}{P(F)}$$

從現今的條件機率定義，很容易可以推出以下公式 [27]：

$$P(E|F) = \frac{P(E\,\text{且}\,F)}{P(F)}$$

我們用兩個女孩的謎題測試一下第二個公式。在第一種狀況中，我們被告知史密斯的孩子至少有一個是女孩。完整的樣本空間有四個事件，女女、女男、男女、男男，各有1/4的機率。使 E 為「兩個女孩」，也就是女女。使 F 為「不是兩個男孩」，也就是 { 女女，女男，男女 }，機率為3/4。事件「E 且 F」為女女，與事件 E 相同。根據公式，在至少有一個孩子是女孩的前提下，他們有兩個女孩的機率是

$$P(E|F) = \frac{P(F|E)P(E)}{P(F)} = \frac{1/4}{3/4} = \frac{1}{3}$$

這就是我們之前得到的結果。

　　貝葉斯繼續研究更為複雜的條件組合，以及相關的條件機率。這些結果加上現代更廣泛的歸納論述，也被稱為貝氏定理。

　　貝氏定理在實務上具有重大貢獻，例如製造業的品質控制。在該領域中，貝氏定理能解決許多這種問題：「若我們有一台玩具車的輪胎脫落，那麼這台玩具車是由渥明

罕工廠製造的機率是多少？」但隨著時間過去，貝氏定理已經變形成為一整套哲學，討論機率**是**什麼，以及我們該如何處理它。

機率的古典定義 ——「解讀」或許是較合適的措辭 —— 屬於頻率學派：將一實驗重複多次時，某一事件發生的頻率。如我們所知，這種解讀能追溯至早期的先驅。但它有幾個缺陷。比如我們並不清楚「多次」究竟是什麼意思。在一些（罕見的）連續試驗中，頻率不需收斂至任何明確的數字。但這種解讀相當倚賴我們是否能夠執行相同的實驗且次數依我們決定。如果我們做不到，那我們就不清楚「機率」是否具有任何意義，就算機率具有意義，我們也不知道怎麼找到它。

舉例而言，我們在公元 3000 年發現智慧外星人的機率為何？顯然這項實驗我們只能做一次。但大多數人仍直覺認為這個機率**應該**有意義 —— 即使我們對該機率的值持有不一致的意見。有些人會堅持機率是 0，有些人會認為是 0.99999，而搖擺不定的中立人士會說是 0.5（這種標準的「一半一半」猜測幾乎絕對是錯的）。少數人又會端出德雷克公式（Drake equation），但其變數太不精確，幫不上什麼忙。[28]

除了頻率學派之外，另一個主要定義是貝氏方法。我們不太清楚這位牧師是否會承認這個方法是他的智慧結晶，但他確實值得讚譽（有些人半信半疑）。這個方法其實來自更早之前的拉普拉斯，他討論這樣的問題：「太陽明天升起的可能性為何？」但我們現在用的術語就是貝氏方法，這是約定俗成的稱呼。

以下是貝葉斯在其論文中對機率的定義：「任一事件的機率為以下兩者的比率：取決於該事件發生而應被計算的期望值，以及事件發生時所期望事物的機率。」這句陳述有些模稜兩可。什麼是我們的「期望」？「應被」是什麼意思？有一個合理解讀是這樣的：某一事件的機率可解讀為我們對該事件會發生的**信心程度**。我們對這個假設多有信心；什麼樣的勝算能說服我們為它賭上一把；我們對它的信任有多強烈。

這樣的解讀有好處。特別是它允許我們將機率用於只能發生一次的事件。我剛才關於外星人的問題可以這樣合理地回答：「3018 年有智慧外星人拜訪我們的機率是 0.316。」這句話的意思不是「如果我們重複那段時間一千次，外星人會出現 316 次」。即使我們有一台時光機，而且使用這台機器不會改變歷史，我們遇到外星人入侵的

次數也只會是 0 或 1000，不是 316 次：機率 0.316 的意思是：我們對外星人會出現的信心程度是適中的。

將機率理解為信心程度也有明顯的缺點。如同喬治‧布爾（George Boole）在他 1854 年的著作《思維規律的研究》（*An Investigation into the Laws of Thought*）所說：「若斷言期望的強度 —— 一般認為是一種精神上的情緒 —— 可用任何數字的標準來衡量，是不符合哲學的。一個生性樂觀的人通常期待較高，羞怯的人較容易絕望，而優柔寡斷的人常在懷疑中迷失。」換句話說，如果你不同意我的評估，反而認為外星人入侵的機率只有 0.003，我們也沒辦法算出誰是對的。就算有人是對的，我們也算不出來。**即使外星人出現了**，以上論述依然成立。如果外星人沒出現，那你的估計就比我的準；如果有出現，我的就比你的準。但我們的估計都無法被證明是正確的，而其他數字也許會比我們兩人的都還準確 —— 取決於發生了什麼事。

對於上述的缺點，貝氏學派也有一種解答。它重新提出了重複實驗的可能性，雖然不是在完全相同的條件下進行。我們可以再等一千年，然後看看有沒有另一群外星人出現。但在那之前，我們先**修正**自己的信心程度。

　　為了論證，假設 2735 年出現了一支來自阿佩羅貝尼斯三號星（Apellobetnees III）的遠征隊。那麼我估計的 0.316 就比你的 0.003 來得準確。所以，再過一千年，我們兩個都各自修正了信心程度。你的估計絕對需要往上修正；也許我的也是。或許我們同意以 0.718 妥協。

　　我們可以就此打住。完全相同的事是無法重複發生的。不過對於我們估計的任何事物，我們依然有不錯的估計成果。如果我們更有野心，我們可以把問題修正成「外星人在一千年後到來的機率」，然後再做一次實驗。這次，哎呀，沒有新的外星人到來。所以我們再次下修我們的信心程度，比如修至 0.584，然後再等一千年。

　　這一切聽起來都有點隨興，就跟前面說的一樣，它確實很隨意。貝氏版本的方法較有系統，它的概念是這樣的，我們開始時有一個原始的信心程度——稱作先驗機率（prior probability）。我們做實驗（等外星人），觀察結果，然後用貝氏定理計算後驗機率（posterior probability）——我們經過改良、有更多資訊根據的信心程度。這不再只是猜測，而是基於某種有限證據的結果。就算我們在此停止，我們也已經達成了一些有用的成果。但在恰當的情況下，我們可以把後驗機率重新解釋成新的

先驗機率。然後做第二個實驗，以得到第二個後驗機率，
就某種意義上，第二個後驗機率應比先前的要更加準確。
我們把該後驗機率當成新的先驗機率再次進行實驗，得到
一個更好的後驗機率⋯⋯就這樣繼續下去。

　　這聽起來仍舊主觀，它也確實是主觀的。然而，這方
法的成效往往不可思議地驚人。它給出頻率學派模型給不
出的結果，並提出頻率學派提不出的方法。這些結果和方
法能夠解決重要的問題。於是統計學的世界分裂為兩個相
異的派系，頻率學派對上貝氏學派，各自支持兩個相異的
意識形態：頻率主義和貝氏主義。

　　若從務實的觀點來看，我們並不需要在兩者間做出選
擇。畢竟兩個頭腦比一個來得好，兩種解釋比一種來得
好，而兩套哲學比一套來得好。如果其中一個不可行，就
試試另一個。這種想法已漸佔上風，但目前還有很多人堅
持只有其中一派是對的。許多領域的科學家對兩派都非常
樂見其成，而貝氏方法因調適性較高而應用廣泛。

　　法庭也許看起來不太像是測試數學定理的場所，但貝
氏定理在刑事檢控上有重要的應用。很可惜，法律界多半
忽略這點，而審判也充滿了謬誤的統計推理。在人類活動

的領域中，降低不確定性是至關重要的，我們也有著發展純熟的數學工具來達成這項目標，但檢方與辯方卻都偏好訴諸既過時又謬誤的推論方式，這很諷刺——卻又很容易預料。更糟的是，法制系統本身並不鼓勵使用數學。你可能會認為，機率論在法庭的應用就像使用算術來判斷某人的車速比速限快多少一樣，應該沒什麼爭議。主要的問題在於統計推論容易出現錯誤解讀，如此就創造了檢辯雙方律師可鑽的漏洞。

有一項特別令人震撼的判決反對在法律案件中使用貝氏定理，它發生於 1998 年「女王訴亞當斯案」（Regina v. Adams）的上訴中。該案是一宗強暴案，唯一的罪證是從受害者身上取得的樣本與被告的 DNA 相匹配。被告有不在場證明，且不符合受害者對其攻擊者的描述，但因為 DNA 吻合，他就被判有罪了。上訴時，辯方以專家證人的證詞反駁檢方的論點，指出 DNA 相符的機率是兩億分之一。該證人解釋，任何統計學的論證都必須將辯方證據納入考量，且貝氏定理才是正確的方法。上訴成功了，但法官譴責*所有*的統計推理：「陪審團的任務是……評估證據並形成結論，其過程不該是藉由一個公式，不論是數學抑或其他公式，而應該是藉由將他們個人的常識以及對世

界的理解，共同應用於他們眼前的證據之上。」他說得好像很對，但第 6 章就證明了「常識」在這種情況下是多麼沒用。

2013 年的「米爾頓凱恩斯鎮議會訴諾提與他人案」（Nulty & Ors v. Milton Keynes Borough Council）是一宗民事案件，關於一場發生在米爾頓凱恩斯（Milton Keynes）附近回收中心的火災。法官總結起因是一根被丟棄的香菸，因為另一個解釋 —— 電弧（electrical arcing）—— 更不可能發生。據稱丟棄香菸的工程師投保的保險公司輸了這場官司，並被判賠兩百萬英鎊。上訴法院拒絕接受該法官的推論，但駁回了上訴。該審判完全否決了整個貝氏統計學的基礎：「有時候『機率平衡』的標準在數學上會以『50+％機率』來表示，但這可能伴隨著落入偽數學的風險……將某個已發生事件的機率以百分比表示是不切實際的。」

諾瑪・芬頓（Norma Fenton）和馬丁・尼爾（Martin Neil）[29] 寫道，一位律師曾說：「聽著，他要嘛有做要嘛沒做。如果他有做，那他就是 100% 有罪，而如果他沒做，他就是 0% 有罪；所以把他有罪的可能性說成是介於兩者之間的機率毫無道理，且完全不適用於法律。」然而，對

你**知道**發生過（或沒發生過）的事件指定機率雖然不合理。但當你不知道事件是否發生過，指定機率是完全合理的，而貝氏主義就是在解釋如何理性地做這件事。舉例來說，假設有人丟一枚硬幣；他看了結果，你沒看。對他來說，結果是已知的，它的機率是 1。但對你來說，正面和反面的機率都是 1/2，因為你不是在評估實際上發生了什麼事，而是在評估你的猜測有多少可能性是正確的。在**每一宗**法律案件裡，被告不是有罪就是無罪——但這件事對法庭毫無影響，法庭的工作是找出**哪個**才是對的。如果你容許陪審團長久以來被滿口胡言的律師誤導，卻因為一個有用的工具可能誤導陪審團而拒絕使用它，這不免有點愚蠢。

數學符號（mathematical notation）讓許多人都感到困惑，而我們對條件機率的直覺如此糟糕，肯定也無濟於事。不過，若要捨棄一個可貴的統計工具，這些都不足以構成理由。法官與陪審團慣常處理極為複雜的狀況。傳統的安全措施包括了專家證人——雖然如同我們將會見到的，他們的建議並非絕對可靠——以及法官對陪審團的謹慎指示。在我之前提到的兩個案例中，或許可以合理判定

律師尚未呈交一個足具說服力的統計佐證。但在許多評論者眼中，禁止在未來使用任何與統計有一丁點關聯的工具又太過火了，這會讓判定罪行更加困難，進而降低對清白之人的保護。所以雖然有一個出色又極為簡單的發現已被證實是非常有用的工具，能夠降低不確定性，但它卻無人問津，因為法律界要嘛不瞭解它，要嘛想要濫用它。

　　不幸的是，要濫用機率推論實在太容易了，尤其是條件機率。我們在第 6 章看過我們的直覺有多麼容易就被誤導，而正是在這種時候，數學則清晰又準確。想像一下，你在法庭上，被指控犯下謀殺罪。受害者的衣物上有一小片血漬，進行 DNA 鑑定後發現，與你的 DNA 匹配程度很高。檢方說明，如此高的匹配程度發生在一個隨機選擇的人身上，機會是百萬分之一──這或許是正確的，我們就假設是正確的吧──於是他下了結論：你是清白無罪的機會也是百萬分之一。這套論述本質上就是檢察官的謬誤。完全是胡說八道。

　　你的辯護律師迅速採取行動。英國有六千萬人，即使機率只有百萬分之一，同樣可能犯下這個罪行的人也有 60 個。你有罪的機率是 1/60，大約為 1.6%。這是辯護律師的謬誤，同樣是胡說八道。

　　這些例子是我編的，但許多類似的案例都發生在法庭上，包括前面的女王訴亞當斯案，檢方在此案中強調了一個不相關的 DNA 匹配機率。過去發生過無辜之人明顯因為檢察官的謬誤而被判有罪的案例，而法庭本身也承認了這種情況，在上訴時推翻先前的判決。統計學專家相信，許多司法不公的類似案例同樣是謬誤的統計推理所導致，但它們的判決都尚未被推翻。因為法庭相信了辯護律師的謬誤，所以罪犯被判無罪──這樣的狀況儘管更難證實，但似乎也可能發生。不過，解釋雙方的推論為何錯誤並不困難。

　　就目前情況而言，我們先不討論審判中到底是否應該容許機率計算。畢竟審判的目的應該是評估有罪或無罪，而不是由於你**或許**有犯罪而給你定罪。我們討論的主題是如果使用統計學是被允許的，那麼我們需要注意什麼。碰巧的是，英國或美國法律並未禁止將機率作為證據呈上法庭。在我的 DNA 情境裡，檢方與辯方顯然不可能同時正確，因為他們的評估結果大相逕庭。所以到底是哪裡出錯了？

　　柯南‧道爾（Conan Doyle）著有一部短篇故事〈銀斑駒〉（Silver Blaze），情節圍繞著夏洛克‧福爾摩斯

吸引他人注意「狗在夜晚的奇異事件」而逐漸展開。「那隻狗在當天晚上**什麼都沒做**。」蘇格蘭警場的格雷葛里警務督察（Inspector Gregory）抗議道。福爾摩斯一如既往地神祕，他回答：「就是這樣才奇怪。」在以上兩個論述中，有一隻狗什麼都沒做。這是什麼意思？這其中完全沒有提到任何可能表明是否有罪的其他證據。但額外證據對於你有罪的先驗機率（*a priori* probability）有重大影響，也會改變計算過程。

　　另一個情境或許有助於釐清這個問題。你接到一通電話告知你贏得了國家彩券，整整一千萬英鎊。這個消息是真的，而且你也拿到你的獎金支票。但你把支票交給銀行時，卻感到有一隻手重重地拍在你的肩上：是一名警察，他以竊盜罪逮捕你。在法庭上，檢方說你幾乎一定有作弊，從樂透公司詐騙獎金。理由很簡單：任何隨機選擇的人贏得樂透的機會是兩千萬分之一。根據檢察官的謬誤，那兩千萬分之一正是你清白無辜的機率。

　　在這個案例中，錯誤之處是很明顯的。每星期有數以千萬計的人簽樂透；**某個人**非常有可能贏得獎金。你不是在事前被隨機選中的；你是在事件發生後被選中的，**因為你贏了**。

　　有一個與統計證據相關的法律案件特別令人憂慮，就
是莎莉・克拉克（Sally Clark）的審判。她是一名英國律
師，生下的兩個孩子都在嬰兒時期就猝死了（稱為嬰兒猝
死綜合症〔sudden infant death syndrome，簡稱 SIDS〕）。
檢方的專家證人作證說，這種雙重悲劇偶然發生的機率是
七千三百萬分之一。他也說實際觀察到的發生率更加頻
繁，並且解釋這種偏差的來由是因為許多雙重嬰兒猝死都
不是意外發生，而是代理孟喬森症候群（Munchausen
syndrome by proxy）所導致的結果，這種疾病是他自己
的專業領域。儘管除了統計數據之外，缺乏任何明顯的確
鑿證據，克拉克仍被判謀殺了自己的孩子，並處以無期徒
刑，而媒體也大肆痛斥她的罪行。

　　皇家統計學會（Royal Statistical Society）警覺到檢
方論述從一開始就很明顯的嚴重瑕疵，該組織在定罪後的
一場記者會上指出這些瑕疵。經過超過三年的牢獄生活，
克拉克在上訴時被釋放了，但不是因為上述的任何瑕疵，
而是因為檢查嬰兒屍體的病理學家隱瞞了可能證明她無罪
的證據。克拉克並未從這場司法不公中恢復過來。她罹患
了精神疾病，並在四年後死於酒精中毒。

　　檢方論述的瑕疵有好幾種。包括清楚的證據顯示嬰兒

猝死綜合症受到遺傳因素影響，所以一個家庭裡出現一次嬰兒猝死，會更有可能出現第二次。將這樣一次死亡的機率與它自己相乘，並不能合理估計相繼兩次死亡的機率。這兩次事件**不是相互獨立的**。宣稱「大多數的雙重死亡是代理孟喬森症候群所造成的結果」也值得商榷。孟喬森症候群（Munchausen syndrome）是自殘的一種形式。**代理孟喬森症候群是藉由傷害他人來進行自殘**（這句話的合理性也引起爭議）。專家證人報告說雙重死亡有較高發生率，但法庭似乎沒意識到，其實這個發生率可能正是意外死亡的**真實**發生率。當然，有些罕見的案例是兒童真的被謀殺了。

但這些都不是重點。不論意外雙重嬰兒猝死的機率是多少，它都必須與其他的可能性進行比較。此外，一切都必須取決於另一個證據：**發生了兩次死亡**。所以有三種可能解釋：兩次死亡都是意外；兩次都是謀殺；完全不同的情況（例如一次是謀殺，一次是自然死亡）。這三種事件都極度不可能發生：如果有任何機率問題在此處具有重要性，那就是這三種事件彼此相較之下有多不可能發生。而且即使有一次死亡是謀殺，有個問題依然存在：**誰幹的？**兇手不一定是孩子的母親。

所以法庭著重於：

- 隨機選擇的一個家庭經歷兩次嬰兒猝死的機率

但法庭應該思考的是：

- 在發生了兩次嬰兒猝死的前提下，母親是雙重謀殺案兇
  手的機率。

當時法庭把兩者混淆了，同時還使用了錯誤的數據。

　　數學家雷・希爾（Ray Hill）利用實際資料進行嬰兒
猝死的統計分析，發現一個家庭裡發生兩次嬰兒猝死綜合
症意外的機率，是發生兩次謀殺案的 4.5 倍到 9 倍之間。
換句話說，單以統計學來看，克拉克有罪的可能性只有
10-20%。

　　狗又再次不吠叫了。在這種案例中，除非有其他證據
支持，否則只有統計證據是完全不可靠的。舉例來說，如
果能夠獨立證實被告曾有虐待自己小孩的紀錄，就能夠支
持檢方的論點，但這樣的紀錄並不存在。如果能論證沒有
這種虐待的跡象，就能夠支持辯方的論點。最終，她有罪
的唯一「證據」就是兩個孩子死了，死因顯然是嬰兒猝死
綜合症。

芬頓與尼爾討論了統計推理可能被誤用的大量其他案例。[30] 2003 年一名荷蘭的兒科護理師露西亞・迪・柏克（Lucia de Berk）被指控犯下四次謀殺與三次謀殺未遂。因為她在醫院值班時，病患死亡的數目異常地高。檢方彙整了間接證據，然後宣稱這種事偶然發生的機率是三億四千兩百萬分之一。這個計算結果代表的是在被告無罪的情況下，證據存在的機率。但應該要計算的是在有證據的情況下，被告有罪的機率。迪・柏克被判有罪，處以無期徒刑。儘管指控她有罪的證據在上訴期間被撤銷了，但裁決仍維持原判。先前提供該證據的證人承認：「我編造了證據。」（當時這名證人被扣押在一所犯罪心理機構。）不意外的是，媒體針對判決結果進行辯論，民眾也組織了一場公共請願，而在 2006 年，荷蘭最高法院將此案發回阿姆斯特丹法院，該院再次維持原判。經過如此負面的公眾關注後，最高法院於 2008 年重新審理此案。2010 年，再審發現所有死亡事件都是出於自然原因，而且與事件相關的護理師還救了好幾條人命。終於，法庭撤銷了判決。

醫院裡有大量死亡事件，也有大量護理師，因此一些死亡事件與一名特定護理師之間可能有異常強烈的關聯，這應該是顯而易見的事。隆納・米斯特（Ronald Meester）

與同僚 [31] 認為，「三億四千兩百萬分之一」的數據是一個兩次浸漬的例子（見第 7 章）。他們的研究顯示，更適當的統計方法所導出的數據是大約三百分之一，甚至是五十分之一。這些數值作為罪證，在統計上並沒有顯著意義。

芬頓、尼爾與丹尼爾‧伯格（Daniel Berger）在 2016 年針對法律案件中的貝氏推理，發表了一篇文獻綜述。他們分析為何法律界會對貝氏推理存疑，並回顧了這種論證方式的潛力。他們開頭就指出，在訴訟程序中使用統計學的次數在過去四十年內大幅增加，但大多都使用古典統計學，儘管貝氏思考方式能避免許多與古典方法有關的陷阱，適用範圍也更廣。他們的主要結論為貝氏思考方式之所以沒有影響力，是根源於「法律界對貝氏定理抱有錯誤觀念……而且不使用現代計算方法」。他們也提倡使用一種稱為貝氏網路（Bayesian network）的新技術，它能夠將所需計算自動化，而且會「解決掉在法律界使用貝氏思考方式的大多數顧慮」。

古典統計學有著相當死板的假設與存在已久的傳統，常常遭到錯誤解讀。強調統計顯著性檢驗（statistical significance test）可能導致檢察官的謬誤，因為已知有

罪後有證據的機率可能被錯誤解讀為已知有證據後有罪的機率。此外還有更多專門性概念，例如信賴區間（confidence interval），其定義是我們能有信心地假設某個數字所在的數值範圍。這些概念「幾乎總是遭到錯誤解讀，因為它們的正確定義既複雜又違反直覺（的確，即使是許多受過訓練的統計學家也沒有正確理解定義）」。這些阻礙再加上古典統計學糟糕的紀錄，使律師對任何形式的統計推理都感到不滿。

這或許是其中一個拒用貝氏方法的理由。芬頓與同僚認為還有另一個更有意思的理由：太多呈現在法庭上的貝氏模型都被過度簡化了。法律界使用這些模型是因為他們假設所需的計算應該要簡單到足以徒手完成，如此一來，法官與陪審團就能理解這些計算。

在電腦時代，這項限制是不必要的。對於不能理解的電腦演算抱有顧慮很合理；只要想像一個極端案例，假設有一個人工智慧的「司法電腦」（Justice Computer）能沉默地衡量證據，然後宣布「有罪」或「無罪」，卻不提供解釋。但是當我們能完全理解演算，而且計算過程也很明確的時候，要避免更明顯的潛在問題應該不難。

我曾討論過貝氏推理的玩具模型，它們包含的陳述非

常少，而我們所做的只是思考：已知一項陳述，另一項陳述的可能性有多大。但一宗法律案件牽涉到各式各樣的證據，還有與證據相關的陳述，例如「嫌疑犯當時在犯罪現場」、「此人的 DNA 與受害者身上的血跡相匹配」，或是「當時在附近看到一輛銀色汽車」。貝氏網路呈現出所有因子以及它們如何相互影響，呈現的形式為有向圖（directed graph）：一系列由箭頭連結的方格。每個因子都以一個方格代表，而每種影響則以一個箭頭代表。此外，每個箭頭各聯結一個數字，代表的是：已知位於箭頭尾部的因子，則箭頭頭部的因子有多大的條件機率。然後將貝氏定理通則化，就有可能在確定任何其他因子，或甚至是確定任何其他已知事物的情況下，計算特定因子發生的機率。

　　芬頓與同僚認為，貝氏網路只要適當地執行、發展與測試，就能成為重要的法律工具，可以「建構出正確的相關假設以及證據的完整因果關聯」。至於哪些類型的證據能被視為適用於這種方法，確實會存在許多爭議性議題，而這些議題需要經過辯論與認可。儘管如此，這類辯論遭受阻撓的主要因素，正是科學與法律之間現存的重大文化隔閡。

9 法則與無序

熱不會從低溫傳到高溫處，

你願意的話可以嘗試，但不要嘗試更好。

——米高·夫蘭達斯（Michael Flanders）與當奴·史旺（Donald Swann），
《熱力學第一與第二定律》（*First and Second Law*）（歌詞）

我們一步步從法則與秩序到法則與無序。從人類事務到物理學。

鮮少有科學原理成為家喻戶曉的名字，或者至少近乎家喻戶曉，其中一個便是熱力學第二定律。查爾斯·博斯·史諾（C.P. Snow）於 1959 年瑞德講座（Rede lecture）上提出了惡名昭彰的「兩種文化」（two cultures），他隨後出版的書也討論這個概念。他在講座上及書中都表示，如果人們不知道熱力學第二定律是什麼意思，就不應該認為自己有文化修養：

　　我曾經跟一群人聚會多次，以傳統文化的標準來看，這群賓客都算是受過高等教育，他們也一直興致勃勃地表達自己對於科學家的無知感到難以置信。我

有一兩次被激怒了，便質問這群人，他們之中有多少人能夠描述熱力學的第二定律。他們的回應很冷漠：而且答案是否定的。但我問的問題其實就跟「你有讀過莎士比亞的作品嗎？」一樣，只是改成科學上的對等問題而已。

他的論點很有道理：基礎科學是人類文化的一部分，其重要性應該至少等同於熟悉賀拉斯（Horace）的拉丁語名言，或是能夠引用拜倫（Byron）或柯立芝（Coleridge）的詩句。但另一方面，他真應該選擇一個更好的例子，因為許多**科學家**也無法信手就拈來熱力學第二定律。[32]

史諾接下來指出，最多只有十分之一的受教人士能夠解釋較簡單概念的意義，例如質量或加速度（acceleration），這就跟詢問他人「你識字嗎？」一樣，只是變成科學領域的問題而已。文學評論家法蘭克‧雷蒙‧利維斯（Frank Raymond Leavis）回應，只有一種文化存在，就是**他的**文化——他在無意間證實了史諾的觀點。

米高‧夫蘭達斯與當奴‧史旺給了比較正面的回應，

他們寫了一首相當受到喜愛的搞笑歌曲，在 1956 年至 1967 年巡迴演出的滑稽劇《帽子掉下的一刻》（*At the Drop of a Hat*）及《另一頂帽子掉下的一刻》（*At the Drop of Another Hat*）上表演，其中兩句歌詞就是本章開頭的引用語。[33] 他們以一個相當含糊的概念表達熱力學第二定律的科學性敘述，這個概念出現在這首歌的結尾：「對，那就是熵（entropy），老兄」。

熱力學是熱的科學，也探討熱如何能從一個物體或系統轉移到另一個。相關的例子包括用水壺把水煮沸，或是在蠟燭上方放一顆氣球。我們最耳熟能詳的熱力學變數是溫度、壓力與體積。理想氣體定律（ideal gas law）顯示出它們的關聯：壓力與體積的乘積跟絕對溫度（absolute temperature）成正比。舉例來說，假設我們加熱一顆氣球內的空氣，溫度會升高，所以空氣會佔據更大體積（氣球擴張），或者氣球內的壓力必須增加（最後讓氣球破掉），或者兩種狀況兼有。此處我略去一種顯然可能發生的情況，就是熱或許也會燒掉或熔掉氣球，不過這就不在理想氣體定律的範圍內了。

另一個熱力學變數是熱，它與溫度不同，而且在許多方面也比溫度簡單。比熱與溫度遠遠更微妙的是熵，它常

被非正式地描述為一種計算熱力系統有多麼失序的指標。根據熱力學第二定律，在任何未受到外在因素影響的系統中，熵總是會增加。在這種情況下，「無序」不是定義，而是隱喻，而且很容易被錯誤解讀。

熱力學第二定律對於我們周遭世界的科學性理解有著重大影響。有些影響的規模極為廣闊：如宇宙的熱寂（heat death），代表在很久很久以後的未來，一切物質都會成為一鍋溫度一致的冷湯。有些影響則是誤解，例如宣稱熱力學第二定律使演化不可能發生，因為比較複雜的生物比較有序。還有一些影響非常矛盾又令人費解：「時間箭頭」（arrow of time），代表了雖然無論時間流動的方向為何，衍生出熱力學第二定律的方程式都相同，但熵似乎是隨著時間往前流動的一特定方向而變化。

第二定律的理論基礎是奧地利物理學家路德維希‧波茲曼（Ludwig Boltzmann）於 1870 年代提出的分子運動論（kinetic theory）。這是氣體分子運動的一種簡單數學模型，微小堅硬的球體代表氣體分子，它們一旦碰撞就會將彼此彈開。氣體分子被假設為：以它們的大小而言，它們平均相距很遠——不像在液體中那麼緊密堆疊，而固體中的分子又更緊密。當時大多數的重要物理學家並不相信

有分子存在。事實上，他們不相信物質是由原子組成，分子又是由原子結合而成，所以他們激烈批評波茲曼。波茲曼的職業生涯中充斥著別人對其想法的懷疑，然後 1906 年他在度假時上吊自殺了。無論他是不是因為別人反對他的想法而自殺──這很難說──但這種反對聲浪顯然是錯誤判斷。

　　分子運動論的核心特質之一，是分子運動在實際狀況中看起來是隨機的。這就是為什麼一本關於不確定性的書裡會有一章討論熱力學第二定律。不過，上述的彈跳球體模型是確定性的，而分子運動是混亂的。但數學家花了超過一世紀才證明這件事。[34]

　　熱力學與分子運動論的歷史很複雜，所以我會省略細節，將討論限制在氣體，這樣問題會比較簡單。這塊物理領域經歷了兩個主要階段。第一個階段是古典熱力學，在這個階段，氣體的重要特徵是描述其整體狀態的宏觀變數，包括前文所述的溫度、壓力、體積等。當時科學家知道氣體是由分子組成（雖然直到 1900 年代早期，這件事都還存在爭議），但只要氣體的整體狀態沒受到影響，他們就不會考慮這些分子的精確位置與速率。舉例來說，熱

是分子的總動能（kinetic energy）。如果碰撞造成某些
分子加速，但其他分子減速，總能量還是會維持相同，所
以這種變化對上述的宏觀變數並沒有影響。數學上的問題
是描述宏觀變數如何彼此關聯，並利用這些關聯產生的方
程式（「定律」）來推導氣體如何運作。起初，主要的實
際應用是蒸汽機與類似工業機械的設計。事實上，正是為
了分析蒸汽機效能的理論限制，才激發了熵的概念。

　　在第二個階段，首要的研究目標變成了微觀變數，包
括氣體中個別分子的位置與速度。第一個主要問題是描述
分子在容器內四處彈跳時，這些變數如何變化；第二個問
題是從這種更詳細的微觀現象推導出古典熱力學。後來，
量子效應（quantum effect）也被納入考量，並伴隨著量
子熱力學（quantum thermodynamics）的出現。量子熱
力學結合了「資訊」等新的概念，並為該理論的古典版本
提供了詳盡的基礎。

　　在古典的思考方式中，一個系統的熵是被間接定義
的。首先，我們定義系統本身改變時，熵這個變數是如何
改變的；然後我們加上所有細微變化來求得熵。如果該系
統的狀態發生微小改變，熵的變化就是熱除以溫度的商所
呈現的變化（如果狀態的變化夠小，溫度在變化過程中就

可視為恆定）。狀態的大幅變化可被視為大量的微小變化相繼發生，而熵的相應變化則是每個階段所有微小變化的總和。更嚴謹地說，在微積分的意義上，熵是那些變化的積分。

　　這些知識可以告訴我們熵的變化，但熵本身呢？在數學上，熵的變化並不能給予熵獨特的定義，它只是把熵定義為一個相加常數。為了確定這個常數，我們可以在某個定義明確的狀態下為熵做出一種特定選擇，而標準的選擇是根據絕對溫度的概念。大多數我們熟悉的溫度標準，如攝氏溫度（常用於歐洲）或華氏溫度（用於美國），都包含了隨興的選擇。在攝氏溫度，0℃ 被定義為冰的熔點，而 100℃ 是水的沸點。而在華氏溫度，相應的溫度分別是 32 ℉與 212 ℉。起初丹尼爾・華倫海特（Daniel Fahrenheit）將人體溫度訂為 100 ℉，將他能取得的最冷溫度訂為 0 ℉。這種定義很冒險又容易引起麻煩，結果出現了 32 與 212 這兩個數字。原則上，你可以隨心所欲將這兩個溫度指定為任何數字，或者使用完全不同的指標，例如氮跟鉛的沸點。

　　隨著科學家試圖創造出愈來愈低的溫度，他們發現了物質的最低溫度是有明確限制的。這個限制大約是 -273℃，

被稱為「絕對零度」（absolute zero）。以古典的熱力學
描述來說，所有熱運動在這個溫度都會停止。不論你怎麼
嘗試，你都不能讓任何東西比絕對零度更冷。克氏溫標
（Kelvin temperature scale）是根據愛爾蘭裔蘇格蘭物理
學家克耳文勳爵（Lord Kelvin）所命名的，這是一種使
用絕對零度作為其零度的熱力學溫標；它的溫度單位是克
耳文（符號為 K）。克氏溫標就像攝氏溫標一樣，只不過
每個攝氏溫度都要加上 273。這樣一來，冰在 273K 融化，
水在 373K 沸騰，而絕對零度是 0K。在這種狀況下，一
個系統的熵被賦予了定義（取決於所選的單位），定義方
法是選定任意的相加常數，使得絕對溫度為零時，熵也為
零。

　　這就是熵的古典定義。而現代統計力學（statistical
mechanics）賦予熵的定義在某些方面來說比較簡單。雖
然乍看之下並不明顯，但其實氣體狀態下的熵也是同樣概
念，所以在兩種情況都使用相同字詞是無傷大雅的。這個
現代定義適用於微觀下的狀態，簡稱微觀狀態（micro-
state）。公式很簡單：如果系統能存在於 N 個微觀狀態
的任一個，且這 N 個狀態的可能性都相同，則熵 S 為

$$S = k_B \log N$$

k_B 是一個常數，稱為波茲曼常數（Boltzmann's constant）。若以數字表示，這個常數為 1.38065×10^{-23} 焦耳每克耳文。這裡的 log 為自然對數（natural logarithm），以 $e = 2.71828...$ 為底數。換句話說，系統的熵跟理論上系統裡可存在的微觀狀態數量之對數成正比。

　　為了清楚解釋，假設系統是一副撲克牌，而一個微觀狀態是這副牌洗牌後能變成的任何一個排序。從第 4 章的內容可知，微觀狀態的數量為 52!，這是一個相當大的數字，開頭是 80,658，而且有 68 位數。我們可以取對數，然後乘以波茲曼常數來算出熵的值，這樣就得出

$$S = 2.15879 \times 10^{-21}$$

如果現在我們拿到第二副牌，它也有相同的熵 S。而我們合併兩副牌，並把這疊合併後數量變多的牌洗牌，則微觀狀態的數量變成 $N = 104!$，這個數字又遠遠更大了，開頭為 10,299，有 167 位數。合併系統的熵現在變成

$$T = 5.27765 \times 10^{-21}$$

兩個子系統（兩副撲克牌）合併前，它們的熵總和是

$$2S = 4.31758 \times 10^{-21}$$

由於 T 大於 $2S$，所以合併系統的熵也大於兩個子系統的熵總和。

從比喻意義而言，合併後的牌代表了兩副牌裡的紙牌之間所有可能的交互作用。我們不僅能把兩副牌分別洗牌，也能把它們混合在一起，取得額外的排列方式。所以，可進行交互作用的系統相較於不交互作用的兩個系統，前者的熵會大於後者的熵總和。機率學家馬克·卡茨（Mark Kac）曾用兩隻貓來描述這種效應。每隻貓帶有數隻跳蚤，兩隻貓分開時，跳蚤可以四處移動，但只會待在「牠們」的貓身上。如果兩隻貓見面了，牠們就能交換跳蚤，而可能的排列方式數目就會增加。

因為一個乘積的對數是因數的對數總和，所以只要合併系統的微觀狀態數量大於個別系統的微觀狀態數量之乘積，熵就會增加。這是通常會發生的狀況，因為兩個子系統不允許混合在一起時，乘積就是合併系統的微觀狀態數量。混合會產生更多微觀狀態。

現在想像一個具有隔板的盒子，一邊有大量氧分子，

另一邊為真空。這兩個分隔開的子系統都各有一個特定的熵。假設我們把空間「如同粗粒般」分成大量但有限數量的極小方格，並利用這些方格來說明分子在哪裡，那麼微觀狀態可被想像為排列各個分子位置的方式數量。隔板被移走的時候，分子的一切舊有微觀狀態依然存在，但還會有許多新的微觀狀態，因為分子可以進入盒子的另一半空間。新的排列方式數量會大幅超過舊的方式，而且氣體最後非常可能會以均勻的密度充滿整個盒子。

　　更簡單地說：隔板被移走時，可能出現的微觀狀態數量會增加，所以熵——微觀狀態數量的對數——也會增加。

　　物理學家說，隔板還存在時，狀態是有序的，因為在盒子一邊的氧分子集合與另一邊的真空是分隔開的。我們移走隔板時，這種分隔就終止了，所以狀態變得更加無

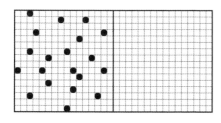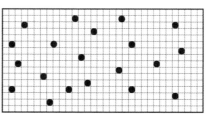

左：具有隔板。右：隔板被移走時，許多新的微觀狀態就可能發生。盒子以灰線切割成粗粒般的小方格。

序。在這種意義上，熵可以被解讀為無序的程度。但這個比喻並沒有很大幫助。

現在我們來探討時間箭頭這個棘手的問題。

氣體的詳細數學模型是：有限數量的極微小且堅硬的球在一個盒子裡四處彈跳。每顆球都代表一個分子。一般假設分子之間的撞擊是極有彈性的，也就是說在撞擊過程中，並沒有流失或獲得任何能量。一般也會假設當一顆球與牆壁撞擊，它彈跳的方式就像一顆理想的撞球與軟墊撞擊一樣：它反彈的角度與撞擊牆的角度一樣（無旋轉），只是從相反方向量測而已，而且它移動的速率跟撞到牆（極度有彈性的軟墊）之前的速率也是完全一樣的。能量也同樣守恆。

那些小球的行為遵循著牛頓運動定律（Newton's laws of motion）。此處重要的是第二定律：作用於一物體的外力等於該物體的加速度乘以質量。（第一定律表示，除非物體受到外力，否則物體會沿一直線作等速運動；第三定律表示，每一作用力必有一大小相等、方向相反的反作用力。）思考機械系統時，我們通常知道外力的大小，並想要找出粒子是如何移動。第二定律暗示著，在

任一特定時刻，加速度等於外力除以質量。這適用於每一顆小球，所以原則上我們可以知道全部的小球是如何移動的。

我們使用牛頓運動定律得出的方程式為微分方程式（differential equation）：它告訴我們特定的量隨著時間過去的變化速度。通常我們想知道的是那些量本身，而不是它們變化得有多快，但我們可以用積分從變化率找出那些量。加速度是速度的變化率，而速度是位置的變化率。為了找出那些球在任一特定時刻的位置，我們先用牛頓定律找出所有的加速度，再用微積分算出它們的速度，然後再用一次微積分算出它們的位置。

我們還需要兩項要素。第一項是初始條件。初始條件詳細說明了所有的球在任一特定時刻（假設時間 $t = 0$）會在哪裡，以及它們移動得有多快（還有移動的方向）。這份資訊明確決定了方程式的唯一解，讓我們知道初始狀態隨著時間過去發生了什麼事。以互相撞擊的球來說，其基礎就是幾何學（geometry）。每顆球都沿一直線（初速度的方向）等速運動，直到它撞到另一顆球為止。第二項要素是一條規則，適用於接下來發生的事：球與彼此反彈，得到新的速率與方向，並再次沿一直線繼續運動，直

到下一次撞擊為止，以此類推。這些規則確立了氣體的分子運動論，而氣體定律等類似的法則都可以由此推導而來。

任何運動物體系統的牛頓運動定律都會得出時間可逆的方程式。如果我們取任一方程式的解，並將時間反轉（把時間變數 t 變成負值），我們也會得到方程式的一個解。它通常不會是**相同**的解，雖然有時候可能是。直覺地說，如果你拍了一個關於解答的影片然後將它反向播放，結果也會是一個解答。例如，假設你向空中垂直丟出一顆球。它剛開始移動得相當快，受到重力牽引時變慢，靜止了一瞬間，然後掉落，不斷加速，直到你再度接住它。那當你把影片反向播放也是同樣的道理。或是用球桿打一顆撞球，讓它撞到軟墊後反彈；把這部影片反向播放的話，你也會看到一顆球撞到軟墊後反彈。如此例所示，讓球體彈跳並不影響可逆性，前提是彈跳規則在球體反向運動時也以相同方式運作。

這一切都很合理，但我們都看過時間倒轉的影片裡發生一些奇怪的事情。如放在碗中的蛋白和蛋黃突然上升至空中，被裂成兩半的蛋殼接住，蛋殼再接合起來變成一顆完整的蛋，由廚師握在手裡。地上的玻璃碎片神奇地朝彼

此移動並組合成一個完整的瓶子，瓶子再**跳躍**至空中。瀑布流**上**斷崖，而不是向下流。酒從玻璃杯中騰空而起，流回瓶子裡。如果是香檳，泡泡會縮小然後和酒一起流回瓶子裡；軟木塞神奇地從一段距離以外的地方出現，然後自動塞回瓶頸裡，把酒裝在瓶裡。將人們吃蛋糕的影片反向播放，看起來特別噁心──你大概能想像那看起來是什麼樣子。

如果你把時間反轉，現實生活中大部分的過程都不太合理。有一些是合理的，但它們是例外。時間似乎只朝著一個方向流動：時間箭頭從過去指向未來。

這本身並不是個謎。把影片反向播放不是真的把**時間**倒轉。它只是讓我們知道如果我們可以倒轉時間會發生什麼事。但熱力學鞏固了時間箭頭的不可逆性。第二定律表示熵會隨著時間增加。反向操作的話熵就會減少，違反了第二定律。這同樣是合理的；你甚至可以將時間箭頭定義為熵增加的方向。

當你把這個概念和分子運動論放在一起思考，事情就開始棘手了。牛頓第二定律表示系統是時間可逆的；熱力學第二定律則不然。但熱力學定律是牛頓定律的**結果**。這明顯有點古怪；如莎士比亞說的：「時間已然脫軌。」（The time is out of joint.）

關於這個矛盾的文獻多如牛毛，且大多數的學術價值都相當高。波茲曼第一次思考分子運動論的時候就對此感到困擾。答案有一部分是：熱力學定律是統計性的。它們並不適用於牛頓方程式對一百萬顆彈跳的球所求出的每一個解。原則上，一個盒子裡的所有氧分子可以被移至盒子的其中一半。然後你速速放入隔板隔開，快！但多數時候，氧分子並不會發生這種情形；發生這種情況的機率大概是 0.000000……，零多到在第一個不是零的數字出現之前，整個星球就容納不下了。

然而，故事還沒結束。熵隨時間增加的每一個解都對應了一個時間反轉的解，在這個解當中，熵是隨時間減少的。在非常罕見的情況下，時間反轉的解會跟原本的解一樣（假如丟出去的球在抵達軌跡頂點時有相同的初始條件；或撞球撞擊到軟墊時有相同的初始條件）。如果忽略這些例外，解答就會雙雙成對：一個是熵增加的解；另一個是熵減少的解。斷言統計效應只選擇其中一半，是完全不合理的。這就像在主張一枚公平硬幣永遠會投出正面。

答案的另一部分牽涉到對稱破裂（symmetry-breaking）。我要非常謹慎地說明，當你將一個牛頓定律的解進行時間

反轉，你一定會得到一個解，但不一定是同樣的。這些定律的時間反轉對稱性（time-reversal symmetry）並不代表任何特定解答的時間反轉對稱性。這一點無庸置疑，但不是特別有幫助，因為解答仍然是雙雙配對的，而同樣的問題還是會出現。

為什麼時間箭頭只指向一個方向呢？我感覺答案是在一個容易被忽略的地方。相較於每個人都專注於*定律*的時間反轉對稱性。我認為我們應該將*初始條件*的時間反轉不對稱性納入考量。

這句話本身就是一個警訊。當時間反轉，初始條件就不是初始了，而是最終條件。如果我們指出時間零點時發生什麼事，然後推導出正時間的運動，我們就已經固定了時間箭頭的方向。這聽起來可能有點蠢，畢竟數學也讓我們能推論出負時間發生什麼事，但先讓我說完。我們來比較一下掉到地上碎裂的瓶子和時間反轉之後的結果：瓶子的碎片重組成完整無缺的樣子。

在「碎裂」的情境中，初始條件很簡單：有一個完整的瓶子，被你握著舉在空中。然後你放手。隨著時間過去，瓶子掉落、摔碎，然後幾千塊小碎片散落一地。最終條件非常複雜，整齊有序的瓶子變成了一地亂七八糟的碎

片，熵增加了，也遵守了第二定律。

　　「重組」的情況就比較不一樣了。初始條件很複雜：許多細小的玻璃碎片。它們也許看似靜止，但其實全都非常緩慢地在移動。（不要忘記，我們此處不考慮摩擦力。）隨著時間過去，碎片往彼此移動然後重組，形成了一個完整的瓶子，朝空中一躍而起。最終條件非常簡單，一地亂七八糟的碎片變成了整齊有序的瓶子，熵減少了，而第二定律被打破了。

　　此處的差異跟牛頓定律沒有關係，也跟它的可逆性無關，它也不受熵的支配。上述兩種情境都符合牛頓定律；其中的差異來自初始條件的選擇。「碎裂」的情境很容易以實驗進行，因為初始條件很容易安排：拿一個瓶子，將它舉起，再放開。「重組」的情境不可能用實驗做到，因為初始條件太複雜也太棘手，根本不可能設置出來。原則上它是存在的，因為對於瓶子從掉落到碎裂後某一刻，我們可以解出方程式。然後我們再把瓶子碎裂了一陣子的狀態當作初始條件，唯獨將所有速度反轉，而數學的對稱性代表瓶子確實會重組——但只有當我們能分毫不差地實現那些極度複雜且近乎不可能達成的「初始」條件才行。

　　我們能夠求出負時間的解也是從完整的瓶子開始的，

如此就能算出瓶子是如何變成那個狀態。極可能是有人把它放在那裡的。但如果你把牛頓定律的時間倒轉，你不會推論出有一隻手神祕地出現。組成那隻手的粒子並不存在你正在解的模型當中。你能得到的是一個假想的過去，在數學上與所選擇的「初始」狀態一致。事實上，因為將瓶子拋到空中是其本身的時間反轉狀態，所以反轉的解也會包括掉落到地上的瓶子，而「根據對稱」它也會摔碎，不過是在時間反轉的狀態中。瓶子的整個經歷——指的不是實際發生的事，因為上帝之手在時間零點時不是模型的一部分——包含了數千塊玻璃碎片，這些碎片開始聚集、重組，上升至空中組成一個完整的瓶子，在時間零點時到達它們軌跡的頂點，然後掉落、摔碎，再散落成數千塊碎片。一開始，熵是減少的；然後它又增加了。

在《時間的秩序》（*The Order of Time*）一書中，卡洛・羅威利（Carlo Rovelli）說了一件非常相似的事。[35] 一個系統的熵是透過不區別特定結構（我稱之為粗粒化）來定義的，所以熵取決於我們能取得該系統的什麼資訊。在他看來，我們不會感受到時間箭頭，因為那是熵增加的方向。反之，我們之所以認為熵會增加，是因為**對我們來說**，過去的熵似乎比現在少。

　　我說過設置摔碎瓶子的初始條件不難，但某個意義上來說這是錯的。如果我可以去超市買一瓶酒，喝了它，再使用那個空瓶的話，那要設置摔碎瓶子的初始條件確實很簡單。但瓶子是哪裡來的呢？如果我們追蹤它的歷史，就會發現它的組成分子可能經過許多被回收、熔化的循環；它們來自許多不同的瓶子，經常在回收前或回收時被摔碎。但其中的所有玻璃最終都要追溯回砂粒，這些砂粒被熔化以形成玻璃。幾十年前或幾世紀前的實際「初始條件」，至少和我先前所說不可能達成的重組瓶子所需之初始條件一樣複雜。

　　但是，瓶子就這樣奇蹟似地製成了。

　　這是否證明熱力學第二定律是錯誤的？

　　當然不是。氣體的分子運動論——事實上，整個熱力學——都牽涉到將假設簡化。這種簡化的假設會模擬特定的常見情境，而這些情境適用時，模型就沒問題。

　　有一種假設是系統是「封閉」的。這種假設通常是指「禁止所有外部能量輸入」，但我們真正要的是「禁止所有未內建在模型中的外部影響」。以砂子製造瓶子的過程中涉及了眾多影響，如果你只追蹤瓶子裡的分子，就無法解釋那些影響。

　　熱力學文本中的傳統情境全都牽涉到這種簡化過程。文本會討論一個放有隔板的盒子，盒子內有一半含有氣體分子（或是類似設置的某種變體）。它解釋如果你**後來**移除了隔板，熵就會增加。但它沒有討論的是在**初始**準備中，氣體是如何進入盒子裡的。初始準備中的熵比氣體原先還屬於地球大氣層時的熵更低。我同意，那不再是一個封閉系統了。但這裡真正重要的是假設的系統型態，或者更精確地說——假設的初始條件。數學並沒有告訴我們那些條件實際上是如何達成的。把摔碎瓶子的模型倒轉並不會帶我們回到砂子的階段，所以模型其實只適用於時間前進的狀態。我以粗體標示了上面敘述中的兩個詞：**後來**和**初始**。在時間倒轉的情況下，這兩個詞應改為**之前**和**最終**。儘管方程式是時間可逆的，時間在熱力學中依然擁有一個特殊的箭頭，這是因為在設想的情境中已內建了一個時間箭頭：**初始**條件的應用。

　　這已是老生常談了，在人類歷史中不斷重演。大家都太專注於**內容**而忽略了**脈絡**。在這裡，內容是可逆的，但脈絡不是。因而熱力學並沒有與牛頓相抵觸。但這也透露出另一件事：在討論像熵這種難以捉摸的概念時，使用「無序」這種模糊不清的詞很有可能造成混淆。

10 不預測可測之事

我們要求嚴格界定懷疑及不確定的領域！
—— 道格拉斯·亞當斯（Douglas Adams），
《銀河便車指南》（*The Hitchhiker's Guide to the Galaxy*）

在十六、十七世紀，兩位科學偉人注意到自然世界裡的數學規律。伽利略·伽利萊（Galileo Galilei）從地上發現這些規律存在於滾動的球與下墜的物體中；約翰尼斯·克卜勒（Johannes Kepler）從天上發現這些規律存在於火星的軌道運動中。1687 年，繼那些發現之後，牛頓的《自然哲學之數學原理》（*Principia*）改變了我們思考自然的方式，這部著作揭露了深奧的數學定律，這些定律支配著自然的不確定性。幾乎在一夕之間，許多現象——從潮汐到行星到彗星——都可以預測了。歐洲數學家很快地以微積分的語言重塑牛頓的發現，並將類似的方法應用到熱、光、聲音、波、流體、電以及磁。數學物理（mathematical physics）就這樣誕生了。

《自然哲學之數學原理》最重要的訊息是：我們不該專注在自然如何表現，而應該探求更深層且支配著這些表

現的定律。瞭解定律之後，我們就能推導出這些表現，從
而更能掌握我們的環境，並減少不確定性。其中許多定律
都以一種特定的形式存在：微分方程式，它們以系統狀態
的變化速率來表示任一特定時刻的狀態。方程式具體描述
了定律，也就是遊戲規則。方程式的**解**則明確描述了自然
的表現，也就是遊戲在**所有**瞬間 —— 過去、現在、未
來—— 是如何進行的。有了牛頓的方程式，天文學家就能
夠準確地預測月亮和行星的運動、日月食的時間，以及小
行星的軌道。原本天空中的運動是由神明隨心所欲地掌
控，既不確定又無規則，如今卻被一個廣袤的宇宙時鐘機
器所取代，這個機器的行動完全由其構造及運行方式所決
定。

人類學會了如何預測不可預測的事物。

1812 年，拉普拉斯在他的《關於機率的哲學論文》
（*Essai philosophique sur les probabilités*）中主張，原
則上宇宙是完全確定的。如果一個高智慧生命體知道宇宙
所有粒子的當下狀態，他就能夠鉅細靡遺地推論出全部事
件的發展，不管是過去或未來都可以。「對這種智慧生命
體而言，」他寫道：「沒有任何事物是不確定的，未來和
過去在它眼中都是現在。」這個看法在道格拉斯・亞當斯

的《銀河便車指南》中成為了模仿的對象，書中的超級電腦「深思」（Deep Thought）思索著「生命、宇宙及萬事萬物的終極問題」（the Ultimate Question of Life, the Universe, and Everything），七百五十萬年後，它給出了答案：四十二。

對那個年代的天文學家來說，拉普拉斯大致上說對了。深思本來就應該會獲得極好的答案，就像今天現實世界中的電腦一樣。但當天文學家開始問更困難的問題，他們漸漸明白，雖然拉普拉斯也許在理論上是對的，但這理論有一個漏洞。有時候要預測某個系統的未來，即使只是預測幾天後的事，也需要極度準確的資料顯示該系統**現在**的狀態。這個效應稱為混沌，而且它完全改變了我們對決定論和可預測性之間關係的看法。我們也許能完全理解一個確定性系統的定律，卻依然無法預測它。矛盾的是，問題並不是衍生自未來。而是因為我們對現在的掌握不夠準確。

有些微分方程式很容易解出來，而且答案是良態（well-behaved）的。這些是線性方程式，意思大概是指結果和原因是成比例的。這種方程式在變化小的時候經常適用於自然，而早期的數學物理學家也為了有所進展而接

受這項限制。非線性方程式比較困難——在快速的電腦出現之前往往不可能算得出答案——但它們通常是較好的自然模型。十九世紀晚期，法國數學家昂利·龐加萊（Henri Poincaré）提出了一個思考非線性微分方程式的新方法，這個方法的基礎是幾何學，而不是數字。他的想法即是「微分方程的質性理論」（qualitative theory of differential equations），這緩慢地革新了我們處理非線性的能力。

　　為了瞭解他的想法，我們先看看一個簡單的物理系

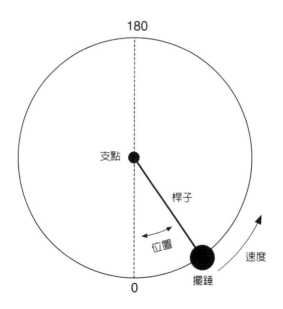

一個擺與兩個表示其狀態的變數：位置，以逆時針方向的角度測量；
速度，同樣以逆時針方向測量（角速度〔angular velocity〕）。

統：擺（pendulum）。最簡單的模型是在一根桿子末梢掛上一個擺錘，以一個固定點為支點，沿一垂直面擺盪。重力將擺錘向下拉，而我們一開始就假設沒有其他外力作用介入，連摩擦力都沒有。在一個擺鐘裡，例如古董老爺鐘，我們都知道它的狀況：擺規律地來回移動（滑輪上的彈簧或重物能彌補因摩擦力而流失的任何能量）。據說伽利略對擺鐘的想法是這麼來的：他在教堂裡看著一盞燈來回擺盪時，注意到不管它是以什麼角度擺盪，每一次擺盪所花的時間都是一樣的。有一個線性模型證實了這種現象，前提是擺盪幅度必須很小。但一個更準確的非線性模型顯示，擺盪幅度較大時就不符合上述現象了。

　　模擬運動的傳統方式是根據牛頓定律寫下一個微分方程式。擺錘的加速度取決於重力如何對擺錘移動的方向作用：在擺錘的位置與圓正切（tangent）。任何時刻的速度可以從加速度得知，而對應的位置可以從速度得知。擺的動態取決於這兩個變數：位置與速度。舉例而言，如果它一開始垂直朝下懸掛，速度為零，它就只會靜止在那裡，但如果初始速度不是零，它就會開始擺盪。

　　擺的動態產生的非線性模型很難計算；由於實在太難了，以致於為了精確計算，必須發明新的數學工具，稱為

橢圓函數（elliptic function）。龐加萊的創新在於以幾何學的方式思考。位置和速度這兩個變數是在一個所謂「狀態空間」（state space）的坐標，該狀態空間代表這兩個變數的所有可能組合——所有可能的動態狀態。位置是一個角度；通常我們會選擇從底部順著逆時針方向測得角度。因為 360° 和 0° 是一樣的角度，所以這個坐標會彎曲成一個圓，如圖所示。速度其實就是角速度，它可以是任何實數：如果是逆時針運動就是正數，順時針就是負數。因此狀態空間（基於某些我無法理解的原因，它又稱為相位空間〔phase space〕）是一個無限長的圓柱，具有圓形剖面。沿著圓柱的位置代表速度，圓柱周圍的角度則代表位置。

如果我們讓擺以某個位置與速度的初始組合開始擺動，此組合是圓柱上的某個點，位置和速度這兩個數字就會隨時間改變，遵循著微分方程式。這個點在圓柱表面上移動，描繪出一條曲線（偶爾它會固定不動，描繪出一個點）。這條曲線是該初始狀態的軌跡，能告訴我們擺是如何移動的。不同的初始狀態會形成不同的曲線。如果我們挑選出其中具代表性的曲線並繪製成圖，就會得到一張優美的圖表，稱為相位圖（phase portrait）。如圖，我在

270° 的位置縱切圓柱，並將它打開攤平，以便清楚呈現
其幾何圖案。

　　大部分的軌跡都是圓滑的曲線。任何超出右側邊框的
線都會從左側邊框繞回來，因為它們會接合成圓柱，所以
大部分曲線會閉合形成迴圈。這些圓滑的軌跡全都是週期
性的：擺一遍又一遍重複著相同的運動，永無止境。圍繞
著 A 點的軌跡就像老爺鐘；擺來回擺盪，不會經過 180°
的垂直位置。其他在粗線上方及下方的軌跡，則代表擺像

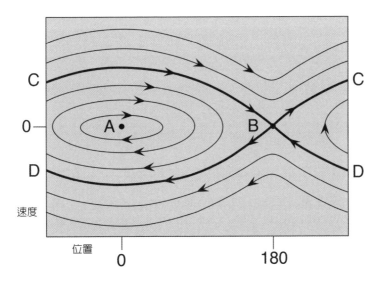

擺的相位圖。因為位置是角度，所以標示了矩形的左手邊及右手邊。A：
中心點。B：鞍點（saddle）。C：同宿（homoclinic）軌跡。D：另一
個同宿軌跡。

螺旋槳一樣繞圈擺盪，方向不是逆時針（粗線上方）就是順時針（粗線下方）。

　　A 點是擺靜止的狀態，垂直朝下懸掛。B 點比較有趣（而且不會發生在老爺鐘上）：擺是靜止的，垂直指向上方。理論上來說，它可以永遠保持平衡，但實際上，向上的狀態是不穩定的。只要有細微的干擾，擺就會朝下掉落。A 點是穩定的：細微干擾只會將擺推到附近的一條小型封閉曲線（closed curve）上，所以擺只會稍微搖擺。

　　粗曲線 C 和 D 特別有趣。C 曲線是這麼出現的：如果我們讓擺一開始非常接近垂直狀態，並輕輕地推它一下，使它以逆時針方向旋轉，接著它便會轉回來，直到幾乎是垂直狀態。如果我們推它的力道恰到好處，它會更緩慢地上升，然後在時間趨近無限大的時候，它會趨近於垂直位置。若將時間倒轉，它也會接近垂直位置，不過是從另一邊擺動。這條軌跡被認為是同宿的：它在前進與倒退的無限時間都限制在相同的穩態（因此稱為「同」宿）。還有第二條同宿軌跡 D，旋轉方向為順時針。

　　我們現在已描述了所有可能的軌跡。兩個穩態：在 A 是穩定的，B 是不穩定的。兩種週期性狀態：老爺鐘和螺旋槳。兩個同宿軌跡：逆時針的 C 和順時針的 D。此外，

A、B、C 和 D 四個特徵將上述所有部分都互相吻合地組織在一起。然而，很多資訊還是遺漏了；尤其是時間點。例如，這個圖表並沒有告訴我們週期性軌跡的週期（箭頭顯示了一些時序資訊〔timing information〕：軌跡隨時間互相交錯的方向）。然而，要經過整個同宿軌跡需要無限大的時間，因為擺在接近垂直位置時，移動的速度會更加緩慢。所以任何在附近的封閉軌跡都有非常長的週期，且它愈靠近 C 或 D，週期就愈長。因此，伽利略對微幅擺盪的想法是對的，但以巨幅擺盪來說就不對了。

　　像 A 這樣靜止（或平衡）的點稱為中心點。像 B 這樣的點稱為鞍點，而粗曲線在它附近形成一個十字形狀。其中兩條位置相對的粗曲線指向 B；另外兩條指向遠離 B 的方向。我將這些粗線條稱為 B 的向內集合（in-set）和向外集合（out-set）。（它們在專業文獻中被稱為穩定與非穩定流形〔manifold〕，我認為這有點令人困惑。其概念是向內集合上的點朝 B 移動，所以是「穩定」的方向；向外集合上的點遠離 B 移動，是「非穩定」方向。）

　　A 點被封閉曲線所包圍。這種現象之所以發生，是因為我們忽略了摩擦力，所以能量守恆。每條曲線都對應至一個特定的能量值，也就是動能（kinetic energy）（與

速度有關）和位能（potential energy）（因重力而產生，且依位置而定）的總和。如果有些微的摩擦力，我們就會得到一個「阻尼」擺，圖表也會隨之改變。封閉軌跡變成螺旋狀，中心點 A 變成匯點（sink），代表所有鄰近的狀態會朝 A 點移動。鞍點 B 一樣還是鞍點，但向外集合 C 分裂成兩段，兩段都以螺旋狀朝 A 移動。這是一個異宿（heteroclinic）軌跡，將 B 與一個不同的穩態 A 連結（因此稱為「異」宿）。向內集合 D 也會分裂成兩半，各自不斷繞著圓柱旋轉，永遠不會靠近 A。

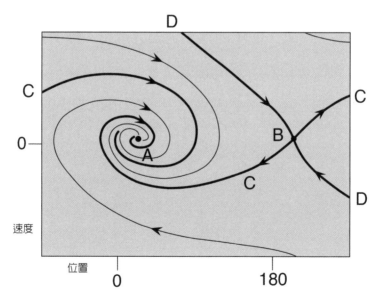

阻尼擺的相位圖。A：匯點。B：鞍點。C：鞍點向外集合的兩條分支，與匯點之間形成異宿軌道。D：鞍點向內集合的兩條分支。

　　無摩擦力擺與阻尼擺這兩個例子說明了狀態空間是二維時——亦即狀態有兩個變數決定時——相位圖的所有主要特徵。有件事必須提醒一下，除了匯點，源點（source）也可能出現：軌跡從靜止的點向外延伸，這些靜止的點即為源點。如果你反轉所有的箭頭，A 就成為了源點。另一個提醒是：即使在一個未受摩擦力支配的機械模型中，當能量不守恆，封閉軌跡依然可能發生。當封閉軌跡出現，它們通常會是獨立存在的，即附近不會有其他封閉軌跡。舉例來說，這樣的封閉軌跡會出現在一個標準的心跳模型，代表正常搏動的心臟。附近的任何初始點都會以螺旋狀逐漸接近封閉軌跡，所以心跳是穩定的。

　　龐加萊和伊瓦・本迪克松（Ivar Bendixson）證明了一個著名的定理，該定理基本上是說，在二維空間的任何典型微分方程式都可能具有數個匯點、源點、鞍點及封閉循環（closed cycle），它們只可能被同宿軌跡與異宿軌跡分隔開來。這一切都相當簡單，而我們也知道所有的主要要素。但當我們有三個以上的狀態變數（state variable）時，就不是這麼一回事了，我們現在就來看看。

　　1961 年，氣象學家愛德華・羅倫茲（Edward Lorenz）

正在研究一個大氣對流（convection）的簡化模型。當時他正在用電腦運算他的方程式，但進行到一半時必須暫停。所以他又手動輸入了一次數字重新計算，也重複輸入了一些先前已輸入的數字，好確認一切無誤。過了一陣子，結果卻與他之前的計算不符，於是他猜想他重新輸入數字時出了差錯。但他檢查時，卻發現數字都是正確的。最後他發現，電腦內部保留的數字位數比印出來的要多。這個細微的差異不知怎地「放大了」，並影響了實際印出來的位數。羅倫茲寫道：「有一位氣象學家評論說，如果這個理論是正確的，那麼一隻海鷗拍一下翅膀就可能永遠改變天氣的發展過程。」

這句評論本來是貶損的話，但羅倫茲是對的。「海鷗」迅速演變成了更有詩意的「蝴蝶」，而他的發現也被稱為「蝴蝶效應」（butterfly effect）。為了研究這個現象，羅倫茲應用了龐加萊的幾何學方法。他的方程式有三個變數，所以狀態空間是三維空間。圖中顯示一幅典型的軌跡，起點在右下角。它很快就形成一個近似面具的形狀，左半邊朝著我們指向頁面外，右半邊則指向遠離我們的方向。軌跡在其中一邊旋轉一陣子，然後換到另一邊，並持續這種運動。但換邊的時間點並不規律——顯然是隨

機的──且軌跡不具週期性。

如果你從其他地方開始，就會得到不同軌跡，但它最後會圍繞著如面具般的相同形狀旋轉，因此那個形狀被稱為吸子（attractor）。它看起來像兩個平面，各佔吸子的一半，兩者在中央頂部會合，然後合併在一起。然而，一個關於微分方程式的基本定理顯示，軌跡永遠不會合併。所以這兩個平面一定是互相重疊，非常接近彼此。不過這

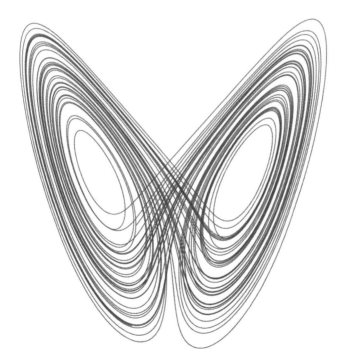

羅倫茲方程式在三維空間的典型軌跡，收斂到一個混沌吸子（chaotic attractor）。

也暗示了底部的那個單一平面其實有兩層。但是合併的平面也有兩層，所以底部的單一平面其實有四層。然後……

唯一的解釋是所有明顯可見的平面都有無限多層，它們以複雜的方式緊密擠在一起。這是碎形（fractal）的例子之一，「碎形」這個名稱是由本華・曼德博（Benoit Mandelbrot）所創造的，指的是不論放大多少倍都具有精細構造的任何形狀。

羅倫茲發現，這種奇怪的形狀解釋了為什麼他用電腦運算的第二次結果會與第一次不同。請想像有兩條軌跡，它們的初始點非常靠近。它們都朝著吸子的一個半邊前進──假設是左半邊吧，然後它們都以螺旋狀旋轉進入吸子裡面。但隨著它們持續旋轉，它們開始分開──旋轉路徑依然在吸子上，但已開始分離。當它們接近中間區域，亦即平面合併的地方，一條軌跡可能會朝著右半邊前進，另一條軌跡則可能圍繞左半邊多旋轉幾圈。等到那條軌跡跨過中間區域進入右半邊時，另一條軌跡已經離得很遠，以相當獨立的方式運動。

這種分歧正是推動蝴蝶效應的原因。在這種吸子上，起始點很接近的軌跡漸行漸遠，然後變成本質上是獨立的運動──儘管它們都遵循相同的微分方程式。這代表你無

法精確預測未來狀態，因為任何細微的初始誤差都會迅速增長，直到它的大小跟整個吸子不相上下。這種動態稱為混沌，它解釋了為什麼動態的某些特徵看起來是完全隨機的。而同時，系統是完全確定性的，方程式中沒有任何明顯的隨機特徵。[36]

羅倫茲把這種現象稱作「不穩定」，但我們現在把它視為一種與吸子有關的新穩定型態。非正式地說，吸子是一個狀態空間的區域，在該區域附近開始的任何初始狀態都會朝著位於該區域的軌跡收斂。混沌吸子跟點、閉環（closed loop）等古典數學的傳統吸子不同，它具有更錯綜複雜的結構——碎形。

吸子可以是一個點或一個閉環，各自對應於穩態或週期性狀態。但在三維以上的空間，吸子可能變得更加複雜。吸子本身是一種穩定的物件，而且吸子上的動態很穩固：如果系統受到細微干擾所影響，軌跡可能會大幅改變；不過，**軌跡依然會位於相同吸子上**。事實上，幾乎任何在吸子上的軌跡都會走遍整個吸子，也就是說，它最終會盡可能接近吸子的任何一點。經過無限長的時間，幾乎所有軌跡都會密集佈滿吸子。

這種穩定性暗示了混沌行為在物理學上是可行的，這

與一般對於不穩定性的概念並不相同，一般認為不穩定狀
態在現實中通常不會發生——例如把一根鉛筆以筆尖平
衡。不過在這種更廣泛的穩定性概念裡，細節是不可重複
的，只有整體「結構」才可以。羅倫茲的觀察結果有個專
業術語能夠反映這種狀況：不是「蝴蝶效應」，而是「敏
感於初始條件」（sensitivity to initial conditions）。

　　羅倫茲的論文讓大多數氣象學家感到困惑，他們當時
擔心，這種奇怪的現象會出現是因為羅倫茲的模型過於簡
化。他們沒想到的是，如果簡單模型就會導致這種奇怪的
現象，那複雜模型或許會導致更奇怪的現象。他們的「物
理直覺」告訴他們，更實際的模型應該會有比較正常的現
象。我們會在第 11 章看到他們是錯的。數學家有很長一
段時間都沒有注意到羅倫茲的論文，因為他們不會去閱讀
氣象學期刊。他們最後終於讀了那篇論文，但這只是因為
美國數學家史蒂芬‧斯梅爾（Stephen Smale）當時在數
學文獻裡追蹤一個更古早的線索，由龐加萊在 1887 至
1890 年間發現。

　　龐加萊將他的幾何方法應用於著名的三體問題
（three-body problem）：具有三個天體的系統——例如

地球、月球與太陽——是如何在牛頓萬有引力下運動的？他修正了一個重大錯誤之後，最終解答是天體的運動可能非常複雜。他寫道：「這幅圖表驚人地複雜，我甚至不想嘗試把它畫出來。」在 1960 年代，斯梅爾、俄國數學家弗拉基米爾·阿諾爾德（Vladimir Arnold）與同事延伸了龐加萊的方法，根據拓撲學（topology）發展出一套關於非線性動態系統（nonlinear dynamical system）的理論，這套理論既強大又系統化。拓撲學是一種靈活變動的幾何學，也是龐加萊開創的學科。拓撲學探討在任何連續變形下都維持不變的幾何性質，例如一條封閉曲線何時形成一個紐結，或者某個形狀是否分解成不相連的碎片。當時斯梅爾希望能將動態現象的所有可能性質都逐一分類，最終這個研究被證明太過好高騖遠，但在研究過程中，他發現了某些簡單模型中的混沌，並瞭解到混沌應該是非常普遍的。然後數學家找出了羅倫茲的論文，發現他的吸子是混沌的另一個例子，且非常令人讚嘆。

　　我們在擺遇到的一些基本幾何學依然影響著更普遍的系統。這樣一來，狀態空間必須是多維的，每個動態變數都位於一個維度（「多維」並不神祕；它只是代表你在代數上有一長串變數。不過，你可以將多維空間類比成二維

空間跟三維空間，以便運用幾何學的思考方式）。軌跡依然是曲線；相位圖則是在較高維空間的曲線系統。其中有穩態、代表週期性狀態的封閉軌跡，以及同宿軌道與異宿軌道。還有廣義的向內集合與向外集合，就跟擺模型裡鞍點的那些集合一樣。主要的額外要素是：在三維以上的空間可能出現混沌吸子。

　　快速且強大的電腦問世，為這整門學科提供了推動力，使其能更輕易地研究非線性動力學，方法就是在數字上逼近非線性動態系統的運動。過去這個選項在理論上一直都是可行的，但徒手進行數十億甚至數兆的運算根本不可能。如今，有一種機器可以進行這項任務，而且跟計算人員不同的是，它不會犯下運算錯誤。

　　這三種驅動力的綜效——拓撲學上的領悟、應用工具的需求、原始電腦的效能——革新了我們對於非線性系統、自然世界與人類事務的理解。尤其蝴蝶效應暗示了混沌系統只有在一段時間內是可預測的，這段時間最多不會超過特定的「預測區間」（prediction horizon）。超過預測區間之後，預測**不可避免地**會變得太不準確而不再有用。對於天氣而言，預測區間是數天；對於潮汐而言，是數個月；對於太陽系的行星而言，是數千萬年。但如果我

們試圖預測我們自己的星球在兩億年後會在哪裡，我們能相當有信心地說它的軌道不會改變太多，只是我們不知道它會在軌道上的哪個地方。

　　不過，我們依然可以在統計學上探討很多長期現象。舉例來說，如果忽略罕見狀況，例如能在吸子裡共存的不穩定週期性軌跡，那麼一條軌跡上的變數平均值就會等於吸子上所有軌跡的變數平均值。這種現象發生的原因是幾乎每條軌跡都會走遍吸子的每個區域，所以平均值只會取決於吸子。這種現象最明顯的特徵被稱為不變測度（invariant measure），我們在第 11 章討論天氣與氣候之間的關聯，以及在第 16 章推論量子不確定性的時候，都需要瞭解這項特徵。

　　我們已經知道測度是什麼。它是「區域」等事物的概括，而且它為某個空間的適當子集賦予了數值，就跟機率分布的作用很像。在這裡，所謂的空間是指吸子。描述相關測度的最簡單方式是取任何一條在吸子上的密集軌跡──只要我們等得夠久，這條軌跡會如我們希望地接近任何一點。我們將一個測度指定給吸子的任一區域，方法是長時間追蹤這條軌跡，然後計算它待在該區域裡的時間比例。如果把整段時間拉得非常長，你就能得出該區域的

測度。因為這條軌跡很密集，所以它實際上定義了吸子上一個隨機選擇的點位於該區域的機率。[37]

有很多種方法能定義吸子上的一個測度。我們理想的方法有個特徵：動態性不變。如果我們取某個區域，讓該區域的所有點都沿著它們的軌跡流動並持續一段特定時間，那麼實際上整個區域都在流動。不變性的意思是該區域流動時，其測度依然維持相同。吸子的所有重要統計特性都能夠從不變測度推導出來，所以儘管發生混沌，我們仍然能做出統計預測，對於未來給出最接近的猜測，並估計這些預測會有多可靠。

動態系統及其拓撲學特性，還有不變測度，都會從現在開始重複出現。所以既然我們還在瞭解這個主題，不妨把另外幾個重點一起釐清一下。

微分方程式有兩種不同類型。常微分方程式（ordinary differential equation）具體指出有限數量的變數如何隨著時間改變。舉例來說，變數可能是太陽系行星的位置。偏微分方程式（partial differential equation）則適用於由空間及時間同時決定的量，它將時間的變化率與空間的變化率聯繫起來。舉例來說，海上的波浪同時具有空間與時間

的結構：它們構成形狀，而那些形狀會移動。偏微分方程式將「海水在特定位置移動得有多快」與「整體形狀如何變化」聯繫起來。數學物理的方程式大多是偏微分方程式。

如今，常微分方程式的所有系統都被稱為「動態系統」，而將這個名稱比喻性地延伸到偏微分方程式是很方便的，我們可以將偏微分方程式視為有無限多個變數的微分方程式。所以廣義上來說，我會使用「動態系統」一詞來指稱：隨時根據某個系統的狀態來決定其未來行為的任何數學規則集合——系統狀態就是變數的數值。

數學家將動態系統分成兩個基本類型：離散系統（discrete system）與連續系統（continuous system）。在離散系統裡，時間只有整數刻度，就像時鐘的秒針一樣。數學規則告訴我們，目前狀態在過了一秒鐘之後將變成什麼。再運用一次規則，我們就能推導出兩秒鐘之後的狀態，以此類推。為了找出一百萬秒鐘之後會發生什麼事，我們會使用一百萬次規則。很明顯地，這種系統是確定性的：給定初始狀態，所有後續狀態都會由數學規則所決定。如果規則是可逆轉的，那麼所有過去的狀態也是由規則所決定的。

　　在連續系統裡，時間是連續變數。數學規則成為微分方程式，指出變數在任何時刻的變化有多迅速。如果技術上的條件在給定任何初始狀態下幾乎都有效，那麼原則上在任何其他時間點都可能推導出系統狀態，不論在過去或未來都可以。

　　蝴蝶效應實在太有名，連泰瑞・普萊契（Terry Pratchett）在碟形世界（Discworld）系列故事《不平之時》（*Interesting Times*）與《另有隱情》（*Feet of Clay*）裡都將其諷諭為量子天氣蝴蝶。少為人知的是，確定性動態裡還有許多其他的不確定性來源。假設有數個吸子，那麼有個基本問題是：在給定的初始條件下，系統會朝著哪個吸子收斂？答案取決於「吸引區域」（basin of attraction）的幾何學。吸子的吸引區域是狀態空間裡軌跡收斂到該吸子的初始條件集合。這只是把問題換句話說而已，不過吸引區域會將狀態空間分成數塊區域，每個吸子有一塊區域，而我們能研究這些區域在哪裡。吸引區域常具有簡單的邊界，就像地圖上國與國之間的邊境。只有在非常接近這些邊界的初始狀態下，才會出現最終目的地的重大不確定性。不過，吸引區域的結構可能更加複雜，在各式各樣

的初始條件下產生不確定性。

　　如果狀態空間是一平面，而且各區域的形狀相當簡單，那麼其中兩塊區域就能共享一條邊界曲線，但三塊以上的區域就不行了，它們能共享的最多是一個邊界**點**。但米山國藏在 1917 年證明，三塊非常複雜的區域能共享一條不是由孤立點所組成的邊界。他將這個想法歸功於他的老師和田健雄，並將這種結構命名為和田之湖（Lakes of Wada）。

　　動態系統能夠擁有如同和田之湖表現的吸引區域，而

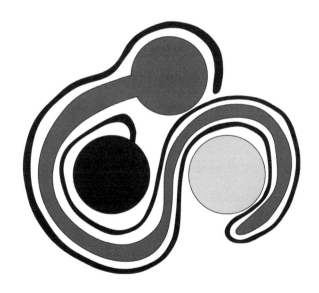

建構和田之湖的最初幾個階段。每個圓盤延伸出愈來愈細的突起，在其他圓盤之間纏繞。這個流程會永遠持續下去，將區域間的空隙填滿。

一個重要例子自然而然出現在數值分析的牛頓－拉福森法
（Newton-Raphson method）裡。這是一種歷史悠久的數
值法，藉由一系列連續逼近來尋找代數方程式的解，這使
它成為一種離散動態系統，時間在每次疊代（iteration）
都會向前移動一刻。和田吸引區域也出現在物理系統，例
如光在四個互相接觸的相同球體裡反射的時候，吸引區域
對應於球體之間的四個開口，而光線最後會穿過開口射
出。

　　篩形吸引區域（riddled basin）——就像一個布滿孔
洞的濾器——是和田吸引區域更極端的版本。現在我們知
道到底是哪些吸子可能發生，但它們的吸引區域錯綜複雜
地糾纏在一起，以致於我們根本不知道系統會瞄準哪個吸
子。在狀態空間的任何區域內——不論區域有多小——都
存在著最終位於不同吸子的初始點。如果我們預先知道**確
切**的初始條件，而且精確度無限大，我們就能預測最終的
吸子，但最細微的誤差都會讓我們無法預測最終目的地。
我們能做的至多是估計收斂到一個特定吸子的**機率**。

　　篩形吸引區域並不只是數學上的反常現象而已。它們
出現在許多標準且重要的物理系統中。有個例子是一個
擺，因為有週期性變化的力量作用在支點上而擺盪，而且

受到少量摩擦力作用；吸子就是多種週期性狀態。茱蒂·
甘迺迪（Judy Kennedy）與詹姆斯·約克（James Yorke）
的研究已經顯示，這些吸子的吸引區域是篩形的。[38]

11 天氣工廠

冬季晴天為風暴之母。

——喬治・赫伯特（George Herbert），
《外邦格言集》（*Outlandish Proverbs*）

很少有事物比天氣更不確定。然而，天氣的基本物理學已經被瞭解得很透徹，我們也知道相關的方程式。但為什麼天氣如此不可預測？

數值天氣預報（numerical weather forecasting）的先驅希望能透過解出方程式來預測天氣，他們很樂觀。當時已經能夠常規預報未來幾個月的潮汐，憑什麼天氣就不行呢？但當他們清楚認識到天氣與潮汐的差異，這種希望就被粉碎了。物理學的特徵使長期的天氣難以預測，不論你的電腦效能有多強大。所有電腦模型都只是近似實際狀況，而且要是你不夠謹慎，方程式愈合乎現實就可能得到愈糟糕的預測。

改善觀察方法或許也沒什麼幫助。預報是一個初值問題（initial value problem）：已知大氣的目前狀態，要解

出方程式來預測大氣的未來狀態。但如果大氣動態很混亂，那麼即使測量大氣目前狀態的最微小誤差也會成指數擴大，使預報變得毫無價值。如同羅倫茲在建構一個小型天氣模型時所發現的，混沌會阻止準確的預報超出特定的預測區間。對於實際天氣而言，預測區間的範圍只有短短幾天，即使是氣象學家所用的最逼真模型也是如此。

　　路易斯・弗萊・理察森於 1922 年在《數值天氣預報》中公開自己的未來展望。他根據大氣的基本物理原則推導出一組大氣狀態的數學方程式，然後提議使用這組方程式來進行天氣預報。你只要輸入今天的資料並解出方程式，就能預測明天的天氣。他設想了所謂的「天氣工廠」：一棟充滿了計算人員（computer，當時意指「進行計算的人」）的巨大建築，他們在老闆的領導下進行一些龐大的計算。這個令人敬畏的老闆「像是一個交響樂團的指揮，而樂團裡的樂器是計算尺與計算機。不過，他不是揮舞著一根指揮棒，而是將一束紅光射向領先的區域，又將一束藍光射向那些落後的區域。」
　　理察森的天氣工廠有許多版本到如今依然存在，不過它們的形式不是像上述那樣——它們是配備超級電腦的天

氣預報中心，而不是操作機械式計算機的數百名人員。當時理察森能做的最多就是拿起一個計算機來自行計算，既緩慢又費力。他透過預測 1910 年 5 月 20 日的天氣，初次嘗試進行數值天氣「預測」。他利用早上七點的氣象觀測結果來計算六小時之後的天氣。他花了數天時間才完成計算，結果顯示氣壓會大幅升高。但實際上，氣壓幾乎根本沒改變。

開創性的研究總是很笨拙的，而且後來人們發現，理察森的策略比結果顯示的遠遠更好。他的方程式與計算過程都是正確的，但他的手法有缺陷，因為現實中的大氣方程式在數值上是不穩定的。你將方程式轉為數位形式時，不會在每個點都計算像氣壓這樣的量：只會在網格的角落計算。數值計算會取這些網格點的數值，並利用一種近似於真實物理規則的方式，在非常短的時間內更新它們。氣壓等變數會決定天氣，這些變數的變化很緩慢，而且發生的規模很大。但大氣也能夠傳遞聲波，聲波是氣壓的快速微小變化，而模型方程式同樣能夠傳遞聲波。在電腦模型裡，聲波的解能與網格共鳴，然後擴大，蓋過實際的天氣狀況。

氣象學家彼得·林奇（Peter Lynch）發現，如果使

用現代平滑法（smoothing method）來降低聲波，那麼理察森的預測就會是正確的了。[39] 有時我們可以讓模型方程式不要那麼貼近現實，以便改善天氣預報。

　　蝴蝶效應會發生在數學模型上，但它會發生在現實世界嗎？一隻蝴蝶不可能真的導致一個颶風吧？蝴蝶拍動翅膀會將一丁點能量加入大氣中，而颶風卻需要極大能量。能量不是守恆的嗎？確實如此。在數學上，蝴蝶拍翅不會無中生有地創造一個颶風。它的效應會遞增，引起天氣型態的重組，起初是局部小規模的重組，但會迅速擴散，直到全球的天氣都明顯改變。颶風的能量在過程中一直都存在，但這些能量是由蝴蝶拍翅重新調配的。因此，能量守恆並不是阻礙。

　　在歷史上，混沌是一種令人意外的現象，因為在簡單到能以一道公式解出的方程式裡不會出現混沌。但從龐加萊的幾何觀點來看，混沌就跟穩態、週期性循環等固定的行為形式一樣既合理又普遍。如果將狀態空間的某塊區域局部拉伸，但限制在一個有界限的區域內，那麼蝴蝶效應必然會出現。這種現象不可能發生在二維空間，但在三維以上的空間就很容易發生。混沌行為或許看似古怪，但其

實在物理系統裡相當普遍；尤其混沌行為正是許多混合程序得以運作的原因。但要確定它是否出現在實際天氣就比較棘手了。我們不可能在整個地球除了發生一次蝴蝶拍翅之外毫無改變的情況下，讓相同天氣再運轉一次。不過，在比較簡單的流體系統所進行的測試支持以下觀點：理論上，實際天氣會對初始條件敏感。批評羅倫茲的人是錯的；蝴蝶效應不僅僅是過度簡化模型所造成的缺陷而已。

　　這項發現改變了天氣預報運算與呈現的方式。原本的觀念認為方程式是確定性的，所以想取得良好的長時間預報，就要提升觀測結果的準確性，並改善將現有資料推算到未來的數值方法。混沌改變了這一切。數值天氣預測界反而轉為使用機率方法，這些方法提供了一系列預報以及預報準確度的估計。在實務上，只有可能性最大的預報會呈現在電視或網站上，但通常會附上該預報有多大可能性的評估結果，例如「25% 的降雨機率」。

　　這裡使用的基本技術被稱為系集預報（ensemble forecasting）。「系集」是物理學家使用的專業術語，數學家則將其稱為集合（該術語似乎是在熱力學出現的）。你做的是一整個系列的預報，而不只是一則預報。你做出預報的方式與十九世紀的天文學家不同，他們是重複觀測

大氣的當下狀態，而你卻是取得一組觀測資料，並操作十日預報軟體。然後你對資料做一點細微的隨機變化，再操作一次軟體。重複上述步驟，比如說五十次吧。這樣你就能獲得五十份基於隨機改變的觀測結果所做出的預測樣本。實際上，你正在探索的是接近觀測數據的資料所產生的預測範圍。接著你計算有多少份預報預測某處會下雨，就知道機率是多少了。

1987 年 10 月，英國廣播公司（BBC）的天氣預報員麥克・費希（Michael Fish）告訴觀眾，有人打電話給英國廣播公司，警告他們有個颶風正在接近英國。「如果你正在收看，」他說：「別擔心，因為沒有颶風接近英國。」[40] 他補充說，可能會有大風，但最可怕的都留在西班牙及法國。當天晚上，1987 年大風暴（Great Storm of 1987）重創了英格蘭東南部，強風的時速高達 220 公里，而且在某些地區，風速還維持在每小時 130 公里以上。一千五百萬棵樹被吹倒，道路被中斷，數十萬人無電可用，船隻被吹到岸上，包括一艘海聯公司（Sealink）的渡輪，還有一艘散裝貨船翻覆。保險業者支付了二十億英鎊的損失。

費希的評論只依據了一份預報，就是圖中第一排右邊的地圖。當時他能取得的只有這份資料。後來歐洲中期天

氣預報中心（European Centre for Medium-Range Weather
Forecasts）利用相同資料進行了一次回溯性系集預報，
如圖中顯示的其他張地圖。系集裡有大約四分之一的預報
顯示非常深的低壓，正是颶風的特徵。

　　類似的方法也可用於更明確的問題。有一項重要應用
是預測颶風一旦形成會去哪裡。颶風是極度活躍的天氣系

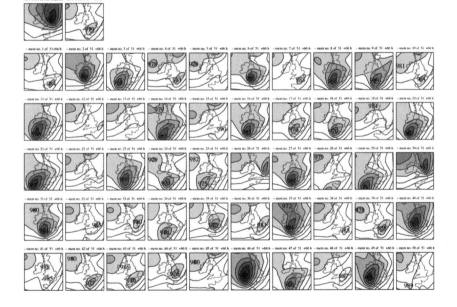

針對 1987 年 10 月 15 日至 16 日的一份 66 小時系集預報。第一排第二
張地圖：確定預報（deterministic forecast）。第一排第一張地圖：替代
預報，圖中有深低壓，其南部邊緣還有強風。其餘五十張圖顯示了基於
初始條件的細微隨機變化而出現的其他可能結果，在其中很多張圖上都
有一個深低壓（暗色橢圓形）正在成形。

統，如果登陸就會導致重大損害，而且它們的路徑出乎意料地不穩定。計算一個可能路徑的系集，就能大致估計颶風可能襲擊的地點與時間，同時得知誤差的可能大小。如此一來，城市就能取得具有一定可信度的風險估計，進行預先規劃。

　　許多繁雜的數學問題涉及到如何讓系集預報有效。系集預報的準確性必須接受事後評估，以協助改善相關技術。數值模型必須透過一個離散的數字集合來逼近連續大氣的狀態。各種數學技巧被用於盡可能簡化運算，同時保留重要效果。有一個重大進展是找到在計算中納入海洋狀態的可控方法。有幾種不同模型可供選擇時，就出現了一種新的機率技術：多重模型預報（multimodel forecast）。你不是只用單一模型進行許多模擬，而是用大量模型。這在一定程度上表明，模擬結果不只對初始條件敏感，也敏感於內建在模型中的假設。

　　在數值天氣預報的發展早期，電腦還不存在，而徒手計算需要花幾天時間才能提供未來 12 小時的預報。這作為概念驗證很有用，也有助於改善數值方法，但它並不實用。隨著電腦發展，氣象學家終於能夠在天氣真正發生前就計算天氣，但即使是大型官方組織使用當時可取得的最

快電腦，每天也只能處理一份預報。如今，在一兩個小時內產生五十份以上的預報一點都不難。然而，為了改善預報準確性而使用的資料愈多，電腦的處理速度就必須愈快。多重模型方法更是將電腦的能力發揮到極限。

實際天氣也受到其他效應影響，而且敏感於初始條件不一定是不可預測性的最重要因素。尤其蝴蝶可不只有一隻。整個地球上，大氣一直在發生細微變化。愛德華・艾普斯坦（Edward Epstein）於 1969 年建議使用一種統計模型，來預測大氣狀態的平均數與變異數如何隨著時間變化。塞希爾・里斯（Cecil Leith）發現，只有在採用的機率分布符合大氣狀態的分布時，這種方法才會有效。舉例來說，你不能直接假設是常態分布。不過，基於確定卻又混沌的模型所做出的系集預報，很快就讓這些明顯與統計學相關的方法顯得過時。

我們可能會希望這些無數的蝴蝶拍翅互相抵消，就像天文觀測結果裡的微小誤差一樣。雖然這種希望似乎也過於樂觀，這項發現也可追溯至羅倫茲的研究。那隻著名的蝴蝶在 1972 年出現，當時羅倫茲發表了一場很受歡迎的演講，標題是：「巴西的一隻蝴蝶拍翅，會造成德州的龍

捲風嗎？」這個標題長久以來一直被認為指的是 1963 年的論文，但提姆・帕爾默（Tim Palmer）、安德烈・多靈（Andre Döring）、格雷葛里・塞雷金（Gregory Seregin）很有說服力地論證[41]，羅倫茲指的是另一篇 1969 年的論文。他在該論文中寫道，天氣系統之所以不可預測，絕對不僅僅是因為對初始條件的敏感依賴性而已。[42]

羅倫茲問，我們能在多久之前預測一個颶風？一個颶風的空間規模大約是一千公里，裡面有大小約莫一百公里的中型規模結構，而在這些結構裡，還有直徑只有一公里的雲系（cloud system），雲裡的亂流渦旋（turbulent vortex）直徑為數公尺。羅倫茲問，這些規模中哪個對預測颶風最關鍵？答案並不是顯而易見的：小規模亂流會「達到平衡」而不造成影響嗎？或者它會隨著時間變大，成為龐然大物？

羅倫茲的答案強調了這種多重規模天氣系統的三項特徵。首先，大規模結構的誤差大約每三天就會翻倍。如果這是唯一重要的效應，那麼在大規模觀測中將誤差減半，就會讓準確預測的範圍延長三天，使得提前幾星期做出良好預報的可能性增加。然而這是不可能的，原因是第二項

特徵：精細結構中的誤差（例如個別雲的位置）增加更快，大約一小時內就會翻倍。這本身不是一個問題，因為沒有人會試圖預測精細結構。但它之所以造成問題，是由於第三項特徵：精細結構中的誤差會蔓延進入較粗糙的結構。事實上，將精細結構觀測結果的誤差減半會讓預測範圍延長一小時，而不是數天。這三項特徵合起來，就代表要準確預測未來兩星期的天氣是毫無可能的。

　　到目前為止，這些陳述都是關於敏感於初始條件的情況。但到了最後，羅倫茲直接引用了 1969 年的論文：「假如系統的兩個狀態起初因為微小的觀測誤差而出現差異，就會在有限的時間間隔內演變成兩個差異極大的狀態，如同兩個隨機選擇的系統狀態一般，而該時間間隔是無法透過減少初始誤差的幅度來延長的。」換句話說，預測區間有個絕對的限制，即無論你的觀測結果有多準確，都無法延長預測區間。這比蝴蝶效應更糟。根據蝴蝶效應，如果你能讓觀測結果準確到足夠的小數位，那麼你想把預測區間延長多久就能有多久。而羅倫茲卻說，不論你的觀測結果有多準確，極限都是一星期左右。

　　帕爾默與同事進一步表示，情況並不像羅倫茲想的那麼糟。產生有限極限（finite limit）的理論問題不一定會

出現。在系集預報上，有時候或許可能做出未來兩星期的準確預報。但這需要遠遠更多觀測結果，而且需要在大氣中分布更密集的地點進行觀測，還需要能力與速度更強的超級電腦。

在不預測天氣的條件下對天氣做出科學預測是可能的。典型的例子是常常發生的留滯天氣型態，亦即大氣維持在差不多相同的狀態長達一星期以上，接著突然轉換成另一種長期型態，而這種轉換明顯是隨機的。這種天氣型態的例子包括北大西洋振盪（North Atlantic oscillation）與北極振盪（Arctic oscillation），這些地區的東西向氣流週期會與南北向氣流週期交替出現。我們對這類狀態的瞭解不少，但狀態之間的轉換——這或許是它們最顯著的特徵——又完全是另一回事了。

提姆・帕爾默在 1999 年提出可以使用非線性動力學來改善長期大氣變化的預測。[43] 達安・克羅梅林（Daan Crommelin）跟進這種概念，提供了具說服力的證據：留滯的大氣狀態可能跟大規模大氣動態非線性模型中異宿循環的發生有關。[44] 請回想一下第 10 章，異宿循環是鞍點之間的系列連結——在某些方向穩定但在其他方向不穩定

的平衡狀態。異宿軌道創造出持續很長時間的流型（flow pattern），在迅速轉換為另一流型時，就會打斷原本維持的流型。在異宿循環的狀態下，這種顯然違反直覺的變化非常合理。

異宿循環帶有不可預測性，但它們的動態相對直接，而且大部分的動態都可預測。異宿循環的特徵是偶爾出現的活動爆發，每次爆發之間會出現長時間的不活躍。不活躍狀態是可預測的：它們發生在系統接近平衡的時候。不確定性的主要因素是不活躍狀態將要停止的時候，這會使狀態轉換為新的天氣型態。

為了在資料中偵測這種循環，克羅梅林分析了大氣中的「實證特徵函數」（empirical eigenfunction），又稱常見流型。這種技術會將一個獨立基本流型的集合組成最接近現實的可能組合，以逼近實際氣流。氣象學中複雜的偏微分方程式由此被變形為有限數量變數的常微分方程式系統，代表著組合裡的流型對整體氣流有多大作用。

克羅梅林利用 1948 年至 2000 年期間的北半球資料來檢測他的理論。他發現了證據，可以證明常見的動態循環連結著大西洋區域內留滯氣流的各種型態。這個循環的起點是太平洋與北大西洋上方的南北向氣流，這些氣流合

併形成單獨一股東西向的北極氣流，然後轉而延伸到歐亞大陸及北美洲西岸，形成一股主要為南北向的氣流。在循環的後半部，流型會回復原本的狀態，但依照的順序不同。整個完整循環大約需要 20 天。上述細節顯示，北大西洋振盪與北極振盪是互有關聯的——它們可能作為彼此的一部分觸發因子。

　　真正的天氣工廠是太陽，它提供熱能給我們的大氣、海洋與陸地。隨著地球旋轉，日升日落，整個星球會經歷一個加熱與冷卻的每日循環。這個循環驅動了天氣系統，並導致許多相當固定的大規模型態，但物理定律中強勢的非線性會使細節效應出現高度變化。如果有某種影響——太陽照射量的變化、反射回太空的熱量變化、留在大氣中的熱量變化——導致熱能的量出現變化，天氣型態也會改變。如果系統性變化持續太久，全球氣候就可能改變。

　　至少自 1824 年起，科學家就一直在研究地球熱平衡改變所導致的效應，當時傅立葉的研究顯示地球大氣讓我們的星球保持溫暖。瑞典科學家斯萬特・阿瑞尼斯（Svante Arrhenius）於 1896 年分析了大氣中二氧化碳對氣溫的影響。二氧化碳是一種「溫室氣體」，有助於捕捉

太陽熱能。阿瑞尼斯將冰層（它會反射太陽的光與熱）的
改變等其他因素納入考量，計算出如果把地球的二氧化碳
濃度減半，就會引發冰期。

　　起初，這套理論主要只有古生物學家感興趣，當時他
們猜測氣候變遷是否可以解釋化石紀錄中的突然轉變。但
在 1938 年，英國工程師蓋伊・卡蘭達（Guy Callendar）
找到證據，顯示過去五十年內二氧化碳與氣溫都在上升，
而這個問題的即時性更高。許多科學家不是忽略就是反駁
他的理論，但到了 1950 年代晚期，其中一些人開始思考
二氧化碳濃度的改變是否正在緩慢暖化地球。查爾斯・基
林（Charles Keeling）在 1960 年表示，二氧化碳濃度絕
對正在升高。當時一些科學家擔心噴霧劑可能造成地球冷
卻，開啟新的冰期，但預測地球暖化的論文以六比一的比
率大於預測地球冷卻的論文。1972 年約翰・索耶（John
Sawyer）的《人造二氧化碳與「溫室」效應》（*Man-made
Carbon Dioxide and the 'Greenhouse' Effect*）預測，到
了 2000 年，預期的二氧化碳增長（約 25%）會導致地球
暖化 0.6℃。當時媒體持續強調冰期即將來臨，但科學家
已經不再擔心全球寒化（global cooling），而是開始更
嚴肅看待全球暖化。

　　到了 1979 年，美國國家科學研究委員會（United States National Research Council）警告，如果我們再不控制二氧化碳的增長，全球氣溫會上升好幾度。世界氣象組織（World Meteorological Organisation）於 1988 年成立了跨政府氣候變遷專家小組（Intergovernmental Panel on Climate Change）來研究這項議題，全世界終於開始意識到迫在眉睫的災難。愈來愈準確的觀測結果顯示，氣溫與二氧化碳濃度都在上升。美國太空總署於 2010 年的研究證實了索耶的預測。大氣中碳同位素（isotope）（不同原子型態）比例的測量結果證實，額外的二氧化碳之所以出現，主要原因就是人類活動，尤其是燃燒煤炭與石油。全球暖化成為激烈辯論的主題。科學家在多年前就已獲勝，但反對人士（「懷疑論者」或「否定論者」，依個人喜好而定）繼續挑戰科學。他們用來駁斥的標準論述有時具有一種天真無知的吸引力，但氣候學家往往在數十年前就否定這些論述了。

　　如今幾乎所有國家政府都接受了全球暖化是真實且危險的，而且我們就是全球暖化的原因。顯眼的例外是目前的美國政府，他們似乎無視科學證據，並出於短期政治目的而退出 2015 年為了限制溫室氣體製造而簽訂的巴黎協

議（Paris Agreement）。由於氣候變遷否定者的拖延戰術把水攪混，全世界其餘國家猶豫了五十年後，到現在才終於認真採取行動。儘管美國白宮目前表達反對的聲音，但美國也有數州加入行動。

　　「東方野獸」（the Beast from the East）與典型狀況不同。典型的英國冬季風暴從西方而來，是被噴射氣流驅動的低氣壓區域，而噴射氣流是盤旋在北極的一股大型冷空氣渦旋。然而，2018 年北極異常溫暖的天氣使大量冷空氣南下，使更多來自西伯利亞的冷空氣進入中歐，再到英國。這也導致了艾瑪風暴（Storm Emma），種種狀

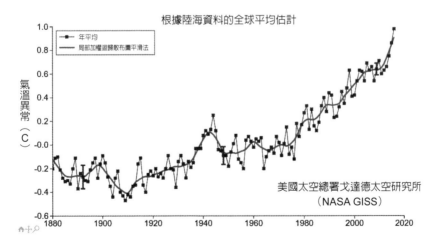

1880年至2020年的全球氣溫趨勢。

況疊加之後造成了高達 57 公分的雪，氣溫低至 -11℃，而且害死了十六個人。異常寒冷的天氣持續了超過一星期，一個月後又發生一次較輕微的同類型事件。

美國同樣經歷了類似事件。在 2014 年，美國許多地區的冬天非常寒冷；蘇必略湖（Lake Superior）直到六月都有冰層覆蓋，創下了新紀錄。到了 7 月，除了墨西哥灣沿岸各州之外，美東大多數州的天氣都比正常情況更冷，差距高達 15℃。同時，美西各州的天氣都明顯更熱。同樣的狀況在 2017 年 7 月再次發生，印第安納州與阿肯色州經歷了有紀錄以來最冷的 7 月，而美國東部多數地區的天氣也比平時更冷。

假設如同氣候科學家信心十足的主張一樣，人類活動正在讓全世界暖化，為何這些空前寒冷的事件會持續發生呢？

答案是：因為人類活動正在讓全世界暖化。

世界各地暖化的程度並不相同。極點附近的暖化最嚴重：恰好是能造成最多破壞的地方。較暖的北極空氣將噴射氣流推往南方，也使噴射氣流減弱，因此噴射氣流會更頻繁地改變位置。在 2014 年，這種效應將冷空氣從極地送到美國東部。同一時間，美國其餘地區卻接受了來自赤

道地區異常溫暖的空氣，這是因為噴射氣流產生了 S 形扭折。那是美西六個州 —— 華盛頓州、奧瑞岡州、愛達荷州、加州、內華達州、猶他州—— 有紀錄以來，十個最溫暖的 7 月之一。

　　任何會上網的人如果真心想瞭解「暖化中的世界出現異常寒流」的明顯矛盾，都可以輕鬆找到解釋及支持的證據。你只需要瞭解天氣與氣候的差異。

　　氣候一直在變化。

　　這句反駁氣候變遷的話一直很受歡迎。美國總統唐納・川普（Donald Trump）在關於全球暖化與氣候變遷的推特中也重複提到這句話。跟許多反駁不同的是，這句話應該得到回應。回應是：不，氣候並沒有一直在變化。這句話可能讓你覺得很愚蠢，因為有時陽光燦爛，有時大雨傾盆，有時一切都埋在厚厚的雪裡。它當然一直在變化啊！對，它一直在變化，但變化的是天氣，不是氣候。兩者是不同的。它們在日常用語中或許相同，但在科學意義上是兩回事。

　　我們都瞭解天氣是什麼，它是電視預報中天氣播報員告訴我們的：雨、雪、雲、風、陽光。它指的是明天會發

生什麼變化，或許還有幾天之後會發生的變化。這符合天氣的科學定義：短期內發生的變化——短期指的是幾小時或幾天。氣候就不同了，這個詞的用法常常比較寬鬆，但它的意思是長期的典型天氣型態——長期指的是數十年。氣候的正式定義是天氣的三十年移動平均（moving average）。我稍後會解釋這個用語，但首先我們必須慶幸那些平均值很穩定。

假設過去九十天的平均氣溫是 16℃。然後出現了一波熱浪，使接下來十天的氣溫飆升至 30℃。這麼一來平均氣溫會如何呢？可能看似會上升非常多，但其實只會上升 1.4 度。[45] 短期的變動下，平均值並不會有劇烈的改變。如果熱浪整整持續了九十天，這一百八十天的平均氣溫就會上升至 23 度——16 和 30 的中間。長期的變動對平均的影響更加巨大。

選定任意一天，將過去三十年每一天的氣溫加總，再除以三十年的天數，就能計算出三十年的氣溫移動平均。這個數字非常穩定，只有當氣溫偏離這個值非常長一段時間——而且氣溫變化傾向往同一方向移動（平均來說更熱，或平均來說更冷），平均氣溫才可能改變。冷熱交錯的週期某種程度上會互相抵消；夏天普遍比冬天熱，而一

年當中的平均氣溫落在兩者中間。三十年的平均值是一個代表性氣溫，所有氣溫都在該值附近波動。

這就是為何氣候不可能「總是」在改變。無論今天的天氣變化多麼劇烈，甚至這個改變是永久的，也要經過好幾年的時間才會對三十年平均氣溫產生重大影響。

再者，我們討論的還只是地區氣候而已——比如你的家鄉。「氣候變遷」指的並不是你家鄉的氣候。氣候科學家告訴我們全球氣候正在暖化。要得知全球氣候，不只需要取很長一段時間的平均值，也要取整個星球的平均值——包括撒哈拉沙漠、喜馬拉雅山、冰天雪地的極區、西伯利亞凍原，以及海洋。如果印第安納州比平常更冷，但烏茲別克比平常更熱，這兩個效應會互相抵消，而全球平均值大致上會維持不變。

關於術語方面，我還要說最後一件事。有一些對於氣候的中期影響是「自然」的（不是由人類引發的），我們最熟悉的是聖嬰現象（El Niño），也就是東太平洋每隔幾年會自然升溫的現象。在現今大部分的文獻中，「氣候變遷」是「人為氣候變遷」（anthropogenic climate change）的簡稱——也就是人類活動所造成的氣候變化。像聖嬰現象這種效應已經被詳細記錄了。現在討論的是沒

有被記錄的變化，因為這些變化只有在某種新的因素影響氣候時才會出現。

許多證據都證實了新的因素確實存在，這因素就是我們。人類活動已經將大氣中的二氧化碳濃度推升至超過 400 ppm（百萬分點）。過去八十萬年來，二氧化碳濃度大多落在 170 ppm 和 290 ppm 之間（圖中所示為過去四十萬年）。[46] 超過 300 ppm 的部分都是工業革命以後才出現的。基本物理學告訴我們，二氧化碳增加會留住更多的熱。全球氣溫（透過極為謹慎地測量冰芯及海洋沉積物推論而來）在過去一百五十年上升了將近 1℃，而物理原理也暗示了二氧化碳增加本就會造成這樣的結果。

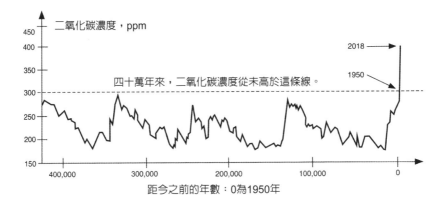

二氧化碳濃度過去四十萬年的變化。1950年以前，二氧化碳濃度未曾超過300 ppm。2018年，二氧化碳濃度已來到407 ppm。

　　有些人問：如果你連一星期之後的天氣都無法預測，你怎麼可能預測二十年後的氣候？

　　如果天氣和氣候是一樣的，那這句話的論點確實強而有力，但天氣和氣候不一樣。在一個系統中，就算有些特性不可預測，其他特性也可能是可預測的。還記得第一章的阿波菲斯小行星嗎？引力定律告訴我們，這顆小行星有絕對的機會在 2029 年或 2036 年撞擊地球，但我們不知道到底會不會真的發生撞擊。然而，我們可以完全確定，如果在其中一年確實發生撞擊，那一定是發生在 4 月 13 日。我們預測某件事的能力取決於那件事本身，以及我們在它發生之前對它的了解。在一個系統中，即使某些特性完全無法預測，我們仍然可能非常有信心地預測其他特性。凱特勒觀察到，個體的屬性是不可預測的，但當我們計算一個族群的平均，往往就能夠相當準確地預測這些屬性。

　　以氣候來說，我們只需要依據三十年移動平均中緩慢且長期的變化，來建構出模型。以氣候變遷來說，我們的模型還必須包含那些長期變化是如何與正在改變的狀況有所關聯——比如說人類活動所增加的溫室氣體含量。這個任務頗為艱鉅，因為氣候系統非常複雜，而它對變化的反

應又很細微。較高的氣溫可能會形成更多雲，而更多的雲會反射更多來自太陽的熱。較高的氣溫也會使更多冰融化，取而代之的深色海水可能會反射較少來自太陽的熱。二氧化碳濃度增加時，植被的生長也會改變，如此可能會去除較多二氧化碳，所以暖化的情形可能會進行某種程度的自我修正（最新的研究結果顯示，剛開始二氧化碳增加時確實造成更多植被生長，但很不幸地，這個效應只維持了十年左右就消失了）。我們必須盡其所能將這類重要的效應納入模型當中。

　　氣候模型很多是直接使用氣候資料，而非更精密標度的天氣資料。氣候模型可以非常簡單，也可以極度複雜。複雜的模型比較「寫實」，結合了更多已知的大氣流動物理學以及相關因素。簡單的模型則著重於有限數量的因素；這種模型的優點是它們比較容易理解與計算。過度寫實主義（因而具複雜性）不一定比較好，但在計算上一定比較精細。一個良好數學模型的目標是保留所有重要的特性，並略去不相關的狀況。就如同傳聞中愛因斯坦說過的：「〔它〕應該盡可能簡單，但不該過簡。」[47]

　　為了讓你對其中涉及的內容大致有個概念，我會大略討論其中一種氣候模型。這種模型的目標是瞭解全球平均

氣溫如何隨時間改變，包含過去與未來的變化。原則上這是一個會計過程：所得能量（大部分來自太陽，但也可能納入二氧化碳，比如火山排放的二氧化碳）以及支出能量（從地球放射或反射出去的熱）的差額就是一年中多出來的熱能。如果所得超過支出，地球就會更熱；如果反過來，地球就會更冷。我們也需要考量到「儲蓄」──儲存在某處的熱，或許只是暫時的。這是一種支出形式，但要是我們把它當成所得，它可能會再次出現，讓我們不得安寧。

　　所得是（頗為）直接的。極大一部分所得能量來自太陽，我們知道太陽輻射出多少能量，也可以計算出有多少能量射入地球。支出才是讓我們頭痛的主因。每個熱體（hot body）都會輻射出熱，而且我們已經知道這個過程的物理定律。溫室氣體（主要是二氧化碳和甲烷，但還有一氧化二氮〔nitrous oxide〕）就在這裡登場，它們透過「溫室效應」把熱留住，如此一來輻射出去的熱就變少了。反射比較複雜，因為熱是透過冰（冰是白色的，所以會反射出較多的光與熱）、雲等等反射出去的。雲的形狀非常複雜，很難建構出模型。此外，熱可以被吸收；尤其是海洋具有極大的熱匯作用（heat sink）（儲蓄）。被吸收的熱可能之後會再次出現（就像從帳戶中提領部分儲

蓄）。

　　數學模型將所有這些因素都納入考量，並寫出方程式來表示熱是如何在太陽、地球、大氣以及海洋之間流動。然後我們計算這些方程式──這是電腦的工作。它們全都是近似現實的模型；它們會假設哪些因素很重要，哪些因素可以被忽略，也因為上述特徵，這些模型都有瑕疵。無疑地，沒有任何一個模型應被視為唯一真理。懷疑論者趁機利用了這些對模型的吹毛求疵，但其實核心重點很簡單：所有模型都預測，人類透過燃燒化石燃料以及封存的碳（如森林）製造過量的二氧化碳。與沒有人類活動的情況相比，這些人為製造的過量二氧化碳已經使整個地球升溫，而且還會持續升溫。這些額外的能量都讓天氣型態出現新的極端，平均之後就成為了氣候的變遷。

　　我們無法確定氣溫上升的確切速度以及它會如何持續上升，但所有模型都一致顯示，氣溫在接下來數十年內會上升攝氏好幾度。觀測結果顯示自 1880 年以來，氣溫已經上升了 $0.85°C$。事實上，自從工業革命之初，也就是製造業開始大量消耗化石燃料的時候，氣溫就不斷在上升。且速度一直在變快，近年的暖化速度比早年還要快了兩倍。在過去十年速度變慢了，部分是因為許多國家終於

採取措施以減少化石燃料的使用，但也是因為 2008 年銀行倒閉導致的全球經濟衰退。而暖化現在又開始變快了。

　　暖化最大的威脅可能是海平面上升，原因是融化的冰以及海水暖化時的體積膨脹。但還有許多其他原因：海冰減少、永凍層（permafrost）融化而釋放出甲烷（一種更加強力的溫室氣體）、病媒昆蟲的地理分布改變等等。關於氣候暖化的不良效應，你可以寫成一整本書，而很多人確實有寫，所以我不會在本書著墨太多。我們無法依照懷疑論者不合理的要求，完美地精準預測幾十年後氣候暖化對環境造成的影響，但各種不良效應已經在發生了。所有的模型都預測了大規模的災難。唯一還不確定的是災難的規模會有多大、又有多嚴重。

　　一個世紀才上升 1℃ **不算很糟吧？**

　　如果氣候變暖，氣溫上升 1℃，這世界上許多地方的人會很開心。如果僅僅這麼簡單，很少有人會非常擔心。但我們來動動腦。如果真的這麼簡單，聰明的氣候科學家早就發現了。他們就不會這麼憂心；他們甚至不會發出警告。所以——就如同生命中大多數的事，以及非線性動力學的一切——事情沒有這麼簡單。

　　上升 1℃ 聽起來不嚴重，但在過去這一世紀，我們人類已經讓整個地球的表面溫度上升了 1℃。這麼說太簡略了：應該說大氣、海洋與陸地的溫度都有不同程度的上升。簡單來說，要做到這麼大範圍的變化，所需的能量是非常巨大的。而那就是第一個問題：我們正在把大量的額外能量加入構成地球氣候的非線性動態系統。

　　有些人會告訴你「想像人類能造成如此巨大的影響是很自大的行為」，不要相信他們。光是一個人就能燒掉整座森林──那可是會製造出一大堆二氧化碳呢。我們也許很渺小，但我們數量龐大，而且我們有很多機械，其中大部分都在排放二氧化碳。測量結果清楚顯示我們已經造成了巨大影響：看看第 256 頁的圖表。我們在其他方面也有過類似的大範圍影響。我們很晚才發現，丟垃圾到河川與海洋裡已經使大量的塑膠垃圾散布海洋各處。而且這無疑是我們的錯，因為沒有其他生物會製造塑膠。既然我們丟垃圾就可能破壞海洋生物鏈，那麼主張「我們可能正在透過大量排放溫室氣體來破壞環境」就不是多自大的想法了。我們排放的溫室氣體約莫是地球上所有火山（包括海底火山）排放總量的 120 倍。[48]

　　1℃ 也許聽起來沒什麼危害，但範圍擴及整個星球的

能量增加就不這麼無害了。當你將額外能量注入非線性動態系統中，並不會讓系統各處的行為出現等量的微小變化，而是改變系統波動的劇烈程度——也就是系統改變得有多快、有多少、有多不規律。夏天的氣溫並不會整齊地上升1℃。氣溫的波動超出以前的範圍，導致熱浪及寒流。這樣的事件也許和幾十年前發生過的事件相差無幾，但當極端事件變得遠遠更加頻繁，你就能看出有變化發生了。如今全球暖化已經到了新的階段——史無前例的熱浪正在出現：2010 年的美國，而且 2010 年、2012 年以及 2013 年又再度發生；2011 年的西南亞、2012 到 2013 年的澳洲、2015 年的歐洲、2017 年的中國和伊朗。2016 年 7 月，科威特的氣溫高達 54℃，而伊拉克的巴斯拉（Basra）高達53.9℃。這些都是（至今）有紀錄以來地球上最高的氣溫，除了死亡谷（Death Valley）之外。

　　2018 上半年，許多地方都發生了嚴重的熱浪。英國發生了持續多時的乾旱，破壞作物生長。瑞典遭受野火的侵襲。阿爾及利亞創下了非洲有紀錄以來的最高溫：51.3℃。日本氣溫破 40℃ 時，至少三十人死於熱暴露（heat exposure）。澳洲的新南威爾斯經歷了有紀錄以來最慘的一次乾旱，導致缺水、作物歉收，以及家畜糧食短

缺。加州受到門多西諾複合大火（Mendocino Complex wildfire）的摧殘，超過二十五萬公畝的土地被燒毀。隨著一年一年過去，總是有紀錄被打破。洪水、暴風雨、暴風雪也一樣——不論是哪種極端事件，都愈來愈極端。

天氣系統裡的額外能量也改變了空氣流動的方式。舉例來說，現在北極地區似乎比地球其他區域暖化得更嚴重。這改變了極地渦旋（polar vortex）的流動，極地渦旋是圍繞著極點在高緯度地區旋轉流動的冷風。北極暖化削弱了極地渦旋的氣流，所以冷空氣更常到處飄移，特別是往南邊飄移。它也會驅使在北極循環的整團冷空氣往南移動，2018 年初就是發生了這個情況。「全球暖化可能導致冬季遠比平常更冷」或許看起來很矛盾，但其實不然。當你將更多能量注入一個非線性系統而產生干擾，就會發生這樣的情形。歐洲因為氣溫比平常低了 5℃ 而陷入癱瘓的時候，北極卻籠罩在比平常高 20℃ 的氣溫之中。正是我們排放的過量二氧化碳，導致了北極將冷空氣輸出給我們。

地球的另一端也正在發生同樣的事，而且可能更嚴重。南極的冰比北極還要多很多。以前我們認為南極的冰

融化得比北極慢，後來才發現南極融化得更快，只是融化的區域都是隱藏在水面下深處的海岸冰層底部。這是很糟糕的消息，因為冰層可能會變得不穩定，然後這些不穩定的冰會全都流進海裡。大塊大塊的冰棚已經在崩解了。

　　極區冰帽融化確實是一個全球性問題，因為當多出來的水流到海裡，海平面就會上升。目前估計結果顯示，如果北極和南極所有的冰都融化，海平面會上升八十公尺以上。距離這個情況發生還有很長一段時間，但我們認為海平面絕對會上升兩公尺，無論我們採取什麼行動都一樣。如果氣溫只上升 1℃，那些估計的數字可能會更小，但氣溫並不只上升 1℃。自從工業革命以來，氣溫上升的平均數只有 1℃，但即使如此，也不代表氣溫只有上升 1℃。為什麼呢？因為暖化的幅度不是一致的。極點正是我們希望暖化盡可能減低的地方，但極點氣溫上升幅度比氣候較溫和的緯度區域遠遠更大。北極氣溫平均上升了約 5℃。以前我們認為南極的威脅較小，因為看起來它暖化的程度較低，但那是在科學家發現水面下的狀況之前。

　　將冰融化的準確資料結合水面上累積新冰的資料，有助於瞭解南極如何影響海平面上升。由安德魯・謝波德（Andrew Shepherd）及艾瑞克・伊溫（Erik Ivins）主持

的冰層質量平衡交互比較行動（ice sheet mass balance inter-comparison exercise，簡稱 IMBIE）是一個極地科學家組成的國際團隊，提供了融化冰層導致海平面上升的估計結果。該團隊 2018 年的報告 [49] 彙整了二十四個獨立研究的結果，這份報告顯示，在 1992 年和 2017 年之間，南極冰層失去了 2.72±1.39 兆公噸的冰，使全球平均海平面升高 7.6±3.9 毫米（正負的誤差代表一個標準差）。在南極西部，消失的冰主要是大陸邊緣正在融化的冰棚，冰融化的速度在過去二十五年增加了兩倍，從每年 530±290 億公噸變成每年 1590±260 億公噸。

　　史蒂芬·林托爾（Stephen Rintoul）和同事 [50] 研究了 2070 年南極可能發生的兩種情況。如果我們不控制目前排放量的走向──除非我們採取非常積極的全球性行動，否則我們的排放量會持續不受控──那麼相對於 1990 年的基線，全球陸地平均溫度將會上升 3.5℃，比巴黎協議的 1.5─2℃限制高出許多。融化的南極冰屆時會造成海平面上升 27 公分，比其他導致海平面上升的原因都要嚴重。南冰洋會上升 1.9℃，而在夏天，43% 的南極海冰會消失。到時候「外來」種入侵的次數會增加十倍；生態系會從企鵝、磷蝦等現存物種變成螃蟹和樽海鞘

（salp）（一種浮游生物）。

隨著冰融化，它形成了一個惡性的正回饋循環，使問題更加嚴重。新形成的冰是白色的，而且會將部分的太陽熱反射回外太空。海冰融化時，白色的冰開始變成深色海水，而海水會吸收較多的熱，反射較少的熱，使該地區暖化得更快。在格陵蘭的冰河上，融化的冰會弄髒白色冰河，所以冰河也會融化得更快。在西伯利亞和加拿大北部，地面以前是永凍層——終年結凍的土地——現在地面已不再永久結凍。也就是說，永凍層正在融化。永凍層內含有大量由腐爛植被所形成的甲烷，而且——你應該知道我要說什麼——甲烷是一種溫室氣體，遠比二氧化碳更強力。

更不用說甲烷水合物（methane hydrate）了，這是一種類似冰的固體，甲烷分子被包在水的晶格裡。在世界各地大陸棚的較淺區域都沉積著巨量的甲烷水合物。據估計，它們的暖化威力等同於三兆公噸的二氧化碳，約莫是目前的人類排放狀態持續一百年的量。如果那些沉積物開始融化……

你覺得一個世紀上升 1℃ 不算太糟嗎？再想一想吧。

如果我們好好安排，前途不會一片黑暗。如果我們能

保持低排放量，全球氣溫就只會上升 0.9℃，使海平面只上升 6 公分。南冰洋溫度上升 0.7℃。在夏天，12% 的南極海冰會消失。那裡的生態系會和現在一模一樣。一百九十六個國家已經通過巴黎協議，加上現階段迅速地改善可再生能源的效率與成本，降低排放量是完全可能的。不幸的是，美國為了振興他們的採礦業而決定退出該協議，這個決定將會在 2020 年生效。然而，無論美國現任政府對採礦業抱持何種幻想，以經濟因素來看，振興採礦業是不太可能的。我們有很多條路可走，但這個世界沒有本錢再花五十年繼續忍受愚蠢的政治拖延戰術。

非線性動力學為我們提供了一個很有用的觀點，探討天氣、氣候、兩者之間如何關聯，以及它們如何改變。它們遵循著偏微分方程式，所以適用動態系統的語言。我會用它當作一種隱喻，勾勒出思考數學的一種方式。

任一位置的大氣狀態空間包含氣溫、氣壓、濕度等參數的各種可能組合。該空間內的每一個點都代表一組可能的天氣觀測結果。隨著時間過去，點會移動，形成一條軌跡。我們追蹤移動的點，觀察那個點經過狀態空間的哪些區域，便能解讀天氣。天氣資料的不同短期序列會產生不

同軌跡，這些軌跡全都位於相同的（混沌）吸子上。

　　天氣和氣候之間的差別是：天氣是一條通過吸子的單一路徑，而氣候則是整個吸子。在一個恆定的氣候裡，可能會有很多條路徑通過同一個吸子，但長期來看它們都有類似的統計數據。相同的事件也會以相同的整體頻率出現。天氣總是在改變，因為它的動態會在同一個吸子上產生許多不同路徑。但氣候不會如此，除非發生了極度不尋常的事件。氣候變遷只有在吸子改變的時候才會發生。吸子的變化愈大，氣候的變化就可能愈劇烈。

　　整個全球天氣系統也是類似的概念。因為變數取決於地球上的位置，所以狀態空間變成了一個無限維度的函數空間，但同樣的差別依然存在：天氣型態是吸子上的一條軌跡，而氣候是整個吸子。這個描述是隱喻性的，因為我們沒有辦法觀察吸子的整體；要做到這件事，我們會需要數兆筆全球天氣型態的紀錄。但我們可以檢測較不複雜的事：天氣在一特定狀態下的機率。這與吸子上的不變測度有關，如果機率改變，就代表吸子一定已經改變了。這就是為什麼三十年統計平均值能夠定義氣候，也是為什麼我們可以用三十年統計平均值來監測氣候是否正在改變，以及為什麼我們能夠確信氣候正在改變。

　　雖然氣候改變了，但大部分天氣還是看起來和氣候改變之前一樣。這就是我們沒注意到氣候已經改變的原因之一。我們就像諺語中鍋裡的青蛙一樣，慢慢地被煮熟卻不跳出去，因為周遭溫度升高得太慢了，我們根本沒注意到。然而，氣候科學家在六十多年前就已經注意到了，而且他們所瞭解、記錄、測試、非常努力反證卻徒勞無功的是，世界各地的極端天氣事件正在變得越來越普遍。事實就是：它們確實就和全球暖化預測的一模一樣。

　　這即是科學家現今談論氣候變遷而非全球暖化的主要原因。氣候變遷這個詞更準確地描述這些影響。氣候變遷的原因和之前說的一樣：地球正在暖化，因為人類排放過量的溫室氣體。

　　氣候吸子的改變很令人憂心，因為即使只是小小的變化也能造成巨大的不良效應。我想表達的綜合重點適用於所有極端天氣事件，但為了方便起見，我們先用洪水作為範例。設計防洪設施的工程師會使用一個很有幫助的概念：十年一遇洪水、五十年一遇洪水，或百年一遇洪水。這個意思是平均十年、五十年或一百年會發生一次的洪水位。高洪水位很罕見，而防範這類洪水所需成本很高。到了一定程度，防洪成本會超過洪水可能造成的損失。我們

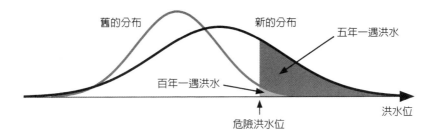

百年一遇洪水如何在平均數和標準差增加時，變成五年一遇洪水。

先假設那個程度就是百年一遇洪水的水位吧。

　　只要洪水位的統計數據維持不變，一切就沒有問題。但萬一統計數據改變呢？如果洪水位的平均數增加，高水位就較可能發生。如果平均數周圍的波動變大，也就是標準差增加，高水位也較可能發生。將上述兩種狀況疊加在一起，正是全球暖化提供的所有額外能量可能造成的結果，而且這兩種狀況還會互相強化。圖中為了簡單起見而使用常態分布，顯示這些影響是如何結合在一起，不過類似的推論適用於更貼近現實的分布。

　　以舊的機率分布來看，對應危險洪水位的曲線下方面積是那塊淺灰色的區域，面積很小。但當分布改變，對應危險洪水位的曲線下方面積也包括了深灰色區域，面積大很多。也許新的面積代表了每五年會發生一次這種洪水的

機率。若是如此，曾經是百年一遇的洪水現在就變成了五年一遇洪水。危險洪水的發生頻率會是以往的 20 倍，而將「不防範危險洪水位」合理化的經濟計算也不再適用。

　　在沿海地區，風暴潮（storm surge）和上升的海平面會增加大量且持續降雨造成的風險。全球暖化把這些造成洪水的原因變得更嚴重。貼近現實的數學模型表示，除非全球二氧化碳排放量急遽下降，否則紐澤西州的大西洋城很快就會遭受長期洪水的侵襲[51]。在三十年內，目前一個世紀出現一次的水位會變成一年出現兩次。百年一遇洪水會變成六個月一遇洪水，讓價值 1080 億美金的住房暴露於危險中。光是一個沿海城市就會如此，更不用說目前有 39% 的美國人口就住在濱海城鎮。

12 醫療措施

自然死亡就是在沒有醫生幫忙的情況下自己死亡。
　　　　　　　　　　　　──佚名男學童，考卷

　　1957 年，一種新的特效藥在德國出現了。你不需要醫生的處方箋就可以拿到這種藥物。原本它是作為治療焦慮的藥物販賣的，不過後來它又被建議用於抑制孕婦的反胃噁心。它的商品名是反應停（Contergan），藥品學名是沙利竇邁（thalidomide）。過了一陣子，醫生注意到天生罹患海豹肢畸形（phocomelia）的嬰兒數量大增──海豹肢畸形是指發育不完全的肢體，而且會導致部分病例死亡──並發現罪魁禍首就是沙利竇邁。大約一萬個孩童受到影響，兩千個案例死亡。孕婦被建議不要使用該藥物。這種藥被發現長期使用可能導致神經損傷後，於 1959 年被撤回。不過，後來該藥物又被核准使用於某些特定疾病：痲瘋（leprosy）的一種類型以及多發性骨髓瘤（multiple myeloma）（血液中漿細胞〔plasma cell〕的癌症）。

　　沙利寶邁的悲劇提醒我們，醫療的本質充滿不確定性。這種藥物已經通過廣泛測試。過去認為沙利寶邁無法穿過孕婦與胎兒之間的胎盤障壁（placental barrier），所以它對胎兒不會有影響。儘管如此，研究人員還是用小型實驗動物進行了標準測試，檢測是否有致畸胎作用──也就是使胎兒產生畸形。測試結果沒有顯示任何有害影響。後來大家才知道，人類在這方面是不一樣的。醫療專業人員、製藥公司、其他醫療設備（例如人工髖關節）的製造商，或純粹測試用不同方法進行某種醫療處置的醫生（例如如何以最佳方式為癌症患者進行放射治療），都開發出測試治療方法是否有效以及為病患降低風險的方法。就如同沙利寶邁事件顯示的，這些方法並不是萬無一失，但它們提供了能夠減少不確定性的理性方法。其中的主要工具是統計學，我們可以看看統計學在醫學的應用，藉此瞭解一些基本的統計學概念與技巧。隨著統計學家產生新的想法，這些方法也不斷地在進步。

　　所有這類研究都有道德的層面，因為新的藥物、治療方法或治療計畫終究要進行人體試驗。在過去，有時候醫學實驗會以罪犯、不知情的軍人、一貧如洗的窮人或奴隸作為受試者，常常是在未告知他們或未經他們同意的情況

下進行實驗。如今的道德標準比較嚴格。不道德的實驗依然存在，但世界上大部分的地方都鮮少進行這種實驗，一旦發現就會受到刑事檢控。

　　三種主要的醫學不確定性是藥物、設備以及治療計畫。這三種都是在實驗室裡開發的，並在進行人體試驗之前就經過測試。測試有時候會使用動物，這引起了新的倫理考量。除非沒有任何其他方法能得到所需資訊，否則不應使用動物做實驗，而且就算使用動物，也要遵守嚴格的安全措施。有些人希望直接將動物實驗定為違法。

　　為了讓醫生能將藥物、設備或治療計畫用於病患身上，必須進行這些測試的後期階段，通常會包含臨床試驗：在人類身上進行實驗。政府的監管人員根據風險評估及潛在效益評估，決定是否批准這種測試。允許執行某項試驗不一定代表這項試驗被視為是安全的，所以這整個過程和風險的統計學概念緊密相連。

　　不同情形會使用不同種類的試驗——這整個領域都極度複雜——但普遍會先用一小群人進行先導性試驗，這些人可能是志願者或是現有的病患。以統計學來說，根據小型樣本做出的結論比包含大量個體的樣本還要不可靠，但先導性試驗能提供關於風險的有用資訊，使之後的試驗獲

得實驗設計上的改善。舉例來說，如果某種治療方法會產生嚴重副作用，試驗就會終止。如果沒有發生特別嚴重的事，試驗就能擴大到更多的人，到了這個階段，統計學方法就能夠比較可靠地評估該治療方法的效果。

如果該治療方法通過了這種測試，醫生就能使用這個治療方法，而且很可能還會限制適用的病患類型。研究人員繼續收集關於治療結果的資料，而這些資料能提升使用這種治療方法的信心，或是揭露在原本的試驗中並未出現的新問題。

除了實務與道德問題，設置臨床試驗的方法還牽涉兩個相關議題。一個是試驗產生之資料的統計分析，另一個是試驗的實驗設計：如何建構實驗，才能得到有用、含有豐富資訊，且盡可能可靠的資料。資料分析使用的技巧會影響我們該收集什麼樣的資料以及如何收集。實驗設計則影響了可以被收集的資料範疇，以及數據的可靠性。

類似考量適用於所有科學實驗，所以臨床醫師可以從實驗科學借用一些技巧，而他們的研究成果整體上也對科學理解有所貢獻。

臨床試驗有兩個主要目標：治療方法是否有用，以及

它是否安全？實際上來說，這兩個因素都不是絕對的。飲用少量的水幾乎 100% 安全（不完全正確：你可能會嗆到），但這個方法不能治癒麻疹。兒童接種麻疹疫苗幾乎 100% 有效，但並不完全安全。在很罕見的情況下，孩童可能會對疫苗產生嚴重的反應。這些是極端案例，許多治療方法比喝水的風險更高，比疫苗的效果更差。所以可能需要取捨，風險就是在此時登場。與一個不良事件有關的風險是該事件發生的機率乘以該事件會造成的損害。

　　就連在設計階段，實驗者都會盡量將這些因素納入考量。如果證據顯示，有人用某種藥物去治療一種不同病症，而且沒有產生嚴重的副作用，那麼安全問題在某種程度就算是解決了。如果沒有這種證據，試驗必須維持以小規模進行，至少要維持到初期結果出爐。實驗設計有一個重要特性，就是對照組 ── 對照組是*沒有*接受該藥物或治療的人。比起單純測試試驗中的人，將實驗組與對照組互相比較能告訴我們更多東西。另一個重要的特性是進行試驗的條件。試驗的結構是否足以得出可靠結果？沙利竇邁的試驗低估了對胎兒造成的潛在風險；現在看來，當時應該要更重視對孕婦進行的試驗。實際上，隨著我們記取新的教訓，臨床試驗的結構也會演變。

　　有一個比較細微的問題，關乎到實驗者對其收集的資料所造成的影響。潛意識的偏見可能會悄悄摻入其中。無疑，當有人想「證明」某個他自己最喜歡的假設，並挑選符合該假設的最有利資料，潛意識的偏見就可能悄悄混入其中。現今大多數臨床試驗普遍具有三個重要特性。為了清楚說明，假設我們要測試一種新的藥物。我們讓一些受試者使用該藥物；讓對照組使用安慰劑，安慰劑是一種藥丸，外觀幾乎與該藥物無法區別，但沒什麼重大效果。

　　第一個特性是隨機化。該讓哪些病患使用藥物、哪些使用安慰劑，應透過一個隨機過程來決定。

　　第二個特性是盲性（blindness）。受試者不應該知道他們會拿到藥物還是安慰劑。如果他們事先知道了，他們回報的症狀可能會不一樣。在雙盲（double-blind）試驗中，研究人員也不會知道哪些受試者使用藥物還是安慰劑。這種方法防止了潛意識偏見，無論是解讀資料、收集資料，或是移除統計離群值，諸如此類的動作都存在潛意識偏見。有一種更加嚴格的設計稱為雙虛擬（double-dummy）試驗，就是讓每位受試者輪流使用藥物與安慰劑。

　　第三個特性是：將安慰劑作為對照，讓研究人員能解

釋如今大家熟知的安慰劑效應（placebo effect），也就是病患只因為拿到醫生給他們的藥丸就感覺身體狀況有所改善。即使受試者**知道**那顆藥丸是安慰劑，這個效應也可能發生。

其中一些技巧可能會因為試驗的本質──它欲治癒或減輕的疾病，以及受試者的狀況──而變得不適用。如果沒有經過病患的同意，給一個病患使用安慰劑而不是藥物可能是不道德的，但如果他們同意，就不是盲性試驗了。如果有個試驗是要測試一個新的治療方法，而目的是將這個新療法與一個已知相對有效的現有方法比較，在這種情況下有一個解決辦法，就是進行「活性對照」（active control）試驗，讓一些病患接受舊療法，一些接受新療法。你甚至可以告訴他們過程中會發生什麼事，並得到他們的同意來隨機使用兩種治療方法。這種情況下的試驗還是能保留盲性。也許從科學的角度來說不是盡善盡美，但道德上的考量比大部分其他考量來得更重要。

應用於臨床試驗的傳統統計方法是在 1920 年代的洛桑實驗站（Rothamsted experimental station）── 一個農業研究中心──開發出來的。這看起來也許與醫學八竿

子打不著，但還是有出現類似的實驗設計和資料分析問題。最有影響力的人物是在洛桑實驗站工作的羅納德・費雪（Ronald Fisher），他的《實驗設計原理》（*Principles of Experimental Design*）建立了許多核心觀念，包括了許多至今仍廣泛使用的基本統計工具。這個時期還有其他先驅為這個工具箱增添工具，譬如卡爾・皮爾森和威廉・戈塞（William Gosset）（他的筆名是「學生」）。他們在命名統計檢定與機率分布時，習慣使用代表符號，所以如今我們有 t 檢定（*t*-test）、卡方（chi-squared）（χ^2）及伽瑪分布（gamma-distribution）（Γ）這類名字。

　　分析統計資料有兩個主要方法。有母數統計學（parametric statistics）建構資料模型的方法是利用包含數值參數（譬如平均數和變異數）的特定種類機率分布（二項分布、常態分布等等）。目的是找到模型最符合資料的參數值，並估計可能的誤差範圍以及適合度的顯著性。另一個方法是無母數統計學（non-parametric statistics），這種方法避免使用明確的模型，完全只依賴資料本身。直方圖就是一個簡單的例子，它只顯示資料，沒有更進一步的說明。如果適合度高，有母數統計法是較佳的方法。無母數統計法比較有彈性，而且不做可能沒有

根據的假設。兩種方法都被廣泛使用。

這些技巧中應用最廣泛的大概是費雪的方法，用於測試支持（或不支持）某一科學假設的資料之顯著性。這是一種有母數統計法，通常依據常態分布進行。1770 年代，拉普拉斯分析了將近五十萬名新生兒的性別分布。該資料顯示男孩數量多很多，而他想知道這個超量有多顯著。他建立了一個模型：透過二項分布給出相等的男孩與女孩機率。接著他想知道，如果使用這個模型，他觀察到的數字有多少可能會出現。他計算出的機率非常小，所以他立下結論：如果男孩與女孩的機率真的是一半一半，那麼他的觀察結果就極度不可能發生。

這種機率我們現在稱之為 P 值（*p*-value），而費雪正式確立了整個流程。他的方法是比較兩個相反的假設。第一個是虛無假設（null hypothesis），表示這些觀察結果純粹是隨機出現的。另一個是對立假設（alternative hypothesis），它表示觀察結果不是隨機出現的，對立假設是我們真正有興趣的。假定虛無假設成立，我們計算獲得特定資料（或是在一合適範圍內的資料，因為獲得特定數字的機率是零）的機率。這個機率通常以 *p* 表示，所以才有 P 值這個術語。

　　舉例來說，假設我們在 1000 名新生兒的樣本中計算男孩和女孩的數量，而我們算出 526 個男孩、474 個女孩。我們想知道男孩超量是否具顯著性，所以我們建立一個虛無假設，代表這些數字都是隨機出現的。對立假設代表它們並非隨機出現。我們對這些**確切**的值隨機出現的機率並不太感興趣，我們感興趣的是資料有多極端：也就是男孩比女孩還要**多**。如果男孩的數量是 527 或 528，或是更大的數，我們可能也會獲得異常超量的證據，所以重要的是隨機得到 526 個男孩以上的機率。最適合的虛無假設是：526 這個數字或**男孩超量更多**是隨機出現的。

　　現在我們計算虛無假設發生的機率。到了這個階段，顯然我在關於虛無假設的敘述中遺漏了一個重要要素：我們假定的理論機率分布。在這個例子中，追隨拉普拉斯的方法並選擇男孩女孩機率各半的二項分布似乎是合理的，但無論我們選擇哪種分布，它都是默認建構在虛無假設內。因為我們計算的是大量新生兒，所以我們可以用適合的常態分布來逼近拉普拉斯選擇的二項分布。結果是 $p = 0.05$，所以這種極端的值隨機出現的機率只有 5%。用費雪的術語來說，我們**拒絕虛無假設**達到 95% 水準。意思是我們對「虛無假設是錯的」抱有 95% 的信心，而且我

們接受對立假設。

這代表我們對「觀測值是統計顯著的」抱有 95% 的信心嗎？也就是說觀測值並非隨機出現？不是這樣的。它的意義被模稜兩可的文字限制住了：我們對「觀測值不是隨機出現」抱有 95% 的信心，如同機率對半的二項分布（或是對應的常態逼近）所指的一樣。也就是說，我們有 95% 的信心認為，要嘛觀測值不是隨機出現的，要嘛就是我們假定的分布是錯的。

費雪冗長費解的術語導致的其中一項後果，就是這個最終階段很容易被遺忘。如果是這樣的話，我們以為我們正在檢驗的假設就不會完全等同於對立假設。對立假設會伴隨著額外包袱，亦即我們起初選了錯誤統計模型的機率。在這個例子裡，我們不用太擔心這件事，因為二項分布或常態分布非常可信，不過即使有時並不適合使用常態分布，在默認情況下仍會傾向採用常態分布。學生剛學到這個方法時，通常會被警告上述問題，但過了一陣子，他們就逐漸遺忘了。即使是已發表的論文都會搞錯。

近年來，P 值的第二個問題愈來愈明顯，這個問題是統計顯著性（statistical significance）與臨床顯著性（clinical significance）的差別。舉例來說，有一個檢查

罹癌風險的遺傳檢測可能具統計顯著性，有 99% 的顯著水準，這聽起來很不錯。不過在實務上，它可能只會從每十萬人裡多檢測出一個癌症病例，卻從每十萬人裡給出一千次「偽陽性」——看似檢測到癌症，結果卻不是癌症。這種狀況會讓它在臨床上變得毫無價值，即使它的統計顯著性很高也於事無補。

醫學上有些關於機率的問題能使用貝氏定理來解決，以下是一個典型的例子 [52]。有一種檢測女性潛在乳癌的標準方法是進行乳房 X 光攝影（mammogram），亦即乳房的低劑量 X 光影像。四十歲女性罹患乳癌的發生率大約是 1%。（女性一生罹患乳癌的發生率大約是 10%，而且會逐年增加。）假設以這種方法來篩檢該年齡的女性。罹患乳癌的女性有大約 80% 會檢測出陽性，而未罹患乳癌的女性有 10% 也會檢測出陽性（「偽陽性」）。假設有一名女性檢測出陽性，她罹患乳癌的機率是多少？

捷爾德・蓋格瑞澤（Gerd Gigerenzer）與烏爾里希・霍弗拉格（Ulrich Hoffrage）於 1995 年發現，醫生被問到這個問題時，只有 15% 的人說出正確答案。[53] 大多數人都會說 70 − 80%。

　　我們可以用貝氏定理來計算機率。我們也能用跟第 8章相同的推理方式，如下文所示。為了明確說明，假設這個年齡組有 1000 名女性當作樣本。樣本大小無所謂，因為我們看的是比例。我們假設所使用的數字跟機率數值一模一樣——在真實樣本中不會如此，但我們現在是使用假設樣本來計算機率，所以這個假設是合理的。在這 1000名女性裡，10 名罹患癌症，其中 8 名會被檢測出來。在剩下的 990 名女性裡，99 名會被檢測出陽性。因此陽性結果的總數是 107，其中有 8 名罹患癌症，機率是 8/107，大約為 7.5%。

　　大多數醫生被要求估計對照研究的機率時，他們給出的答案是上述機率的十倍左右。他們面對一名真正的病患時，可能會比被要求在未經考慮下就給出估計值時更加謹慎。我們祈禱是如此，或者最好能為他們裝備適合的軟體，幫他們省去麻煩。推論的主要誤差是忽略偽陽性，導致估計的機率是 80%，或是假設偽陽性的影響很小，使估計的機率降到 70% 左右。這種思考方式之所以會失敗，是因為未罹癌女性人數比罹癌女性人數遠遠更大。即使偽陽性的可能性比真陽性小，但光是未罹癌女性人數就超過罹癌女性人數了。

　　這又是另一個例子，顯示出關於條件機率的謬誤推理。醫生實際上想的是：

• 一名罹患乳癌的女性有乳房 X 光攝影陽性結果的機率

但他們應該要想的是：

• 一名乳房 X 光攝影陽性結果的女性罹患乳癌的機率

　　有趣的是，蓋格瑞澤與霍弗拉格的研究顯示，如果以口頭告知醫生上述數據，他們會比較準確地估計這項機率。如果「1% 的機率」被取代為「一百名女性中的一名」，並以此類推，那麼醫生在心裡想像出的畫面會更接近我們剛才的計算。心理學研究顯示，如果以故事來呈現一個數學或邏輯問題，尤其是將問題放在讓人熟悉的社會情境裡，人們往往更能夠解決這個問題。歷史上，早在數學家開始研究機率之前，賭徒就已經憑直覺知道了許多機率的基本特性。

　　我稍後會探討一項現代醫學試驗，它使用了更成熟的統計方法。為了準備好探討該試驗，我會先從這些統計方法開始說起。有兩種方法遵循著傳統的最小平方法與費雪

的假設檢定法，但設定上沒那麼傳統。第三種方法就更現代了。

　　有時候唯一可得的資料是一個是或否的二元性選擇，例如駕駛考試通過或不通過。你想知道是否有什麼因素會影響結果，比如某人參加的駕駛課程數是否會影響他通過的機會，你可以繪製出考試結果（比如 0 代表不通過，1 代表通過）對應上課時數的圖表。如果考試結果較接近連續範圍，你可以使用迴歸分析，找到最符合的直線，計算相關係數，並檢測其顯著性有多高。不過，只有兩種資料值時，直線模型並沒有很大意義。

　　大衛・考克斯（David Cox）於 1958 年提議使用邏輯式迴歸（logistic regression）。邏輯式曲線（logistic curve）是一條平滑曲線，從 0 開始緩慢增加，接著加速升高，然後在接近 1 時再次放慢速度。中間升高的斜度及位置是創造出一系列類似曲線的兩種參數。你可以把這條曲線視為一種猜想，猜測考官對於駕駛的**看法**，評分等級從差勁到優異，或者是猜測如果考試結果以分數呈現，駕駛所得到的實際分數。邏輯式迴歸企圖只用通過／不通過的資料，來匹配這種看法或分數的假想分布。它的方法是根據我們希望的「最適合」定義 —— 不論我們怎麼定

義——來估計曲線最適合資料的參數。我們不會試著找出
最適合的直線，而是找出最適合的邏輯式曲線。主要參數
通常以相應的勝算比（odds ratio）來表示，勝算比提供
兩種可能結果的相對機率。

　　第二種方法為考克斯迴歸（Cox regression），同樣
由考克斯提出，時間可追溯到 1972 年。這是一種「比例
風險」模型（proportional hazards model），能夠處理隨
著時間變化的事件。[54] 舉例來說，服用某種藥物是否會
讓中風的可能性降低？若是如此，又會降低多少？風險率

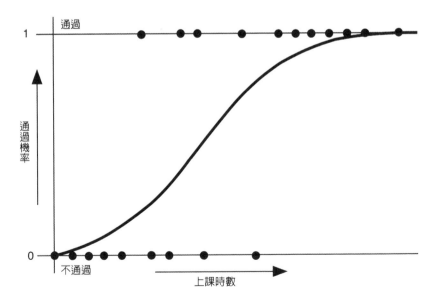

假想的駕駛考試資料（點）與適合的邏輯式曲線。

（hazard rate）是顯示在一定時間內有多大可能發生中風的數據；將風險率翻倍，就會讓發生中風的平均時長減半。基本的統計模型採用一個特定形式的風險函數（hazard function）── 風險如何隨著時間變化。它包括數值參數，能模擬出風險函數如何隨著醫療等其他因子而變化。其目的是估計這些參數，並利用參數數值來決定它們對中風可能性或是任何正在研究的結果所產生的影響有多顯著。

第三種方法被用於估計從一個樣本計算的統計數據有多可靠，例如估計樣本平均數的信度（reliability）。這個問題是拉普拉斯先提出的，而且在天文學上可以藉由測量同樣事物許多次，並使用中央極限定理來處理這個問題。在醫學試驗與許多科學領域，這種做法或許是不可能的。布萊德利・艾弗隆（Bradley Efron）於 1979 年在一篇論文〈自助重抽法：再次檢視摺刀法〉（Bootstrap methods: another look at the jackknife）裡提議了一種方法，不需要收集更多資料就能進行分析。[55] 自助重抽法的英文名稱「bootstrap method」來自諺語「pull yourself up by your bootstraps」（譯註：「自己努力振作」之意）；摺刀法（jackknife）則是較早出現的類似方法。自助重抽

法根據的是對相同資料「重抽樣」（resampling），亦即從既有資料中隨機選取一系列樣本，計算它們的平均數（或你感興趣的任何統計數據），然後找到隨之產生的值的分布。如果這個重抽樣分布的變異數很小，則原平均數可能近似於原族群的真實平均數。

　　舉例來說，假設我們有一個二十人樣本的身高資料，想要推斷出全球每個人的平均身高。因為這個樣本相當小，所以樣本平均數的信度令人懷疑。最簡單的自助重抽法版本是隨機選擇這二十人，然後計算該樣本的平均數。（重抽樣時可以選擇同一人不只一次；統計學家稱其為「放回後重抽樣」〔resampling with replacement〕。這樣一來，你就不會每次都得到相同平均數。）你將資料重抽樣非常多次，比如說一萬次。然後你計算統計數據，例如這一萬次重抽樣資料點的變異數，或者繪製出資料點的直方圖。這種工作很容易用電腦完成，不過在從前卻是很不切實際的，所以沒人建議做這種工作。雖然乍看可能很奇怪，但比起假設為常態分布的傳統，或計算原樣本的變異數，自助重抽法得到的結果更好。

　　我們現在已經足以探討一個設計良好的現代醫學試驗

了。我選了一篇醫學領域的研究論文，由亞歷山大・維克托林（Alexander Viktorin）與同僚在 2018 年發表。[56] 他們的研究是關於已廣泛使用的現有藥物，而他們在尋找藥物的非預期效果。具體來說，該研究的目的是檢視如果母親懷上孩子時，父親正在服用抗憂鬱劑，會發生什麼狀況。有沒有證據顯示會對孩子造成任何不良影響？他們研究了四種可能的不良影響：早產、畸形、自閉症與智能障礙。

　　該研究的樣本非常大，共 170,508 名兒童──2005 年 7 月 29 日與 2007 年 12 月 31 日之間，所有在瑞典懷上的孩子，由瑞典醫學出生登記局（Swedish Medical Birth Register）提供資料庫，涵蓋了瑞典大約 99% 的出生資料。該資料庫包括了可用於計算受孕日期到受孕一星期內日期的資訊。研究人員利用瑞典統計局（Statistics Sweden）提供的多世代登記系統（Multi-Generation Register）來辨識出父親，這套系統可分辨親生父母與養父母；只有生父應該被納入研究。如果無法取得所需資料，就將那名兒童從研究中剔除。斯德哥爾摩當地的倫理委員會核准了該研究，而且由於該研究的性質，根據瑞典法律，研究人員不需向個人徵求同意。為了保障隱私，有

個額外防護措施是所有資料都被匿名處理：與特定姓名沒有關聯。該研究收集的資料到 2014 年為止，當時納入研究的兒童已經滿八或九歲。

研究資料顯示，母親受孕期間，父親服用抗憂鬱劑的案例有 3983 個。對照組共有 164,492 名兒童，他們的父親沒有服用抗憂鬱劑。第三組是「負對照組」（negative control group），共有 2033 名兒童，他們的父親在母親受孕期間沒有服用抗憂鬱劑，但之後在母親懷孕時有服用。（如果藥物對人體有害，應該會在第一組顯示出來，但不會顯示在第二組。此外，我們也不會**預期**它顯示在第三組，因為藥物或其效應能夠從父親傳到孩子身上的主要方式就是受孕的時候。檢測期望值是很有用的檢查。）

該研究顯示，父親在母親受孕期間服用抗憂鬱劑，並不會導致前述這四種問題。我們來看看研究團隊如何做出這些結論。

為了保持資料客觀，研究人員利用標準臨床分類來偵測、量化這四種問題。他們的統計分析使用了各種技巧，都適用於其中涉及的條件與資料。研究人員在假設檢定中選擇了 95% 的顯著水準（significance level）。對於早產及畸形這兩種問題，可取得的資料是二元性的：兒童不是

有問題，就是沒有問題。一種適用的技巧是邏輯式迴歸，它提供了早產與畸形的預估勝算比，並使用 95% 信賴區間量化勝算比。這些步驟定義了一個值域，因此我們有95% 的信心說，統計數據落在該值域內。[57]

另外兩種問題是自閉症類群障礙（autism spectrum disorder）與智能障礙，都是精神障礙。這兩種問題都會隨著兒童年紀漸長而變得愈來愈普遍，所以資料會隨著時間變化。研究人員利用考克斯迴歸模型來修正這類效應，並得到風險比的估計值。因為相同父母所生之手足的資料可能在資料中引入虛假相關（spurious correlation），所以研究團隊也使用自助重抽法來進行敏感度分析（sensitivity analysis），以便評估統計結果的信度。

他們的結論提供了統計證據來量化抗憂鬱劑與上述四種問題的可能關聯。對於其中三種問題，沒有證據顯示任何關聯。研究的第二個部分是比較第一組（父親在母親受孕期間服用藥物）與第三組（父親在母親受孕期間未服用藥物，但在母親懷孕期間確實有服用藥物）。對於前三種問題而言，同樣沒有顯著差異；對於第四種問題：智能障礙，存在著細微差異。如果這項差異顯示第一組有較大風險出現智能障礙，則它可能暗示該藥物在受孕時會產生某

種效應——受孕期間是唯一可能影響胎兒的時機。但事實上，第一組智能障礙風險比第三組稍**低**。

　　這項研究十分精采。它顯示了謹慎的實驗設計與正確的倫理程序，並應用了一系列統計技巧，這些技巧遠超費雪的假設檢定風格。它使用了傳統概念，例如以信賴區間來表示結果的可信度，但也依據所用方法與資料類型來調整這些概念。

13 金融算命

投機者像是企業穩定發展洪流中的一個泡沫，不會造成什麼傷害。但是，當企業變成投機漩渦中的一個泡沫時，情形就嚴重了。而當一國資本的發展變成一個賭博夜總會活動的副產品時，資本發展大概會以悲劇收場。

—— 約翰·梅納德·凱因斯（John Maynard Keynes），《就業、利息和貨幣通論》（*The General Theory of Employment, Interest, and Money*）

2008 年 9 月 15 日，大型投資銀行雷曼兄弟（Lehman Brothers）破產了。難以想像的事情成為現實，長久以來的經濟繁榮也驟然停止。對美國抵押（mortgage）市場專業領域的焦慮早已積聚許久，終於沸騰成為一場全面災難，席捲了金融部門的每個角落。2008 年的金融危機造成極大威脅，差點使整個世界的銀行體系崩潰。政府將納稅人的錢大量注入那些導致金融危機的銀行，才避免了這場大災難。它遺留的後果是全球所有類型的經濟活動都出現低迷狀態：這就是經濟大衰退（Great Recession）。十年之後，它的惡性效應依然廣泛存在。

我不想摻和進金融危機成因的討論裡，這些成因複

雜、多樣，而且備受爭議。一般看法是傲慢與貪婪的結合導致人們對於複雜的金融工具——「衍生性金融商品」（derivative）——的價值及風險評估抱持著失控的過度樂觀態度，但沒有人真的瞭解衍生性金融商品。不論成因為何，金融危機提供了血淋淋的證據，顯示金融事務含有高度不確定性。在這之前，大多數人認為金融世界茁壯又穩定，而管理我們財產的人是受過充分訓練的專家，他們的豐富經驗會讓他們謹慎行事，並對風險抱持保守態度。在這之後，我們學到教訓了。其實先前有許多危機警告我們原本的看法太樂觀，但這些危機大多無人注意，即使有人注意到了，也把它們當成錯誤而不予理會，根本不會重複提起。

　　金融機構有很多類型。有日常類型的銀行，你會去這種銀行用支票付款，或者愈來愈常出現的情況是你站在銀行外的自動櫃員機前、使用他們的銀行應用程式、線上登入轉帳或查看薪水是否已經入帳。有投資銀行，他們放貸給計劃、新企業、投機生意，這與日常類型的銀行很不一樣。日常類型的銀行應該是無風險的；投資銀行則無法避免一定程度的風險。在英國，這兩類銀行本來是涇渭分明的。抵押原本是由住屋互助會（Building Society）提供，

這些組織是「互助」的，也就是非營利組織。保險公司只銷售保險，而超級市場只販賣肉類跟蔬菜。1980 年代的金融鬆綁（financial deregulation）改變了這一切。銀行蜂擁進入抵押貸款業（mortgage lending），住屋互助會捨棄他們的社會功能並變成銀行，而超級市場開始銷售保險。當時的政府廢除了據說很繁重的規範，此舉也連帶廢除了不同類型金融機構之間的防火牆。所以當一些主要銀行捲入了「次級」房貸（subprime mortgage）的麻煩裡，[58] 結果卻發現其他人也都犯了同樣的錯，整個危機就像野火一樣蔓延開來。

話雖如此，但金融事務是非常難以預測的。股市基本上是個賭場──它高度組織化、適合作為企業的資金來源之一、更有助於創造工作機會，但最終就如同在桑當（Sandown）下注飛躍的吉羅拉莫會贏得下午四點半的賽馬比賽一樣。在貨幣市場裡，交易員把美元兌換成歐元，或日圓、盧布、英鎊。貨幣市場的存在主要是為了在一筆高額的交易中賺取比例非常低的利潤。就如同經驗豐富的專業賭徒瞭解賠率，並試圖充分利用他們的賭注，專業自營商（dealer）與交易員也運用他們的經驗，試圖降低風險，提高利潤。但股市比起賽馬更加錯綜複雜，而且如今

交易員倚賴複雜的演算——在電腦上進行的數學模型。許多交易都是自動的：演算能瞬間做出決定，而且彼此交易也不需要任何人力。

這些發展的動機都是希望讓金融事務更容易預測；希望降低不確定性，進而降低風險。金融危機之所以發生，是因為太多銀行家認為他們已經降低不確定性了。但事實上，他們就像是凝視著水晶球進行占卜一般。

這並不是新出現的問題。

在 1397 年至 1494 年之間，強大的梅迪奇（Medici）家族在文藝復興時期的義大利經營一間銀行，是整個歐洲最大也最受敬重的銀行。它讓梅迪奇一度成為歐洲最富有的家族。1397 年，喬凡尼·迪比奇·德·梅迪奇（Giovanni di Bicci de' Medici）將自己的銀行從姪子的銀行分離出來，遷移到佛羅倫斯營業。他將銀行的版圖擴張，在羅馬、威尼斯、那不勒斯都有分行，然後又延伸到日內瓦、布魯日、倫敦、比薩、亞維儂、米蘭和里昂。在科西莫·德·梅迪奇（Cosimo de' Medici）的掌控下，直到他於 1464 年過世之前，一切看似都在順利發展，而他過世之後則改由他的兒子皮耶羅（Piero）掌權。然而，梅迪奇

家族私底下過著豪奢鋪張的生活：在 1434 年至 1471 年之間，他們每年花費大約一萬七千枚佛洛林金幣（gold florin）。換算成現在的貨幣，大約等於兩千萬到三千萬美元。

　　傲慢招致報應，而這場避無可避的覆滅是從里昂分行開始的，那裡有個不老實的經理。然後倫敦分行借出大量貸款給當時的統治者，這是一個很冒險的決定，因為國王與王后的在位時間相當短暫，而且他們因為不還債而臭名昭彰。到了 1478 年，倫敦分行倒閉了，損失的金額高達五萬一千五百三十三枚佛洛林金幣。布魯日分行也犯了同樣錯誤。根據尼可洛‧馬基維利（Niccolò Machiavelli）的描述，皮耶羅試圖藉由收回債務來支撐財政，這讓數間當地企業破產，也惹怒了許多大人物。分行一間間倒閉，而當梅迪奇家族於 1494 年失去當權者的寵愛，不再具有政壇影響力，他們的覆滅也近在咫尺。即使是在那個時候，梅迪奇銀行依然是歐洲最大的銀行，但一名暴民將佛羅倫斯的總行徹底焚毀，里昂分行也遭到惡意收購（hostile takeover）。該分行經理同意的貸款有太多呆帳，然後他又從其他銀行借了大量資金來掩蓋這場災難。

　　這一切聽起來都十分耳熟。

1990 年代的網路泡沫（dotcom bubble）期間，投資者賣掉了他們在確實有製造貨品的高獲利產業所持有的股份，並把賭注下在往往是幾個孩子在閣樓用電腦與數據機所建立的公司。聯邦準備理事會（Federal Reserve Board）主席艾倫・葛林斯潘（Alan Greenspan）於 1996 年發表了一次演講，嚴厲批評市場的「非理性繁榮」（irrational exuberance）。沒人在乎他的警示，但在 2000 年，網際網路股票暴跌。截至 2002 年，他們損失的市值已達五兆美元。

這種事以前也發生過，而且很多次了。

十七世紀的荷蘭既繁榮又自信，藉由跟遠東地區進行貿易而賺取大量利潤。鬱金香是一種來自土耳其的稀有花卉，它成為一種地位的象徵，價格也節節高升。「鬱金香狂熱」（Tulipomania）爆發，創造出一種專業的鬱金香交易。投機者大量買進存貨並藏起來，目的是引起人為稀缺（artificial scarcity），提高價格。期貨市場（futures market）──訂定在某一未來日期買賣鬱金香球根的交易契約──突然湧現。到了 1623 年，一株夠稀有的鬱金香比一名阿姆斯特丹商人的房子更有價值。泡沫瓦解時，荷蘭經濟因此倒退了四十年。

　　1711 年，英國企業家成立了「大英帝國商人的管轄單位兼公司，負責與南海及美洲其他地區進行交易並鼓勵漁業」——南海公司（South Sea Company）。英國王室准許該公司獨佔與南美洲的貿易。投機者將價格提高十倍，而人們實在太過狂熱，還出現了奇怪的衍生公司（spin-off company）。其中一間衍生公司的募股書（prospectus）很有名：「為了進行一項具有極大優勢的事業，但沒有人能知道是什麼」。還有一間衍生公司製造方形砲彈。人們恢復理智後，整個市場就崩盤了；普通的投資者失去了一輩子的積蓄，但大股東跟董事都早已跳船逃生了。第一財政大臣羅伯特·沃波爾（Robert Walpole）已經在市場最高點賣出他所有的股份，最終是他讓政府與東印度公司（East India Company）分擔南海公司的債務，才恢復了市場秩序。南海公司董事被強制要求賠償投資者，但許多最惡劣的罪犯卻逍遙法外。

　　南海泡沫瓦解時，牛頓是當時的鑄幣局局長，因此被預期能瞭解巨額融資是怎麼回事，但他的評論是：「我能算準天體的運行，卻無法預測人類的瘋狂。」過了一陣子，具備數學思維的學者才開始研究市場機制，而即使到

了那時，他們也著重在理性決策，或者至少著重在哪些行為是理性的最佳猜測。經濟學在十九世紀開始納入數理科學的特質。這種觀念已經醞釀了一段時間，有許多人做出貢獻，例如德國的戈特弗里德・阿亨瓦爾（Gottfried Achenwall）——一般認為「統計學」一詞的發明歸功於他，以及英格蘭的威廉・配第爵士（Sir William Petty）——他在 1600 年代中期撰寫關於賦稅的著作。配第提議，稅款應該公平、固定、符合比例，並依據準確的統計資料。到了 1826 年，約翰・馮・邱念（Johann von Thünen）建立經濟體系的數學模型，例如農地利用，並開發技術來分析這些模型。

　　起初這些方法依據的是代數學與算術，但受過數學物理訓練的新一代學者也加入行列。威廉・傑文斯（William Jevons）於《政治經濟學理論》（*The Theory of Political Economy*）論述，經濟「必須是數學性的，因為它處理的是量的問題」。若能收集到夠多關於有多少貨品以什麼價位售出的資料，就必定能找到支持經濟交易的數學法則。他率先使用邊際效用（marginal utility）：「隨著任一種生活必需品——例如人必須攝取的普通食品——數量增加，從最後使用的部分衍生出的效用或利益就會遞減。」

換句話說，只要你有足夠的量，**繼續增加的任何量都會變得比沒增加時的效用更小**。

里昂・瓦爾拉斯（Léon Walras）與奧古斯丁・庫諾（Augustin Cournot）的著作能清楚闡釋數理經濟學（mathematical economics）的「古典」型態，他們強調效用的概念：一特定商品對於購買它的人有多少價值。如果你要買一頭牛，你會將包含餵牛在內的成本與牛奶、牛肉產生的收入互相抵消。理論上，買家會在各種可能選項中做出決定，選擇具有最大效用的商品。如果你寫下合理的效用函數公式——也就是能夠顯示效用如何取決於選擇的公式——那麼你就能利用微積分來找出最大值。庫諾是一名數學家，他在 1838 年開發出一種模型：兩間公司競爭同一個市場，這種設定稱為雙佔（duopoly）。每間公司根據對手的製造量來調整自己的價格，它們一起建立了一種均衡（equilibrium）（或穩態）。在這種狀態下，兩間公司盡其所能地競爭。**均衡**的英文「equilibrium」源自拉丁文，意思是「同等平衡」，意指一旦達到均衡，狀態就不會改變。在上述情境下，狀態之所以不會改變，是因為任何改變都會損害其中一間公司。

均衡動態與效用開始主宰數理經濟學的思想，而這種

思路的重大影響之一是瓦爾拉斯試圖將這類模型延伸到一國或甚至全世界的整體經濟。以下是他對一般競爭性均衡（competitive equilibrium）的理論：寫下方程式，描述任何交易中買賣雙方所做的選擇，接著把地球上**每次**交易的方程式都放在一起，求出一均衡狀態，然後你就找到適合每個人的最佳可能選項了。這些一般方程式太過複雜，無法以當時可用的方法解出來，但它們產生了兩條基本原則。瓦爾拉斯的定律表示，如果除了一個市場之外，所有市場都處於均衡狀態，那麼剩下的那個市場也會處於均衡狀態；原因是如果那個市場能夠變化，它也會導致其他市場變化。另一條原則是摸索（*tâtonnement*），源自法文，該詞具體表現出他對於真正的市場如何達到均衡的看法。市場被視為拍賣，拍賣商提出價格，買家在該價格符合他們的偏好時就能競標他們想要的商品籃（basket of goods）。他們被假定為對於每樣商品都有這種偏好（保留價格〔reservation price〕）。這個理論的其中一個瑕疵是：所有商品都被拍賣掉之前，沒有人會真的買任何商品，而且也沒有人會在拍賣進行時修改他們的保留價格。但現實市場並不是這樣的；事實上，我們完全不清楚「均衡」狀態是否能夠有意義地應用在現實市場上。瓦爾拉斯

為一個充滿不確定性的系統建立了一套簡單的確定性模型。他的方法持續流傳，因為沒人能想到更好的點子。

艾基渥斯（Edgeworth）忙著整理統計學的數學形式主義（mathematical formalism），他在 1881 年的《數學心理學：論數學於道德科學的應用》（*Mathematical Psychics: An Essay on the Application of Mathematics to the Moral Sciences*）將一種類似的方法應用於經濟學上。新的數學方法在二十世紀早期開始出現。維弗雷多・帕累托（Vilfredo Pareto）開發出一些模型。在這些模型中，經濟主體（economic agent）交易商品，目的是改善他們的選擇。如果系統達到的狀態是沒有經濟主體能夠同時改善自己的選擇又不讓另一個經濟主體的狀況更糟，那麼系統就處於均衡狀態。這種狀態現在被稱為帕累托均衡（Pareto equilibrium）。約翰・馮・諾伊曼（John von Neumann）在 1937 年引用拓撲學的一項重要定理——布勞威爾定點定理（Brouwer fixed-point theorem），證明了均衡狀態總是存在於一類適合的數學模型裡。在他的設定中，經濟體的價值能夠成長，而且他證明了在均衡狀態下，成長率應等於利率。他也建立了賽局理論（game theory），這是一種簡化的數學模型，互相競爭的主體從

有限範圍中選取策略，以便最大化他們的報酬。後來約翰・納許（John Nash）以「賽局理論中的均衡」這塊領域的研究成果獲得諾貝爾經濟學獎[59]，而他研究的這種均衡與帕累托均衡密切相關。

到了二十世紀中期，古典數理經濟學依然廣泛在大學傳授，而且數十年來，它也是在經濟學上唯一被四處傳授的數學思考方式，當時它的多數重要特性都已經有穩固的地位。有許多今天依然在使用的古代術語（比如市場、商品籃）就是源自這個時代。也是在這個時代，古典數理經濟學開始把重心放在經濟體的成長上，作為評估經濟體健康的指標。這套理論提供了一個系統性工具，可在不確定的經濟環境中進行決策，而且它夠有效，有效的次數也夠多，得以派上用場。不過，愈來愈顯而易見的是，這類數學模型具有嚴重限制。尤其是其中一個概念無法符合現實狀況，即認為經濟主體是完全理性的人類，他們完全瞭解自己的效用曲線（utility curve）為何，並試圖將其最大化。被廣泛接受的古典數理經濟學有一項顯著特性，就是這門學科只有非常少的部分曾參照實際資料進行測試。這是一門缺乏實驗根據的「科學」。偉大的經濟學家約翰・梅納德・凱因斯寫道：「近期的『數理』經濟學有太大一

部分都只是虛構，就如同它們根據的初始假設一樣不精
確，這使作者在自命不凡又毫無幫助的符號迷宮裡忽視了
真實世界的複雜性與相互依賴性。」在本章的結尾，我們
會快速討論一些更好的現代提議。

　　在金融數學（financial mathematics）的某一條分支，
有個非常不一樣的思考方式，見於路易‧巴舍利耶（Louis
Bachelier）的博士論文，他在 1900 年於巴黎進行答辯。
巴舍利耶是昂利‧龐加萊的學生，龐加萊或許是當時最頂
尖的法國數學家，也是全世界最優秀的數學家之一。這篇
博士論文的題目為「投機理論」（Théorie de la
spéculation）。這或許早已是數學某個專門領域的名稱，
但巴舍利耶指的是股票與股份的投機行為。這個領域在傳
統上並不會使用數學，而巴舍利耶因此受到打擊。他的數
學本身就非常精采，而且對數學物理有重大貢獻——相同
概念應用在不同領域——但它消失得無影無蹤，直到數十
年後才重新被人發現。巴舍利耶開創了一種對於金融不確
定性的「隨機」（stochastic）思考方式——這是一個專
業術語，指具有內建隨機性質的模型。

　　閱讀報紙財經版或上網關注股市的人很快就會發現，

1984年至2014年的富時100指數（FTSE 100 Index）。

股票與股份的價值是以不規則且不可預測的方法在改變的。這張圖表顯示了富時 100 指數（英國股市百大上市公司市值的綜合指數）在 1984 年與 2014 年之間的變化。它看起來更像隨機漫步，而不是平滑曲線。巴舍利耶牢牢記住了這個相似之處，並以一種稱為布朗運動（Brownian motion）的物理過程來建構股價變化的模型。1827 年，蘇格蘭植物學家羅伯特・布朗（Robert Brown）用顯微鏡查看懸浮在水中的花粉粒，觀察藏在花粉粒孔洞中的微小粒子。他發現這些粒子隨機地四處晃動，卻無法解釋原因。愛因斯坦於 1905 年表示，原因是粒子正在與水分子

碰撞。他用數學分析其中的物理機制，而且他的研究結果
說服了許多科學家相信物質是由原子組成的（這個想法在
1900 年代竟引起極大的爭議，真是令人驚奇）。讓‧佩
蘭（Jean Perrin）在 1908 年證實了愛因斯坦的解釋。

　　巴舍利耶使用布朗運動的模型回答了一個關於股市的
統計問題：預期價格——統計平均值——是如何隨著時間
過去而改變的呢？更詳細地說，預期價格的機率密度為
何？而該機率密度又是如何演變？這些問題的答案可以預
估最有可能的未來價格，並告訴我們相對於該價格的波動
範圍可能有多大。巴舍利耶為機率密度寫下一個方程式，
如今稱為查普曼－科莫高洛夫方程式（Chapman–Kolmogorov
equation）。他解出這個方程式，得到一個常態分布，其
變異數（差額）會隨著時間呈現線性增長。我們如今將其
視為擴散方程式（diffusion equation）的機率密度。擴散
方程式又稱熱方程式（heat equation），因為熱就是它第
一次出現的地方。如果你把一個金屬平底鍋放在爐子上加
熱，那麼儘管鍋柄沒有與加熱元件直接接觸，它也會變
熱。這是因為熱會透過金屬擴散。1807 年，傅立葉寫了
一個支配這個過程的「熱方程式」。同樣的方程式也適用
於其他類型的擴散，例如一滴墨水在一杯水中散布開來。

巴舍利耶證明了在一個布朗運動模型中，選擇權
（option）的價格會像熱一樣散播。

　　他也開發了第二種方法：使用隨機漫步。如果一次隨
機漫步的步幅愈來愈小，也愈來愈快，它就會接近布朗運
動。他表示這種思考方式會得出相同的結果。接著他計算
「股票選擇權」（stock option）的價格應該如何隨著時
間改變（股票選擇權是一種以固定價格在未來特定日期買
賣某種商品的契約。這些契約能被買賣；而買賣這些契約
是否有好處則取決於商品的實際價格如何變動）。我們透
過瞭解目前價格如何擴散，來取得實際未來價格的最佳估
計。

　　該論文並沒有引起熱烈迴響，也許是因為它應用的領
域異於尋常，但它還是通過了，而且也發表在優質的科學
期刊。隨後，一個不幸的誤解毀了巴舍利耶的職業生涯。
他畢業之後繼續研究擴散的現象與相關的機率主題，並成
為了索邦學院（Sorbonne）的教授，但第一次世界大戰
爆發時，他就投筆從戎了。戰後，他做了幾份暫時性的學
術工作，然後申請了一份在第戎（Dijon）的永久教職。
莫里斯・哲維瑞（Maurice Gevrey）在評估應徵者時，認
為他在巴舍利耶的一篇論文中發現了一個重大錯誤，而一

位專家保羅．萊維（Paul Lévy）也認同他的想法，於是
巴舍利耶的職業生涯受到重創。但他們兩位都誤解了巴舍
利耶使用的數學符號，他的論文並沒有錯誤。巴舍利耶生
氣地寫了一封信指出這件事，卻徒勞無功。最終萊維發現
巴舍利耶原來一直都是對的，於是道了歉，而他們也就此
言歸於好。即便如此，萊維對這套理論在股市的應用一直
都不怎麼欣賞。他的筆記本中有一句對該論文的評論：
「講太多金融了！」

　　巴舍利耶透過隨機變動來分析股票選擇權的價值如何
隨著時間改變，這種分析方式最終也被數理經濟學家與市
場調查人員採納。該分析的目的是為了瞭解買賣選擇權而
非標的商品（underlying commodity）的市場有什麼樣的
行為。其中有個基本問題是要找到一種為選擇權設定一個
值的合理方式，也就是說，這個值應該是每個關係人都可
以用相同的規則獨立計算出來的。如此一來就有可能評估
任何特定交易中所牽涉的風險，進而促進市場活動。
　　1973 年，費雪．布萊克（Fischer Black）與麥倫．
休斯（Myron Scholes）於《政治經濟學期刊》（*Journal
of Political Economy*）發表了〈選擇權定價與公司責任〉

（The pricing of options and corporate liabilities）一文。在發表之前的十年內，他們開發了一個數學公式，用以決定選擇權的合理價格。他們應用該公式於交易的實驗並沒有特別成功，而後他們決定把推論過程公諸於世。勞勃・默頓（Robert Merton）為他們的公式提出了一個數學上的解釋，該公式後來被稱為布萊克－休斯選擇權定價模型（Black–Scholes options pricing model）。它將選擇權價值的波動與標的商品的風險區分開來，形成一種稱為達爾塔避險（delta-hedging）的交易策略：以消除與選擇權相關之風險的方式重複買賣標的商品。

這個模型是偏微分方程式，與巴舍利耶從布朗運動得出的擴散方程式緊密相關。這就是布萊克－休斯方程式（Black–Scholes equation）。透過數值方法取得方程式於任一條件下的解，就能提供選擇權的最佳價格。一個獨特「合理」價格（雖然它是基於一個特定模型，但該模型或許不適用於現實）的存在足以說服金融機構採用該方程式，而選擇權的龐大市場也出現了。

布萊克－休斯方程式內建的數學假設並不完全合乎現實。其中重要的一點是，以擴散過程為基礎的機率分布是常態的，所以極端事件極不可能發生。然而實際上，極端

事件發生的可能性是更大的，這個現象稱為厚尾。[60] 圖中
顯示了四參數組合機率分布的其中三個分布。這些分布稱
為穩定分布（stable distribution），其中一個關鍵參數具
有特定數值。當該參數為 2，我們就得到常態分布（灰色
曲線），沒有厚尾。另外兩個分布（黑色曲線）則出現了
厚尾：在圖中接近邊緣處，黑色曲線位於灰色曲線上方。

　　使用一個常態分布來模擬實際上有厚尾現象的金融資

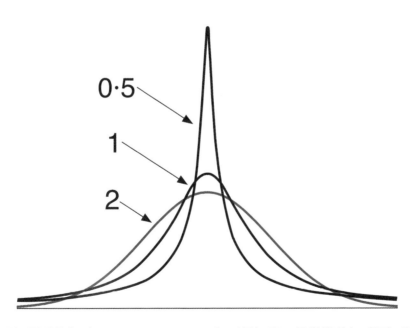

兩個厚尾分布（fat-tailed distribution）（黑）和一個常態分布（灰）的
比較。三個分布都是「穩定分布」，其中一個參數的數值如圖所示
（0.5、1、2）。

料，會大大低估極端事件的風險。無論有沒有厚尾，極端事件都比正常事件更少發生，但厚尾現象使極端事件的發生頻率增加到足以導致嚴重問題。可想而知的是，讓你輸掉巨額錢財的正是極端事件。突然發生的政治動亂或是大型公司倒閉這種預料之外的衝擊，都讓極端事件比厚尾分布所顯示的更加容易發生。網路泡沫和 2008 年金融危機都牽涉到這種出乎意料的風險。

儘管存在這些疑慮，布萊克－休斯方程式依然因為實務上的原因而被廣泛使用：該方程式易於計算，而且多數時候能夠良好估計實際市場的狀態。擁有億萬資產的投資家華倫・巴菲特（Warren Buffett）警告：「布萊克－休斯公式在金融界已經幾乎到了神聖不可侵犯的地步……不過，如果應用該公式的時間拉長，它就可能產生荒謬的結果。平心而論，布萊克和休斯幾乎絕對暸解這一點，但他們虔誠的信徒可能忽略了他們第一次展示這個公式時所附加的警示。」[61]

更成熟且更合乎現實的模型也被建構了出來，並且是為了更複雜的金融工具——「衍生性金融商品」——而開發。造成 2008 年金融危機的其中一個原因是人們並沒有發現某些最受歡迎的衍生性金融商品的真正風險，像是信

用 違 約 交 換（credit default swap）及 債 務 擔 保 債 券
（collateralised debt obligation）。那些模型斷言這種投
資沒有風險，其實不然。

　　現在我們漸漸明白，傳統的數理經濟學以及根據傳統
統計假設所建構的金融模型已不再符合我們的目的。我們
還不太明白的是我們應該怎麼做。我會快速討論一下兩種
不同方法：一種是「由下而上」的分析，模擬個體自營商
與交易員的行為；另一種是「由上而下」的方法，針對的
是市場的整體狀態，還有如何控制市場狀態以免發生崩
盤。這些例子只是眾多文獻的冰山一角。

　　1980年代，數學家和科學家對「複雜系統」（complex
system）很有興趣，複雜系統指的是大量個別實體透過相
對簡單的規則進行交互作用，在整體系統的層次上產生預
料之外「突然出現」的行為。大腦擁有一百億個神經元，
就是個現實世界中的例子。每個神經元都（相當）簡單，
它們之間傳遞的訊息也同樣簡單，但如果以正確的方式將
足量的神經元放在一起，就會出現貝多芬、珍・奧斯汀或
愛因斯坦這樣的人物。將一個擁擠的足球場模擬成一個內
含十萬個體的系統，每個個體都有自己的意圖與能力，他

們會擋住彼此的路或是安靜地在售票亭排隊，如此你就能
非常寫實地預測群眾如何流動。舉例來說，在一條走廊上
以相反方向移動的密集群眾會「互相交錯」，形成一條條
平行的長線，它們的流向會交替變換。傳統的由上而下模
型將群眾模擬成一種流體，這種方法並沒辦法重現上述行
為。

　　股市的狀態也存在相似的結構：大量交易員為了獲利
而彼此競爭。威廉・布萊恩・亞瑟（William Brian
Arthur）這樣的經濟學家開始研究經濟與金融系統的複雜
性模型。其中一項研究結果是一種模型建構的方式，現在
稱為基於主體的計算經濟學（agent-based computational
economics，簡稱 ACE）。其整體結構頗為普通：先建立
一個有許多主體彼此互動的模型，再建立一些規範他們如
何互動的合理規則，將這些全部放在電腦上執行，然後觀
察結果。在這個方法中，完美理性的古典經濟學假設——
每個人都試圖將各自效用最佳化——可以被「有限理性」
的主體取代，以適應市場狀態。這些主體隨時都會根據自
己對於市場狀態的**有限**資訊以及他們對市場動向的猜測，
做出他們認為合理的事。他們並不是登山家，沿著一條他
們自己和其他所有人都看得見的步道，往遠方的高峰攀

登；他們只是在迷霧中的山坡上摸索，大致朝著一個向上的方向前進，他們甚至不確定是否真的有山，但卻擔心一不小心可能會掉落山崖。

1990 年代中期，布雷克‧萊巴隆（Blake LeBaron）審視了股市的 ACE 模型。一切並不如古典經濟學假設的那樣安定下來到一個均衡狀態；相反地，當主體觀察正在發生的事並根據情況改變策略，價格便會波動，就跟現實世界的市場一樣。有些模型不僅重現了這種定性行為，也重現了市場波動的整體統計資料。1990 年代末期，紐約的納斯達克證券交易所（NASDAQ）開始以小數點（譬如 23.7，或者可能甚至 23.75）顯示價格，而不是以分數（譬如 23¾）顯示。用小數點表示價格能更準確地定價，但因為價格可能出現微幅波動，所以這種表示方法也可能會影響交易員採用的策略。納斯達克僱用了 BiosGroup 的複雜性科學家開發一套 ACE 模型，將其調整為產生正確的統計資料。該模型顯示，如果允許的價格變動幅度過小，交易員就可以採用能快速獲利的方式，而同時市場效率會降低。這並不是個好主意，但納斯達克還是接受了。

與這種由下而上的哲學相反，英格蘭銀行的安德魯‧哈爾丹（Andrew Haldane）和生態學家羅伯特‧梅伊

（Robert May）在 2011 年一起合作，建議銀行業可以向生態學借鏡。[62] 他們觀察到，強調這些所謂與複雜的衍生性金融商品相關的風險（或是沒有風險），是忽略了這些工具可能對整個銀行業系統的整體穩定性所導致的集體效應。打個比方，大象族群或許正在茁壯成長，但如果大象太多，牠們會弄毀非常多樹，導致其他物種面臨災害。經濟學家已經證明，避險基金（hedge fund）—— 經濟上的大象 —— 的大幅成長會破壞市場穩定。[63] 哈爾丹和梅伊刻意選用簡單的模型來說明他們的提議，他們調整了生態學家在研究交互作用的物種及生態系穩定性時所使用的方法。其中一種模型是食物網（food web）：表示哪些物種會掠食哪些物種的網路。網路中的節點代表著個別物種；物種之間的連結則代表兩者之中誰是掠食者以及如何掠食。若將類似的概念應用到銀行體系，每家大型銀行代表一個節點，而它們之間流動的是金錢，不是食物。這個比喻還不賴。英格蘭銀行與紐約聯邦儲備銀行（Federal Reserve Bank of New York）開發了這個結構，用以探索單一銀行倒閉對於銀行體系在整體上造成的後果。

　　這類網路的一些重要數學可以透過「平均場近似法」（mean field approximation）顯示出來，其中每間銀行

都被假定與整體平均值的表現一樣（以凱特勒的概念來說，就是假設每間銀行都是平均銀行。這不會太不合理，因為所有的大型銀行都是互相模仿的）。哈爾丹和梅伊審視了銀行體系的行為如何與兩個主要參數有所關聯：該銀行的淨值，以及它在銀行同業拆款（interbank loan）中持有的資產比例。後者是有風險的，因為貸款可能不會被償還。如果有一間銀行倒閉，這種情形就會發生，而它產生的效應會在網路中蔓延開來。

這個模型預測，當某銀行在零售銀行業（retail banking）（商業區）與投資銀行業（investment banking）（賭場）都極度活躍，就是該銀行最脆弱的時候。自從金融危機後，許多政府才採取遲來的行動，要求大型銀行分開進行這兩種活動，這樣賭場倒閉才不會損害到商業區。這個模型也包含了衝擊在銀行業系統中擴散的另一條途徑，這條途徑在 2008 年金融危機時非常明顯：銀行個個成了縮頭烏龜，不再彼此借貸。以專業術語來說，就是發生了「資金流動性（funding liquidity）衝擊」。普拉桑娜·蓋（Prasanna Gai）和蘇吉特·卡帕迪亞（Sujit Kapadia）[64]表示這樣的情形可能會產生骨牌效應，從一家銀行迅速擴散到下一家銀行，而且這種情況傾向於維持很長一段時

間，除非某種中央政策推動貸款再次於銀行間流動。

　　這種簡單的由上而下模型在告知政策制定者時是很有用的。舉例來說，銀行可能會被要求增加它們的資本與流動資產。傳統上，這類形式的規範被視為防止個別銀行承擔太多風險的方式。這個生態模型顯示它有個遠遠更重要的功能：預防單一銀行倒閉的效應散播到整個系統。另一個含意是我們需要「防火線」，將系統中某些部分與其他部分隔離開來（這些正是 1980 年代因政治動機導致的管

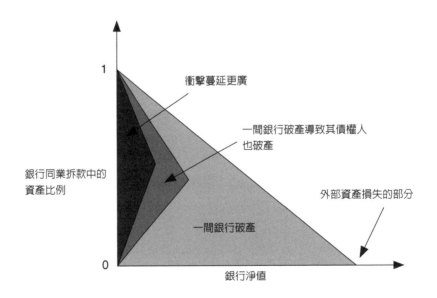

一間因損失外部資產而倒閉的銀行可能會如何蔓延擴散到債權人（creditor）或整個系統。圖中區域顯示，銀行淨值與銀行同業拆款中持有之資產比例的對應組合變化。

制鬆綁所摧毀的一切）。總結來說，金融管理者應該效仿生態學家：他們應該考慮整個生態系的健康，而不只是個別物種。

14 我們的貝氏大腦

我以前很優柔寡斷，
但現在我又不太確定了。

——一件衣服上的訊息

我在第 2 章問過，為什麼人類這麼容易就接受缺乏重大證據支持的籠統主張？為什麼人類這麼輕易就對不理性的信念敞開胸懷，即使有清楚的證據反對那些說法也依然如故？當然，對於哪些信念是理性的、哪些是不理性的，我們都有自己的觀點，但我們對每個人都可以提出那些問題。

部分答案也許在於我們的腦是如何經過幾百萬年的演化，以便在不確定卻攸關生死的可能性之間迅速做出決定。這些關於演化的解釋只是猜測——要檢驗這些猜測很困難，因為大腦並不會變成化石，我們也就沒辦法確定我們祖先的腦袋裡到底是怎麼一回事——但是這些猜測頗為合理。我們比較能夠確定現代人類的大腦是如何運作的，因為我們可以做實驗，將大腦結構連結至大腦功能，再把

以上兩者連結至遺傳學。

　　只有愚不可及的人低估瞭解大腦的困難度──即使只是果蠅的大腦也一樣，更不用說極度複雜的人類大腦。果蠅（*Drosophila melanogaster*）是遺傳學研究的主要題目；果蠅的大腦含有約莫十三萬五千個神經元，由突觸連接起來，電訊號就經由突觸在神經元之間傳遞。科學家目前正在研究這個網路的結構，稱為果蠅連結體（connectome）。目前為止，果蠅大腦的七十六個主要區域中，只有兩個區域被描繪出來。所以我們現在連果蠅連結體的結構都不知道，更不用說它的運作過程了。數學家知道就算只有八個或十個神經元組成的網路都能夠做出令人費解的事，因為這種網路最簡單又貼近現實的模型就是非線性動態系統。這些網路有著特殊的特性，不是一般動態系統會出現的典型特徵；這也許就是為什麼在大自然中很常見到這些網路。

　　人腦含有大約一千億個神經元以及超過一百兆個突觸。其他腦細胞也可能參與其中的運作，特別是神經膠細胞（glial cell），它們的數量和神經元差不多，功能卻很神祕。[65] 目前也有研究正試圖描繪出人腦連結體，不過不是為了讓我們模擬大腦，而是為了提供一個可靠的資料

庫，供所有未來的腦部研究使用。

如果數學家無法瞭解十個神經元組成的「大腦」，又怎麼可能瞭解一千億個神經元組成的大腦呢？就如同天氣相對於氣候一樣，一切都取決於你問的是什麼問題。有些由十個神經元組成的網路可以被瞭解得很詳細。即使整個大腦的狀況依然非常複雜且令人困惑，我們還是可以瞭解某些部分的大腦。腦部依循的一般原則裡，有些能夠釐清。無論如何，這種「由下而上」的方法—— 也就是列出組成元件與它們的連結方式，然後逐漸向上描述整個系統的運作—— 並不是唯一的研究方法。「由上而下」分析是一種以大腦和大腦行為的大規模特徵作為依據的方法，它是最明顯的替代方案。實務上，我們可以用相當複雜的方式混合使用這兩種方法。事實上，我們對人類大腦的瞭解正在突飛猛進，這歸功於科技的進步揭露了神經元網路如何彼此連結以及它究竟在做什麼，也歸功於新的數學概念描述了這些網路的行為。

許多大腦功能都能視為做決策的不同形式。當我們看著外部世界，我們的視覺系統就必須理解它正在看的是哪些物體，猜測這些物體會有什麼樣的行為，評估它們可能

造成威脅還是帶來好處，並讓我們根據這些評估結果採取相應的行動。心理學家、行為科學家以及從事人工智慧領域的人士得出了一個結論：在某些重要方面，大腦的運作方式似乎就是一台貝氏決策機器。我們的大腦具體化了我們對這個世界的信念，這些信念被暫時性或永久性地建置在它的結構中，並引導大腦做出非常近似於貝氏機率模型會產生的決定。（我前面曾說過我們對機率的直覺普遍來說是很糟糕的。這並沒有和上述概念衝突，因為我們本身並不會意識到這些機率模型的內部運作。）

從貝氏觀點的角度來檢視大腦，解釋了人類在面對不確定性時所抱持的許多不同態度。尤其是它可以幫助我們瞭解為什麼迷信這麼容易根深柢固。貝氏統計學的主要詮釋為機率是**信心程度**。我們評估某事件機率為對半分的時候，基本上就代表我們願意相信該事件與不願相信的程度是相等的。所以我們的大腦經過演化之後，能夠具體化關於這世界的信念，而這些信念都被暫時性或永久性地建置在大腦的結構中。

不只人腦是這樣運作的。我們的腦部結構能回溯到遙遠的過去，到哺乳類甚至是爬蟲類的演化祖先。牠們的大腦也都將「信念」具體化了，不是我們今天口頭上說的那

種信念，像是「打破一面鏡子會帶來七年的厄運」。我們自己的大腦信念大多數也不是那樣的。我指的是「如果我這樣彈出我的舌頭，會更有機會抓到蒼蠅」這類信念，它被編寫在負責觸發相關肌肉的腦部區域線路中。人類的語言為信念增添了一個層次，讓我們能夠表達出信念，而更重要的是，它讓我們能夠將信念傳遞給他人。

　　為了描述一個簡單但包含了許多資訊的模型，請先想像一個含有一些神經元的大腦區域。它們可能是經由突觸被連結起來，這些突觸都有「連結強度」。有些傳遞微弱的訊號，有些傳遞強烈的訊號。有些根本不存在，所以它們不會傳遞任何訊號。訊號愈強，接收該訊息的神經元產生的反應就愈大。我們甚至可以用數字表示訊號強度，這在具體說明數學模型時很有用：在適當的單位下，或許一個微弱連結的強度是 0.2，一個強烈連結的強度是 3.5，而一個不存在連結的強度是 0。

　　神經元對一個輸入訊息的反應方式是迅速改變自己的電位狀態：它會「活化」。這種現象會產生一道能被傳遞給其他神經元的電脈衝，至於是傳遞到哪些神經元就取決於網路中的連結。如果輸入訊號將神經元的狀態推到超過某一閾值（threshold value），輸入訊號就會讓神經元活

化。另外，訊號分成兩種：較容易讓神經元活化的興奮性訊號，以及較容易阻止神經元活化的抑制性訊號。神經元彷彿會將輸入訊號的強度加總，把興奮性訊號當作正值，抑制性訊號當作負值，而只有在總數夠大時它才會活化。

　　在新生兒的大腦中，許多神經元是隨機連結在一起的，但隨著時間過去，有些突觸會改變它們的強度。有些可能會完全消失，而新的突觸可能出現。唐納德・赫布（Donald Hebb）發現了類神經網路（neural network）中的一種「學習」型態，現在稱為赫布型學習（Hebbian learning）：「一起活化的神經細胞會連結在一起」。也就是說，如果兩個神經元大致同步活化，這兩個神經元之間的連結就會變得更強。以我們的貝氏信念來比喻，連結的強度就代表腦的信念程度，其中一個信念活化時，另一個信念也應該活化。赫布型學習強化了大腦的信念結構。

　　心理學家觀察到，當一個人得知新的資訊，他不會直接把這個資訊歸檔到記憶裡。從演化的角度來看，直接歸檔到記憶會導致災禍，因為輕信他人告知的一切並不是個好主意。人們會說謊，還會試圖誤導他人，這通常是為了控制他人的部分過程。大自然也會說謊：經過更仔細的分

析後，你會發現那條搖來搖去的花豹尾巴原來是一條垂掛的藤蔓或水果；而竹節蟲會偽裝成樹枝。所以當我們接收到新的資訊，我們會根據既有信念來評估它。如果我們夠聰明，我們也會評估該資訊的可靠性。如果該資訊是來自一個可靠的來源，我們較有可能相信；如果不是，我們就較不可能相信。我們內心會在以下三者之間掙扎：「我們已經相信的事」、「新資訊與我們已相信的事有何關聯」以及「我們有多大信心認為這個新資訊是真的」，而掙扎後的結果就決定了我們是否會接受這個新資訊，以及是否會根據該資訊修改我們的信念。通常這種掙扎是潛意識的，但我們也可以有意識地分析這個資訊。

　　在由下而上的敘述中，排列複雜的神經元全部都在活化，向彼此傳遞訊號。那些訊號如何互相抵消或是互相強化會決定這個新資訊是否留下，以及連結強度是否會改變來容納該訊息。這點解釋了為什麼即使證據對其他是千真萬確的，要說服「虔誠信徒」他們錯了還是非常困難。如果有人對幽浮的存在深信不疑，而美國政府開記者會解釋有人清楚目擊幽浮的事件其實是一個氣球實驗，那麼相信幽浮者的貝氏大腦幾乎一定會認為美國政府的解釋是政治宣傳。那場記者會非常有可能會強化他們「在這個議題上

不要相信政府」的信念，而且他們會因為自己沒有蠢到相信政府的謊言而感到驕傲。信念是一把雙面刃，所以不相信幽浮的人常會在沒有獨立驗證的情況下接受政府的解釋為事實，而且這個資訊會強化他們「不要相信那些幽浮瘋子」的信念，他們會為自己沒有蠢到相信幽浮而感到驕傲。

　　人類的文化和語言讓一個大腦的信仰體系能夠被轉移到另一個大腦。這個過程並不完全準確也不完全可靠，但很有效。這個過程叫什麼名稱取決於是哪種信仰以及誰負責分析這個過程：教育、洗腦、從小教孩子要成為好人，或唯一真實宗教（One True Religion）。幼童的大腦具有可塑性，而他們評估證據的能力還在發育，想想這些例子就知道了：聖誕老人、牙仙、復活節兔——不過孩子相當精明，很多孩子都瞭解他們要拿到獎賞就得玩這個遊戲。耶穌會格言「給我一個孩子，養他到七歲，我就能知道他成年時的樣子」有兩種可能的意思。一個是你年幼時學的東西能維持得最長久；另一個意思是洗腦天真的孩童接受一套信仰體系，會讓這套體系牢牢根植在他們腦中，直到成年。兩個意思都可能正確，而且從某些角度看來，它們是一樣的。

　　貝氏大腦的理論是從多種不同科學領域衍生而來的：
很明顯地，貝氏統計學是其中之一，除此之外還有機器智
慧（machine intelligence）和心理學。1860 年代，人類
感知的物理學與心理學先驅赫爾曼・亥姆霍茲（Hermann
Helmholtz）提出一個概念：大腦透過建構外部世界的機
率模型來組織它的感知。1983 年，在人工智慧領域耕耘
的傑佛瑞・辛頓（Geoffrey Hinton）提議：人腦是一個
機器，在觀察外面的世界時，會對它遇到的不確定性做出
決定。1990 年代，這種想法根據機率論被轉變為數學模
型，並且在亥姆霍茲機器（Helmholtz machine）的概念
具體化。亥姆霍茲機器不是一個機械裝置，而是一個數學
的抽象概念，由兩個相關的網路組成，而這兩個網路又是
由數學模擬的「神經元」所組成。第一個是由下而上運作
的識別網路，這個網路以真實資料進行訓練，並且用一套
隱變數（hidden variable）表示這些資料。另一個是由上
而下的「生產」網路，它會產生那些隱變數的值，因此就
代表它能夠產生那些資料的值。訓練過程使用一種學習演
算法來修改這兩個網路的結構，使它們能準確地將資料分
類。這兩個網路輪流接受修改的程序稱為睡眠喚醒演算法
（wake–sleep algorithm）。

　　內含更多層次的類似結構稱為「深度學習」（deep
learning），目前在人工智慧領域有著傲人的成就。它的
應用包括透過電腦進行自然語言辨識，以及讓電腦在圍棋
這種東方棋類遊戲中獲得勝利。先前電腦證實，西洋跳棋
（draughts）在最完美的玩法下永遠是平局。1996 年，
IBM 的深藍（Deep Blue）打敗了西洋棋大師兼世界冠軍
加里・卡斯帕洛夫（Garry Kasparov），但在六局的比賽
中以 4–2 輸給卡斯帕洛夫。經過大幅更新後，深藍在下一
場六局賽以 3½–2½ 勝出。然而，那些程式使用的是蠻力
演算法，而不是用來贏得圍棋賽的人工智慧演算法。

　　圍棋是一種看似簡單卻奧妙無窮的遊戲，兩千五百多
年前在中國發明，使用的是 19×19 的棋盤。一名棋手拿
白子，另一名拿黑子；兩人輪流放置棋子，並圍地吃子，
圍地區域最大的人就是贏家。精密的數學分析非常少。大
衛・本森（David Benson）設計的一套演算法可以算出何
時會發生這種情形：無論對手如何落子，都無法吃掉某一
片棋子。[66] 埃爾溫・柏利坎普（Elwyn Berlekamp）和大
衛・沃爾夫（David Wolfe）分析了收官（endgame）的
複雜數學，收官指的是棋盤上大部分的棋子都已被對手吃
掉，而棋手能夠落子的範圍比一般情況更加令人困惑難

解。[67] 到了這個階段，棋局基本上被分成了一些幾乎不會彼此互動的區域，而棋手必須決定接下來要在哪個區域繼續下棋。伯利坎普和沃爾夫的數學技術是將各個位置與一個數字或是一個較為晦澀難懂的結構連結起來，並提供透過結合這些數值來贏得棋局的規則。

2015 年，Google 麾下的公司 DeepMind 測試了一套能下圍棋的演算法 AlphaGo，該演算法是以兩個深度學習網路為根據：一個是決定某一棋盤位置有多少優勢的價值網路，而另一個是選擇下一步怎麼走的策略網路。這些網路的訓練過程是讓演算法與人類專家進行對弈，也讓演算法與自己對弈。[68] 之後，AlphaGo 以它的電子智慧對上頂尖的專業圍棋棋手李世石，而且以四比一的成績打敗了他。程式設計師找出 AlphaGo 為何輸了一局的原因，並修正它的策略。2017 年，AlphaGo 在一場三番棋中打敗了世界第一的柯潔。AlphaGo 有個特點很有趣，顯示深度學習演算法不需要像人類大腦一樣運作，那就是 AlphaGo 的棋風。它的下法經常是人類棋手不會考慮的——卻還是贏了比賽。柯潔評論道：「人類數千年的實戰演練進化，計算機卻告訴我們全都是錯的。我覺得，甚至沒有一個人沾到圍棋真理的邊。」

　　我們並沒有合理的理由認為人工智慧應該要與人類智慧以相同的方式運作：畢竟它的名稱裡就有「人工」這個形容詞。不過，這些在電子電路裡具體化的數學結構與神經科學家所開發的大腦認知模型還是有些相似性。於是人工智慧與認知科學之間出現了一個具創意性的回饋迴路（feedback loop），兩者互相借用彼此的概念。而我們的大腦和人工大腦看起來似乎在某些時候、某種程度上，是使用相似的結構原則在運作的。當然，我們的大腦和人工大腦在最根本的層次，也就是它們本身由什麼所組成以及它們傳遞訊號的過程如何運作，都非常不同。

　　為了具體描述這些概念──雖然是用較動態的數學結構來描述──請先想想視錯覺（visual illusion）。當一隻眼睛或兩隻眼睛看到含糊不清或不完整的資訊，視知覺（visual perception）就會涉及令人困惑的現象。含糊不清是一種不確定性：我們不確定我們到底在看什麼。讓我迅速解釋一下兩種不同的視錯覺。

　　第一種是吉安巴蒂斯塔‧德拉‧波爾塔（Giambattista della Porta）在 1593 年發現的，並收錄於他的光學專著《論折射》（De refractione）中。他先把一本書放在一

隻眼睛前，再把另一本書放在另一隻眼睛前。他說他可以
一次看一本書，並可以將「視覺效能」從一隻眼睛抽離，
移到另一隻眼睛，藉此在兩本書之間交替。這個效應現在
稱為雙眼競爭（binocular rivalry）。如果將兩幅不同圖
像分別呈現給一隻眼睛，導致感知印象——也就是大腦相
信自己看到的事物——可能交替出現其中一幅圖像，就會
產生上述效應。

　　第二種是錯覺，或稱為多穩態圖形。當單一圖像（無
論靜態或動態）可以透過多種方式感知，就會產生錯覺。
奈克方塊就是一個典型例子，它是由瑞士結晶學家路易
斯·奈克（Louis Necker）於 1832 年所提出，這個方塊
看起來在兩個不同方向之間變換。另一個典型例子是鴨兔

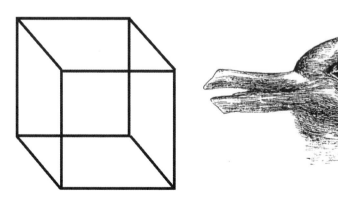

左：奈克方塊（Necker cube）。右：賈斯特羅的鴨兔錯視圖。

錯覺，由美國心理學家約瑟夫・賈斯特羅（Joseph
Jastrow）於 1900 年發明，這張圖呈現出一隻不太像兔子
的兔子和一隻不太像鴨子的鴨子，這兩個圖像會互相交替
變換。[69]

　　奈克方塊的一種簡單感知模型是一個由僅僅兩個節點
組成的網路。節點代表神經元，或是小型神經元網路，但
這種模型只是出於示意目的而建構的。一個節點對應到其
中一個被感知的方塊方向（而且假定該節點受過訓練要對
該方向產生反應），另一個節點則對應到相反方向。這兩
個節點經由抑制性連結互相連接。這種「勝者全取」
（winner-takes-all）結構很重要，因為抑制性連結能確保
一個節點處於活躍狀態時，另一個就不會是活躍的。所以
這個網路在任何時候都會做出明確不含糊的決定。另一個
建構該模型的假設是這個決定取決於最活躍的節點。

　　剛開始兩個節點都是不活躍的。然後，當眼睛看到奈
克方塊的圖像，節點就接收到能夠觸發活性的輸入訊號。
然而，勝者全取結構代表這兩個節點不能同時處於活躍狀
態。在數學模型裡，它們輪流交替：一個先比另一個活躍，
再換另一個。理論上，輪流交替會以固定間隔重複出現，
但這跟實際觀察結果不太一樣。受試者確實回報了感知印

象有類似變化，但這些變化之間的間隔卻是不規則的。這些波動通常被解釋為大腦其他區域傳來的隨機影響，但這點尚未有定論。

同樣的網路也被用來模擬雙眼競爭的情形。這兩個節點分別對應到讓受試者觀看的兩幅圖像：左眼看一幅，右眼看另一幅。人們並不會看到兩幅圖像互相重疊；相反地，他們會先看到一幅圖像，再看到另一幅，如此互相交替。同樣地，這只是模型裡所發生的事，不過感知對象互相交換的間隔比較規律。

如果數學模型只預測到兩個已知可能性會互相交換，其實不太有趣。但在複雜一點的情況下，類比網路的表現會比較出人意料。有個經典例子是伊羅娜·科瓦奇（Ilona Kovács）與同事進行的猴子／文字實驗。[70] 一張猴子的圖片（看起來疑似是一隻幼年紅毛猩猩，是一種猿類，但大家都稱之為猴子）被切成六塊。一張綠色背景上有藍色字體的圖片被切成形狀相似的六塊。然後將每張圖片的其中三塊與另一張圖片中相應位置的三塊交換，產生兩張混合圖片。接著讓受試者的左眼與右眼分別觀看這兩張圖片。

他們看到什麼？大多數人回報，他們看見兩張混合圖

片交替出現。這很合理：波爾塔以兩本書進行實驗時就產生了這種結果。這就像是一隻眼睛獲勝，然後另一隻眼睛獲勝，持續交替。但有些受試者回報，他們看見一張完整的猴子圖像與一張完整的文字圖像交替出現。這種現象有個空泛的解釋：他們的腦「知道」一隻完整的猴子與一張完整的文字應該是什麼樣子，所以會將合適的碎塊拼湊在一起。但因為它同時看見兩張混合圖片，而它無法確定自己正在看的是哪張圖片，所以兩張圖片會交替出現。然而，這套解釋不是很令人滿意，而且它也沒有確實解釋為什麼有些受試者會看到一種混合圖片，其他受試者卻看到另一種混合圖片。

　　有一種數學模型提供了更多線索。它依據的是一種腦中高層決策的網路模型，該模型由神經科學家休·威爾森（Hugh Wilson）所提出。我將這類模型稱為威爾森網路（Wilson network）。以最簡單的形式而言，（未受訓練的）威爾森網路是節點的矩形陣列。它們可想成是模型神經元或神經元群，但出於模擬目的，它們不需被賦予任何特定的生理學詮釋。在競爭環境下，陣列的每一行都對應於呈現在眼前之圖像的一個「屬性」：例如顏色或方向等特性。每個屬性有一定範圍的選項：比如顏色可能是紅

色、藍色或綠色；方向可能是垂直、水平或對角。這些離散的可能性是該屬性的「階層」。每個階層對應於該屬性行裡的一個節點。

　　任何特定圖片都能被視為階層選項的一種組合，每種相關屬性都以一個相對應階層表示。比如說，一張紅色水平的圖片結合了顏色行的「紅色」階層以及方位行的「水平」階層。威爾森網路的結構是用於偵測模式，方法是對特定階層的「已習得」組合產生更強烈的反應，每種屬性各以組合中的一個階層表示。在每一行中，所有成對的相異節點都會透過抑制性耦合（coupling）來跟彼此連結。如果沒有更多輸入訊號或進行修改，這個構造就會在該行中產生勝者全取動態，所以通常只有一個節點是在動態上最活躍的。然後該行會偵測到其屬性的相應階層。在對應

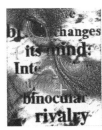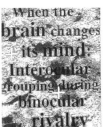

如果前兩張「混合」圖片分別呈現給各一隻眼睛，有些受試者會看到後兩張完整圖片交替出現。

到適當階層組合的節點之間添加興奮性連結，就能模擬出以呈現到眼前的圖片所進行的訓練。在競爭模型中，兩張圖片都會添加這種連結。

　　凱西‧迪克曼（Casey Diekman）與馬丁‧戈畢茨基（Martin Golubitsky）的研究顯示，競爭模型的威爾森網路有時會隱含出乎預料的意義。[71] 在猴子／文字的實驗中，威爾森網路的動態預測它能以兩種不同方式振盪。如我們所預料的，它能交替出現兩種已習得的模式——展示在眼前的兩種混合圖片。但它也能交替出現完整的猴子圖像與完整的文字圖像。哪對圖片會出現取決於連結的強度，這顯示受試者之間的差異跟受試者腦中相應神經元群的連結強度有關。令人吃驚的是，代表該實驗的最簡威爾森網路完全預測了實驗的觀測結果。

　　威爾森網路是圖解的數學模型，目的是闡釋簡單的動態網路在原則上如何根據從外在世界接收的資訊來進行決策。更強烈地說，腦中有些區域的結構與威爾森網路非常類似，而且它們似乎以差不多的方式進行決策。視覺皮質（visual cortex）就是個典型的例子，它負責處理來自眼睛的訊號，以決定我們正在看的是什麼。

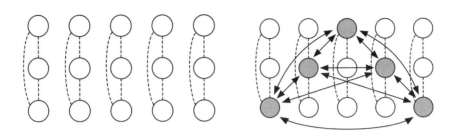

左：未受訓練的威爾森網路，具有五個屬性，每個屬性有三個階層。虛線是抑制性連結。右：一種模式（每個屬性的陰影階層），以這些節點之間的興奮性連結（實線箭頭）來表示。將這些連結加入原有網路，會訓練網路辨識出這種模式。

　　不論學校教科書怎麼說，人類視覺跟相機的運作方式並不一樣。平心而論，**眼睛**偵測影像的方式跟相機很類似，水晶體將射入的光聚焦在後面的視網膜上。視網膜比較不像舊型底片，反而更像現代數位相機裡的電荷耦合裝置（charge-coupled device）。視網膜有許多獨立的受器，稱為桿狀細胞與錐狀細胞：它們是特殊的感光神經元，會對射入光線做出反應。錐狀細胞有三類，每一類都對一特定範圍波長的光較為敏感，亦即對（大致上）一特定顏色的光較為敏感。概括地說，這些顏色分別是紅色、綠色、藍色。桿狀細胞對低光度有反應。它們對接近「淺藍色」或青藍色波長的光會出現最強烈的反應，但我們的視覺系統將這些訊號解讀為灰影，這就是為什麼我們晚上看不到

太多顏色。

　　人類視覺與相機開始出現顯著差異是在接下來這個階段。這些輸入的訊號由視神經一路傳送到腦部一處稱為視覺皮質的區域。視覺皮質能被想像成一系列神經元薄層，它的工作是處理從眼睛接收到的訊號模式，這樣一來，腦部的其他區域就能辨識出眼睛看到的是什麼。每一層神經元會對輸入的訊號產生動態反應，很類似威爾森網路會對奈克方塊或成對的猴子／文字圖片產生反應。這些反應被向下傳送到下一層，其結構會讓該層對不同特徵產生反應，以此類推。訊號也會從較深層傳送到表層，影響到神經元對下一批訊號的反應。最後在這串訊號級聯上的某處，**某個東西**決定「這是奶奶」或其他人事物。它或許是一個特殊神經元，通常被稱為祖母細胞（grandmother cell），或者它可能以更複雜的方式來決定。我們還不知道是什麼。一旦腦辨認出奶奶，它就可以從其他區域抽取其他資訊，例如「幫她脫外套」、「她到達時總是喜歡喝杯茶」或是「她今天看起來有點憂心忡忡」。

　　相機與電腦連結起來之後也開始進行這類工作，例如利用臉部辨識演算法來標記照片中人物的名字。所以，雖然視覺系統不像相機，但相機已變得愈來愈像視覺系統。

　　神經科學家已仔細研究過視覺皮質的線路圖，而偵測腦中連結的新方法絕對會迅速促成大量更精細的研究結果。他們已經利用對電位敏感的特殊染劑，測定了動物視覺皮質最上層 —— 初級視覺皮質（V1）—— 連結的一般性質。大致上來說，初級視覺皮質會偵測眼睛所見影像中的直線段，也會確認這些直線指向哪個方向，這對於辨識物體輪廓是很重要的。後來發現，初級視覺皮質的結構很像是使用各種方向的直線做過訓練的威爾森網路。網路的每一行都對應到初級視覺皮質的一個「皮質柱」（hypercolumn），而皮質柱的屬性是「在這個位置見到的一條線之方向」。該屬性的階層是那條線可能指向的方向所組成的一個粗粒化集合。

　　真正巧妙的是相當於威爾森網路中已習得模式的部分。在初級視覺皮質裡，這些模式是較長的直線，穿過許多皮質柱的視覺區域。假設單一皮質柱在約莫 60 度角的位置偵測到一條短線段，負責這個「階層」的神經元就會活化。接著它傳送興奮性訊號給鄰近皮質柱的神經元，但僅限於那些在相同 60 度角階層的神經元。此外，這些連結連通的皮質柱也僅限於在初級視覺皮質中，沿著該線段延續部分分布的皮質柱。這麼講不是非常精確，而且也有

其他較弱的連結，但最強的連結與我所描述的相當接近。
初級視覺皮質的構造使其易於偵測直線與直線指的方向。
如果它見到這樣一段線條，它會「假定」那條線會延續下
去，所以它會填補缺口。但它不會盲目地這麼做。如果來
自其他皮質柱的訊號強烈到足以反抗這項假定，那些訊號
就獲勝了。比如說，有個物體的兩條邊線交會在一角，方
向產生衝突。將那個資訊往下傳送到下一層，你現在就有
一套系統來偵測角與線條了。最終在這串資料級聯上的某
處，你的腦會認出奶奶。

　　大多數人在某個時刻都經歷過一種不確定性——「我
在哪裡？」神經科學家愛德華・穆瑟（Edvard Moser）、梅－
布里特・穆瑟（May-Britt Moser）與他們的學生於 2005
年發現，大鼠腦部具有一種稱為「網格細胞」（grid
cell）的特殊神經元，可模擬牠們的空間位置。網格細胞
位於腦中一個有點拗口的區域：背尾內側內嗅皮質
（dorsocaudal medial entorhinal cortex）。它是位置與記
憶的中樞處理單位。如同視覺皮質，它也有層狀結構，但
每層的活化模式並不一樣。
　　科學家將電極放入大鼠腦部，然後讓大鼠在開放空間

自由跑動。大鼠在移動的時候，他們會監測大鼠腦中的哪些細胞有活化。結果發現，每當大鼠位於空間裡數個小區塊（「活化場域」〔firing field〕）的任一塊時，特定細胞就會活化。這些區塊形成一個六角網格。研究人員推論，這些神經細胞組成一個心理上的空間表示法（representation of space），也就是一張認知地圖，能提供一種坐標系統，告訴大鼠的腦部牠在哪裡。隨著大鼠移動，網格細胞的活動也會持續更新。有些細胞不論大鼠往哪個方向移動都會活化；其他細胞的活化則取決於移動方向，因而對特定方向產生反應。

　　我們尚未完全瞭解網格細胞如何讓大鼠知道牠在哪裡。有趣的是，大鼠腦中網格細胞的幾何排列是不規則的。不知怎地，這些網格細胞層能整合大鼠到處移動時的細微動作，以「計算」出大鼠的位置。在數學上，這種程序能使用向量演算來實現。每個細小變化都有自己的強度與方向，將大量細微變化全部相加，就能確認一個移動物體的位置。更精良的導航設備被發明出來之前，水手以「航位推算法」航行的方式基本上就是如此。

　　我們知道網格細胞的網路能在沒有任何視覺輸入訊號的情況下運作，因為即使在完全的黑暗中，活化模式仍維

持不變。不過，它也會對任何視覺輸入訊號產生相當強烈
的反應。舉例來說，假設大鼠在一個圓筒狀的封閉區域裡
跑動，牆上有一張卡片當作參照點。選擇一特定的網格神
經元，並測量其空間區塊的網格，然後旋轉圓筒並重複上
述流程：網格也會旋轉同樣的幅度。大鼠被放進一個新環
境時，網格以及各網格之間的間距並不會改變。不論網格
細胞如何計算位置，整套系統都很穩固。

安德里亞・巴尼諾（Andrea Banino）與同僚在 2018
年發表報告，他們使用深度學習網路來進行一項類似的導
航任務。他們的網路具有許多回饋迴路，因為導航似乎需
要將一個處理步驟的輸出訊號當作下一個步驟的輸入訊號
來使用——這實際上是一種離散動態系統，以網路作為被
疊代的函數。他們利用囓齒類動物（例如大鼠與小鼠）覓
食時曾使用的路徑模式紀錄來訓練這套網路，並為它提供
腦部其他區域可能傳送給網格神經元的資訊。

這套網路學會在各種環境中有效導航，而且它能夠轉
移到一個新環境且不會喪失效能。研究團隊給予這套網路
特定目標，藉此測試它的能力，也把它放在迷宮的情境中
執行，以便測試它在更進階環境中的能力（在模擬中執
行，因為整個情境都在電腦裡）。他們利用貝氏方法評估

它的效能是否具有統計顯著性，將資料擬合為三種不同常態分布的混合。

　　有一項結果很值得注意：隨著學習過程的進展，深度學習網路中層的其中一層會發展出一些類似在網格神經元觀察到的活動模式，而大鼠在空間區塊網格的某個區域時，該層會變得活躍。這套網路結構的詳細數學分析顯示，它在模擬向量演算。我們沒有理由假定它模擬向量演算的方式會跟數學家一樣——寫下向量，然後全部相加起來。儘管如此，他們的研究結果依然支持以下理論：網格細胞對於向量式導航至關重要。

　　更概括地說，腦部用來瞭解外在世界的迴路，在某種程度上是根據外在世界所建構的模型。腦部結構已演化了數十萬年，「植入」了關於我們周遭環境的資訊。我們學習的時候，它也會在遠遠更短的時間內做出改變。學習會「微調」已植入的結構。我們學到的東西取決於我們被教導的事物。所以如果我們在年紀很小時被教導特定信念，這些信念就很容易植入我們的腦中。這可以看作是以神經科學驗證前述的耶穌會箴言。

　　這麼說來，我們的文化信仰很大一部分取決於我們成

長時浸淫的文化。我們透過我們知道的讚美詩、我們支持
的足球隊、我們播放的音樂，來辨認我們在世界上的位
置，以及我們與周遭他人的關係。如果編寫在我們腦內連
結的「信仰」對於多數人來說很普遍，或者能就證據而言
理性地辯證，這種信仰比較不會引起爭論。但如果我們抱
持的信仰沒有這類支持，那麼除非我們察覺到不同信仰的
差異，否則缺乏支持的信仰可能會導致問題。不幸的是，
這些信仰在我們的文化中扮演了重要角色，而它們存在的
原因之一正是文化。基於信念而非證據的信仰能夠非常有
效地分辨「我們」跟「他們」。對，我們都「相信」2 +
2 = 4，所以我和你並無不同。但你會在每個星期三向貓
女神祈禱嗎？我想不會。你不是「我們的一份子」。

　　我們生活在小型族群裡的時候，這種區分方式相當有
效，因為我們遇到的每一個人幾乎都會向貓女神祈禱；如
果有人不這麼做，他們會被提醒。但光是在範圍擴大到部
落的時候，這種方式就已經變成不和的來源，常常導致暴
力。在如今四通八達的世界裡，這變成了重大災難。

　　現今的民粹政治（populist politics）已經對原先我們
所謂的「謊言」或「政治宣傳」有了新的稱呼：就是假新
聞。我們愈來愈難以區別真新聞與假新聞。只要數百塊美

元，任何人都可以掌控龐大的計算能力。精密軟體的廣泛普及使整個地球民主化，這在原則上是件好事，但常常伴隨著區分事實與謊言的問題。

因為使用者能夠為自己量身打造他們看到的內容，進而鞏固他們自身的偏好，所以人們愈來愈容易生活在一個資訊濾泡（information bubble）裡，你獲取的新聞只剩下你想知道的內容。柴納·米耶維（China Miéville）模仿了這種趨勢，在科幻兼犯罪小說《被謀殺的城市》（*The City & the City*）裡將其延伸至極端。故事中，貝澤爾（Bes el）的極重案組警探柏魯督察（Inspector Borlú）正在調查一宗謀殺案。他多次往返貝澤爾的姊妹城烏廓瑪（Ul Qoma），與當地的警方合作，穿越兩城的邊界。起初，書中描繪的畫面很像是圍牆倒下前被分成東西兩邊的柏林，但你漸漸發覺，整座城的兩半佔據著**相同的地理空間**。城市兩邊的市民從出生起就被訓練對另一城的市民視若無睹，即使他們走在另一城的建築與人民之中也是如此。如今，我們有許多人在網路上也做著同樣的事，沉浸在確認偏誤裡，這樣一來，我們接收的所有資訊都鞏固著我們自認為正確的觀念。

為什麼我們這麼容易被假新聞操縱？原因就是那個歷

史悠久的貝氏大腦，是依據具體化的信仰來運行。我們的信仰不像是電腦檔案，輕動滑鼠就能刪除或取代。它們更像根深柢固的硬體，而改變深植腦中的模式是很困難的。我們愈堅定地相信，或甚至只是**想要**相信，就愈難改變模式。我們相信的每一則假新聞——因為我們想要相信——都會提高那些植入連結的強度。我們不想相信的新聞就會被我們忽略。

我不知道有什麼好辦法能預防這件事。教育嗎？如果一名兒童就讀於一所宣傳特定信仰的特殊學校，會發生什麼事？如果它禁止教授的科目有清楚的事實根據，但與信仰衝突，會發生什麼事？科學是人類為區分真假所想出的最佳途徑，但如果政府決定透過削減研究資金來對付他們不願面對的事實，會發生什麼事呢？在美國，為槍枝所有權之影響的研究提供聯邦資金已屬違法行為，而川普政府正在考慮對氣候變遷的研究也採取同樣措施。

各位，問題是不會消失的。

有個建議是我們需要新的守門人。但無神論者信賴的網站對虔誠的信徒而言是極為可憎的，反之亦然。如果邪惡的企業掌控了我們信賴的網站，會發生什麼事？就如同往常一樣，這不是個新問題。如同羅馬詩人尤維納利斯

（Juvenal）於大約公元 100 年在他的《時政諷喻錄》（*Satires*）中所寫的：監管之人，誰人監管？（*Quis custodiet ipsos custodes?*）誰來把守守衛者呢？但如今這個問題更為嚴重，因為光是一則推特就能散布到整個地球。

或許我太悲觀了。整體而言，較好的教育會讓人們更理性。我們生活在洞穴與樹林裡的時候，貝氏大腦快速而簡陋的生存演算確實提供了很大的幫助，但它可能不再適用於這個錯誤資訊滿天飛的時代。

15 量子不確定性

要在同一瞬間準確測定一顆粒子的位置、方向與速度是不可能的。

—— 維爾納·海森堡（Werner Heisenberg），

《核物理學》（*Die Physik der Atomkerne*）

　　在人類活動的大多數領域中，不確定性起源於無知。知識能消除不確定性，至少原則上是如此。儘管實務上會有障礙：為了預測民主選舉的結果，我們可能需要知道每位選民心中的想法。但如果我們真的知道了，我們就能計算出誰會去投票，還有他們會投給哪個人。

　　然而，物理學的一個領域中有個普遍的共識：不確定性是大自然固有的特徵。再多知識都無法讓事件變得可預測，因為系統本身並不「知道」它將要做什麼。它就只是讓事件發生了。這個領域是量子力學。它有大約一百二十年的歷史，而且它徹底顛覆的不僅僅是科學，還有我們如何思考科學與現實世界的關係。它甚至讓某些擁有哲學思考精神的人質疑，現實世界是以什麼意義存在的。牛頓最偉大的進展是證明自然遵循著數學規則。量子論則向我們

展示，即使是**數學規則**也可能本質上就存在不確定性。幾乎所有物理學家都是如此主張，而且他們也取得了許多證據來支持它。不過，這件機率的鎧甲上有一些裂縫。雖然我懷疑我們是否真能讓量子不確定性變得可預測，但它或許真有一個確定性的解釋。我們會在第 16 章討論這些較屬推測性的想法，不過在那之前，我們需要整理一下正統歷史。

　　一切都是從一個電燈泡開始的。不是那種盤旋在某個天才頭上，比喻靈機一動的燈泡：是真正的電燈泡。數間電力公司於 1894 年請德國物理學家馬克斯·普朗克（Max Planck）研發最有效率的燈泡。普朗克自然而然從基本物理學著手。光是電磁輻射的一種形式，波長位於人眼可偵測到的範圍。當時的物理學家知道最有效率的電磁能輻射體是「黑體」（black body），它具有一種互補特質：會將所有波長的輻射完全**吸收**。古斯塔夫·克希荷夫（Gustav Kirchhoff）曾於 1859 年提出一個問題：黑體輻射的強度如何取決於射出輻射的頻率與黑體的溫度。實驗家進行測量，理論家提出解釋；結果卻不相符。這一切都有點混亂，而普朗克決定整頓一番。

　　他的首次試驗成功了，但他並不滿意，因為試驗的假設非常不嚴謹。一個月後，他找到了一個更好的方法來證明假設。那是一個很極端的想法：電磁能不是連續的量，而是離散的量。它永遠以一固定且非常微小的量之整數倍出現。更精確地說，如果給定一頻率，電磁能的量永遠等於一整數乘該頻率再乘一非常小的常數，這個常數如今被稱為普朗克常數（Planck's constant），以符號 h 表示。它的公定值為 6.626×10^{-34} 焦耳·秒，亦即 0.0...6626，小數點後有三十三個零。一焦耳能量會使一茶匙水的溫度增加大約攝氏四分之一度。因此，h 確實是非常少的能量，少到實驗能階（energy level）看起來依然是連續性的。儘管如此，以間隔極度細微的離散能量集合取代連續範圍的能量，避免了一個一直以來都給出錯誤結果的數學問題。

　　普朗克當時沒意識到這件事，但他對於能量的古怪假設將在整個科學界掀起一場重大革命：量子力學。「量子」是極小卻離散的量。量子力學是物質在極小規模如何表現的現有最佳理論。雖然量子論以驚人的準確度吻合實驗結果，但我們對於量子世界的多數理解都很令人困惑。據說偉大的物理學家理查·費曼（Richard Feynman）曾說過：

「如果你認為你懂量子力學，那就表示你不懂量子力學。」[72]

舉例來說，普朗克公式最顯而易見的解讀是這樣的：光由如今稱為光子的細小粒子組成，而一顆光子的能量是其頻率乘以普朗克常數。光的能量以該值的整數倍出現，因為你必須有整數量的光子。這個解釋非常合理，但它引起了另一個問題：一顆粒子怎麼會有頻率？頻率在波是說得通的。所以光子是波還是粒子呢？

兩者皆是。

伽利略認為自然法則是以數學語言書寫的，牛頓的《自然哲學之數學原理》也支持這種想法。在數十年內，歐洲大陸的數學家開始將這種見解延伸到熱、光、聲音、彈性、振動、電、磁與流體流動等領域。這股數學方程式大爆發所造就的古典力學時代為物理學提供了兩大要素。第一項要素是粒子的概念——粒子是一塊非常小的物質，因為太小了，所以出於模擬目的，它可以被視為一個點。另一項標誌性的要素是波的概念。想像一道穿過海洋的水波。如果沒什麼風，水波又離陸地很遠，這道波會以穩定速度前進，而且不會改變形狀。實際上組成波的那些水分

子並不會隨著波移動，它們差不多是留在原本的位置上。波通過的時候，水分子就會上下左右移動。它們將動作傳遞給鄰近的分子，鄰近的分子又會以類似方式移動，產生相同的基本形狀。所以**波會行進**，但水不會。

波無處不在。聲音是空氣中的壓力波（pressure wave）。地震引發地下的波，使建築崩塌。讓我們能使用電視、雷達、手機、網路的無線電訊號是電磁波。

後來證實，光也是波。

直到十七世紀末，光的本質都是個爭議性問題。牛頓相信，光是由大量微小粒子組成。荷蘭物理學家克里斯蒂安・惠更斯提供了有力的證據，顯示光是一種波。牛頓以精妙的粒子理論反駁，而大約有一世紀的時間，他的觀點都佔了上風。接著人們發現，惠更斯的觀點才是正確的。最終讓波陣營贏得這場爭論的關鍵是干涉（interference）現象。如果光穿過一面透鏡，或是穿過一條狹縫的邊緣，它會形成圖樣：大致上是平行排列的明亮條紋與黑暗條紋。以顯微鏡觀察會比較容易見到這種圖樣，而且如果光是單一色彩，就能觀察得更清楚。

波理論以簡單、自然的方式解釋了這種現象：它們是干涉圖樣。兩組波重疊時，它們的波峰會彼此加強，它們

的波谷也是如此，但波峰與波谷會互相抵消。你把兩顆石頭丟入池塘裡就能輕易看見這種現象。每顆石頭會產生一系列環形波紋，從擊中水面的點往外擴散。在這些波紋的交會處，你會看到一幅很像是彎曲棋盤的複雜圖樣，如圖所示。

　　這一切看起來都非常具有說服力，而科學家也接受了光是波，不是粒子。顯而易見。接著普朗克出現了，這個理論突然之間不再如此順理成章。

　　光子具有二元性——有時是粒子，有時是波——的典型證據源自一系列實驗。1801 年，湯瑪斯・楊格（Thomas Young）想像一束光穿過兩條平行的狹縫。如果光是波，它穿過一條狹縫時會「繞射」（diffract）。也就是說，它會在遠端展開，就像池塘裡的那些環形波紋一樣。如果有兩條狹縫，繞射應該會產生一種獨特的干涉圖樣，如同將兩顆石頭緊密靠著丟入水中時所產生的波紋。

　　楊格的圖（後頁）以暗色區域表示波峰，白色區域表示波谷。兩個同心環狀的波自狹縫 A 及 B 出現，互相重疊、干涉，產生往 C、D、E 及 F 輻射前進的波峰線條。從圖中右側邊緣觀察，會發現明亮帶與黑暗帶交錯出現。

楊格沒有實際進行這項實驗，但他以一張卡片將一束細細的陽光分成兩半，進行了類似的實驗。繞射帶如預期般出現了。因此，楊格宣布光是波，並根據光帶大小來估計紅光與紫光的波長。

到那時為止，這項實驗只證實了光是波。下一步發展並沒有立即獲得關注，人們過了一陣子才瞭解它的含意。1909 年，還是大學生的傑弗里·英格拉姆·泰勒（Geoffrey Ingram Taylor）進行了雙縫實驗的另種版本，他使用非常微弱的光源在一根縫衣針兩邊繞射。就如同楊格的卡片，泰勒所使用的「狹縫」是縫衣針兩邊的區域。經過三個月的時間，一幅繞射圖樣出現在一張照相底片上。他的評論中沒有提及光子，但光非常微弱，以致於大多數時候

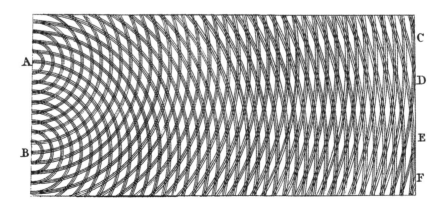

楊格根據對水波的觀察所畫出的雙縫干涉圖形。

只有一顆光子經過縫衣針旁邊，所以這項實驗後來被解讀為能夠證明，繞射圖樣不是由兩顆光子互相干擾所造成的。若真是如此，這項實驗就證明了單一光子也可以出現像波一樣的行為。後來費曼認為，如果你放置偵測器觀測光子通過的是哪條狹縫，這種圖樣應該會消失。這是一項「想像實驗」（thought experiment），並沒有真正進行。但將這些論證彙整之後，似乎顯示光子的行為有時像粒子，有時又像波。

曾經有一段時間，有些量子論文獻支持光子具有波粒二元性。即使雙縫實驗與費曼後來的想法從未被實際進行過，這些文獻依然將這兩種實驗都當作事實來呈現。在現代，這兩種實驗已經被正確地執行了，而光子的行為也跟教科書寫的一樣。電子、原子以及（根據目前紀錄）由八百一十個原子構成的分子也是如此。費曼在 1965 年寫道[73]，這種現象「無法以任何古典方法來解釋，而其中就蘊藏著量子力學的核心」。

許多關於量子古怪之處的類似例子已經被人發現，我會簡述兩個使波粒問題引人注目的實驗，它們出自羅傑・潘洛斯（Roger Penrose）的一篇論文。[74] 這兩個實驗也闡釋了一些常見的觀測技術與模擬假設，後來會派上用

場。實驗中的關鍵設備特別受到實驗家喜愛：分光鏡
（beam-splitter），它會將照向它的光反射一半，使反射
光的方向轉一個直角，但讓另外一半的光通過。半塗銀鏡
（half-silvered mirror）就是一種分光鏡，它的反射性金
屬塗層薄到能讓一些光穿過。我們也常把一塊玻璃方塊以
對角切成兩塊三稜鏡，然後沿著對角面黏在一起，黏膠的
厚度會控制透射光與反射光之間的比率。

　　在第一項實驗中，一個雷射裝置射出一顆光子，撞擊
分光鏡。結果發現，偵測器 A 與 B 只有其中一個會觀測
到一顆光子。這是類似粒子的行為：光子要嘛被反射並在
A 被偵測到，要嘛被透射並在 B 被偵測到。（「分光鏡」
的「分」指的是光子被反射或透射的**機率**，光子本身依然
完整。）如果光子是波，這項實驗就不合理了。

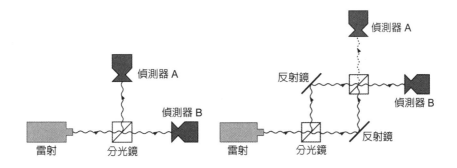

左：光是粒子。右：光是波。

　　第二項實驗使用馬赫－岑得干涉儀（Mach–Zehnder interferometer）：兩個分光鏡與兩面反射鏡排列成正方形。如果光子是粒子，我們會預期看到半數光子被第一個分光鏡反射，另外半數光子則被透射。然後反射鏡會將光子送到第二個分光鏡，光子有 50% 的機會射向 A，50% 的機會射向 B。不過，這不是我們觀察到的結果。相反地，B 總是會偵測到一顆光子，而 A 永遠不會。而如果光子是波，那麼這行為就非常合理了，光子經過第一個分光鏡時就會分成兩道較小的波。這兩道波分別射向第二個分光鏡，再次被分開。我稍後會概述計算過程，它顯示射向偵測器 A 的兩道波是異相（out of phase）（一道波的波峰位置對應到另一道波的波谷位置），並且互相抵消。射向 B 的兩道波是同相（in phase）（它們的波峰位置重疊），並且重新組合形成單一波──一顆光子。

　　實驗一似乎證明光子是粒子而不是波，實驗二似乎證明光是波而不是粒子。你可以瞭解為什麼當時的物理學家感到困惑。不可思議的是，他們找到了一個合理的方法將兩種理論融合在一起。以下我會快速地概述其中的數學，我的目的並不是逐字細述這裡涉及的物理學。波函數（wave function）以複數（complex number）表示，其

形式為 $a + ib$，a 和 b 都是一般實數，而 i 是負一的平方根。
[75] 你需要牢記的重點是：當一道量子波被反射 —— 不論
是被反射鏡或分光鏡反射 —— 它的波函數會乘以 i。（雖
然不是很明顯，但這是假設分光鏡為無損耗性質所推導出
的道理，無損耗性質代表所有光子不是被透射就是被反
射。）[76]

　　波具有振幅，亦即波有多「高」；波也具有相位，會
告訴我們波峰的位置。如果我們將波峰平移一點點，這就
是「相移」，它的表達形式為波週期的分數。相位差為
1/2 的波會互相抵消；具有相同相位的波會互相增強。以
波而言，將波函數乘以 i 就像是相移 1/4，因為 $i^4 = (-1)^2$
$= 1$。當波被透射，穿過分光鏡且沒有被反射，波就不會
被改變 —— 相移為 0。

　　在每次相繼的透射或反射中，相移會相加在一起。波
經過分光鏡後形成兩道半波，各自往不同方向前進。反射

左：兩道波的振幅與相對相移（phase shift）。右：1/2 的相移使波峰對
齊波谷，所以兩道波重疊時會互相抵消。

波的相位偏移 1/4，而透射波則維持相同相位。圖中顯示波穿過裝置後所產生的路徑。半波以灰色表示，數字則代表相移。路徑中每次反射都會讓總相移再增加 1/4。你追蹤路徑並計算反射次數，就能發現偵測器 A 接收到兩道半波，相位分別是 1/4 及 3/4。相位差為 1/2，所以它們會互相抵消，而你什麼都觀測不到。偵測器 B 也接收到兩道半波，但它們的相位分別是 1/2 及 1/2。相位差為 0，所以它會結合並形成單一道波──於是偵測器 B 會觀測到一顆光子。

太神奇了！

你能在潘洛斯的論文中找到完整的計算過程。類似的方法應用在無數實驗，而實驗結果也相當一致──這對於數學體系而言是一大成功。不難想像的是，物理學家將量子論視為人類智慧的勝利，他們也認為量子論證明，自然在其最小規模時會與牛頓及其後繼者的古典力學大相逕庭。

粒子怎麼可能也是波呢？

量子論給出的答案通常是恰當類型的波會表現得像粒子一樣。其實從某種意義上來說，**單一**一道波就是一顆有

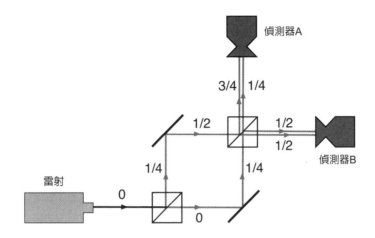

通過裝置的路徑。半波以灰色表示。數字為相移。

點模糊的粒子。波峰行進時不會改變形狀，這跟粒子移動的方式一模一樣。量子論的兩位先驅路易・德布羅意（Louis de Broglie）與埃爾溫・薛丁格（Erwin Schrö-dinger）將一顆粒子表示為一小束波，它們聚集在小區域裡，沿著該小區域移動並上下振動，但一直聚在一起。德布羅意與薛丁格稱其為波包（wave packet）。薛丁格在 1925 年想出了一道量子波的一般方程式，並於隔年發表，如今這道方程式以他命名。它不僅適用於次原子粒子，也適用於任何量子系統。為了知道量子系統在做什麼，我們寫下薛丁格方程式（Schrödinger's equation）的適當版本，並解出方程式以得到系統的波函數。

　　以數學用語來說，薛丁格方程式是線性的。也就是說，如果你得到一個解，並將其乘以一常數，或者將兩個解相加，結果也會是一個解。這種結構稱為**疊加**（superposition）。古典物理學也有類似的現象。在古典物理學中，雖然兩顆粒子不能在同一時間出現在同一位置，但兩道波卻能和諧共存。在波方程式的最簡版本裡，解會疊加來產生解。如同我們前面所見，疊加的其中一種效應就是產生干涉圖樣。薛丁格方程式的這項特性暗示了它的解最好被視為波，如此一來，系統的量子態（quantum state）便可用「波函數」這個術語來描述。

　　量子事件發生在非常小的空間規模，它們無法直接觀測。相反地，我們對量子世界的知識是從我們**能**觀察到的效應推論而來的。如果我們可以觀察到比如一顆電子的整個波函數，許多量子謎題就能迎刃而解了。然而，這種事似乎不太可能發生。我們能夠觀察到波函數的某些特殊**層面**，但無法觀察到整個波函數。事實上，一旦你觀察一個層面，其他層面要嘛不可觀察，要嘛改變得太多，使得第二次觀察結果與第一次沒有可用的關聯。

　　波函數的這些可觀察層面稱為**本徵態**（eigenstate）。這個名詞結合了德文與英文，意指類似「特徵態」

（characteristic state）的狀態，而且它有一個精確的數學定義。任何波函數都能藉由將本徵態相加而建構出來。傅立葉的熱方程式也存在類似現象，不過我們比較容易想像模擬小提琴琴弦振動的波方程式，它與熱方程式有密切關聯。本徵態的類比是正弦函數，如第 363 頁圖片所示，而且任何波形都能藉由將適當組合相加而建構出來。基本正弦波是小提琴琴弦發出的基礎純音；其他間隔更近的正弦波則是該基礎正弦波的諧波（harmonic）。在古典力學中，我們能測量弦的整體形狀。但如果你想觀察量子系統的狀態，你必須先選擇一個本徵態，然後只測量波函數裡該本徵態的部分。你之後能測量另一個部分，但第一次觀測結果會干擾波函數，所以到了那時，第一個本徵態或許已經改變了。雖然量子態可能是（而且通常是）本徵態的疊加，但量子測量的結果必定是純本徵態。

　　舉例來說，電子有一個特性稱為**自旋**（spin）。該名稱來自一個早期的古典力學類比，而且我們原本可能以完全不同的名稱來命名這種特性，也不會影響我們對它的理解——這也是後來量子特性有「魅數」（charm）、「底數」（bottom）等名稱的原因之一。電子自旋與古典自旋有一個共同的數學特性：它有一個軸。地球繞著自己的軸旋

轉，因而有白天與黑夜，且地軸與其軌道呈現 23.4° 的傾
斜角度。電子也有一個軸，但它是一個能夠隨時指向任何
方向的數學構想。另一方面，電子的自旋量永遠都是一樣
的：1/2。至少，這個量值是與自旋相關的「量子數」
（quantum number），任何量子粒子的量子數只會是整數
或半整數，且任一特定種類的粒子都具有相同量子數。[77]
根據疊加原則，電子可以**同時**圍繞許多不同軸進行自
旋——直到你測量它為止。選擇一個軸，測量電子自旋：
你得到的量子數不是 +1/2 就是 −1/2，因為每個軸都指向
兩個方向。[78]

　　這就怪了。理論表示量子態幾乎一定是疊加，觀察結
果卻非如此。在人類活動的某些領域，這樣的情況可能會
被認為是嚴重的矛盾，但在量子論裡，你必須先接受這件
事才能有所進展。而當你接受了，你就能得到美好的結
果，美好到你絕不會去排斥這個理論。你反而會接受，
「測量量子系統」這個行為不知怎地就是會破壞測量對象
的特徵。

　　其中一位努力克服這種問題的物理學家就是尼爾斯·
波耳，他任職於理論物理學研究所（Institute for Theoretical
Physics），該機構為波耳於 1921 年在哥本哈根成立，並

於 1993 年重新命名為尼爾斯・波耳研究所（Niels Bohr Institute）。維爾納・海森堡在 1920 年代在該研究所任職，1929 年他在芝加哥發表了一場演講，（用德文）提及「量子論的哥本哈根精神」。這在 1950 年代形成了一個詞：量子觀察的「哥本哈根詮釋」（Copenhagen interpretation）。意思是，當你觀察一個量子系統，波函數會被迫塌縮（collapse），成為一個單一本徵態。

　　薛丁格不是很滿意波函數塌縮的說法，因為他認為波函數是真實的實體。他提出了一個跟貓有關的著名想像實驗來反駁哥本哈根詮釋。這個實驗牽涉到另一個量子不確定性的例子：放射性衰變（radioactive decay）。原子中的電子存在於特定的能階。當它們改變能階，該原子就會射出或吸入能量，這些能量以不同粒子的形式存在，其中一種是光子。在一顆放射性原子裡，這種轉變可能激烈到足以將粒子射出原子核之外，並將原子變成一種不同的元素。這個效應稱為放射性衰變。這就是為什麼核子武器和核電廠能夠運作。

　　衰變是一個隨機過程，所以單一放射性原子的量子態在未被觀察的當下，是處於「未衰變」與「衰變」的疊加。

古典系統不會有這種現象。它們是以絕對的可觀察狀態存在的。我們生活的這個世界裡，以人類的規模來說（大多數）都是古典系統，但在夠小的規模中卻全都是量子系統。怎麼會這樣？薛丁格的想像實驗讓量子世界與古典世界互相對抗。把一顆放射性原子（代表量子系統的部分）放入一個盒子，再放入一隻貓、一瓶毒氣、一台粒子偵測器和一支槌子（古典系統）。當那顆原子衰變，粒子偵測器會觸發槌子，槌子會打破裝有毒氣的瓶子，為貓咪帶來悲慘的下場。

如果這個盒子是任何觀測方法都無法穿透的，那麼原子就處於「未衰變」與「衰變」的疊加狀態。薛丁格表示，因此這隻貓也一定是處於疊加的狀態：適當比例的「活」與「死」狀態。[79] 只有當我們打開盒子並觀察盒中狀況，我們才會使原子的波函數塌縮，因此也會使貓的波函數塌縮。現在這隻貓不是死的就是活的，取決於原子的狀態。相似的是，我們也發現該原子不是衰變了就是沒有衰變。

我不想一一細數這個想像實驗的細節[80]，但薛丁格認為一隻半活半死的貓並不合理。他更深一層的重點是，沒有人能解釋波函數是**如何**塌縮的，也沒有人能解釋為什麼大型量子系統（例如被視為眾多基本粒子之集合的貓）

似乎變成了古典系統。物理學家已經用更大型的量子系統做過實驗，表示疊加確實會發生。他們還沒用貓做過實驗，但從電子到極微小的鑽石晶體都曾是他們的實驗對象。西蒙・格羅布拉赫（Simon Gröblacher）希望能用緩步動物（tardigrade）做實驗——這種極度微小的動物又稱為「水熊蟲」（water bear）或「苔蘚豬」（moss piglet），它們具有異常強韌的生命力——將它們放在一個量子彈翻床上 [81]（我是說真的，我之後會再回過頭來說明）。然而，這些實驗都沒有回答薛丁格的問題。

這其中的核心哲學問題是：觀測是什麼？為了討論，我們以薛丁格的情境來假設，貓的波函數是在盒中的偵測器一「觀察到」衰變就塌縮的嗎？是在**貓**發現毒氣時塌縮的嗎？（貓是可以作為觀測者的：我有一隻貓就痴迷於觀測金魚）還是它會等到有人打開盒子往裡面看的時候才塌縮呢？我們可以為上述任何一個問題辯論，而如果該盒子真的是無法穿透的，那答案也無從得知。如果我們放攝影機在裡面呢？嗯，但你也得打開盒子才能知道攝影機究竟錄了什麼。也許在你觀察之前，盒子裡是處於「被錄影的貓活著」和「被錄影的貓死掉」的疊加狀態。也許它的狀態在原子衰變時就已經塌縮了。也許它是在兩種狀態之間

某一個時間點塌縮的。

　　「什麼是量子觀測」這個問題仍然沒有解決。我們在數學中建構模型的方式既簡潔又整齊，而且和實際觀測產生的過程並沒有重大相似之處，因為數學模型所假設的測量工具不是量子系統。我們應該採取的思考方式被大部分物理學家所忽略，而其他人也對此爭論不休。我會在第16章再回來討論這場爭論。以目前來說，我們需要記住的幾個重點是：疊加原則、本徵態是唯一一個我們通常能測量到的事物，量子觀測本質則尚未釐清。

　　雖然這些基礎問題仍然存在，但量子力學已開始蓬勃發展。在一些優秀的先驅手中，量子力學解釋了一長串以往令人困惑的實驗，並且激發了許多新的實驗。阿爾伯特・愛因斯坦用量子論解釋光電效應，也就是當一束光照射在合適的金屬上就會產生電。他以這項成就獲得諾貝爾獎。諷刺的是，他從未對量子論感到滿意。他為不確定性困擾，不是他心裡的不確定性：而是理論本身的不確定性。

　　力學的量（無論是古典還是量子）都是一對一對自然連結的。舉例來說，位置是與動量（質量乘以速度）連結

的，而速度是位置的變化率。在古典力學中，你可以同時測量這兩種量，而原則上你希望這些量測多準確就可以多準確。你只需要小心在測量粒子的行為時不要過度干擾它即可。但在 1927 年，海森堡主張量子力學並不是那樣的。相反地，你愈是準確地測量一顆粒子的位置，你就愈不能準確地測定它的速度，反之亦然。

海森堡對「觀測者效應」（observer effect）給了一個非正式的解釋：觀測這個動作會干擾你正在觀測的事物。這個解釋有助於說服人們相信他是對的，但實際上這是過度簡化的解釋。觀察者效應也存在於古典力學。為了觀察一顆足球的位置，你可以用光照亮那顆球。照亮球的光被反射了——而球非常細微地變慢了一點。當你接著測量球的速度，比如測量那顆球行進一公尺所花的時間，你測得的速度會比你對著球照光之前還要慢一點點。所以測量球的位置會改變球速的測量結果。海森堡指出，在古典物理學裡，謹慎的測量會讓這種變化可被忽略不計。但在量子領域，測量更像是對著那顆足球重重踢一腳。你的腳現在告訴你球**剛才**在哪裡，但你完全不知道它跑到哪裡去了。

這個類比很好，但嚴格說起來是錯的。海森堡對量子

測量準確性所設的極限遠遠更深。這種現象發生在所有的波，而且它也進一步證明物質在非常小的規模中具有波的性質。在量子世界裡，這個現象的正式名稱是海森堡測不準原理（Heisenberg's uncertainty principle）。黑塞・肯納德（Hesse Kennard）在 1927 年將該原理以數學公式化，隔年赫爾曼・魏爾（Hermann Weyl）也將其公式化。這個公式說明了位置的不確定性乘上動量的不確定性至少會等於 $h/4\pi$，而 h 就是普朗克常數。以符號來表示：

$$\sigma_x \sigma_p \geq h/4\pi$$

其中的西格瑪是標準差，x 是位置，而 p 是動量。

這道公式顯示，量子力學本身含有一定程度的不確定性。科學提出理論並用實驗檢測這些理論。這些實驗測量理論所預測的量，看看被預測的量是否正確，但測不準原理表示有些特定的測量結果組合是**不可能**的。這不是目前設備的限制：這是自然的限制。所以量子論的某些方面不能用實驗來驗證。

更古怪的是，海森堡的原理只適用於某些成對的變數，對某些其它變數卻不適用。這告訴我們，特定成對的「共軛」或「互補」變數，像是位置和動量，是緊密相連

的。如果我們非常準確地測量其中一個，它們之間的數學連結方式就暗示了我們不能同時準確地測量另一個。不過，在某些狀況下，兩個不同的變數可以被同時測量，甚至在量子世界裡也可以。

我們現在知道，與海森堡的解釋恰恰相反，測不準原理所表示的不確定性並不是來自觀察者效應。2012 年，長谷川祐司測量了中子群的自旋，發現觀測行為並沒有產生如海森堡所說的不確定性量。[82] 同年，阿弗雷‧斯坦伯格（Aephraim Steinberg）領導的團隊對光子進行了極為精巧的測量，精巧到測量過程對個別光子產生的不確定性比測不準原理所說的還要少。[83] 不過，測不準原理的數學還是正確的，因為關於光子行為的不確定性總量仍然超越了海森堡極限（Heisenberg limit）。

這項實驗並未使用位置與動量，而是使用一種更細微的特性，稱為偏振（polarisation）。它指的是代表一顆光子的波正在振動的方向。這個方向可能是上下振動或左右振動，或其他方向。以相互垂直方向進行的偏振是共軛變數，所以根據測不準原理，你沒辦法同時測量它們而得到極度精準的結果。實驗人員利用弱測量（weak measu-

rement）測定一光子在一平面上的偏振，弱測量不會過度
干擾光子（就像用羽毛輕搔足球一樣）。測量結果不是非
常準確，但它多少估計了偏振的方向。接著他們用同樣方
式測量同一光子在第二個平面上的偏振。最後，他們用強
測量（strong measurement）（像是對足球重重踢一腳）
測定光子在原本方向的偏振，這個方式的測量結果非常準
確。這樣他們就能知道弱測量對彼此產生了多少干擾。最
後的這種測量方式對光子產生很大的干擾，但到那時候已
經不重要了。

　　當這些觀測被重複許多次，測量一個偏振的行為就不
會像海森堡原理所說的這麼干擾光子了，實際上的干擾程
度可能縮減到一半。但這並沒有和海森堡原理衝突，因為
你無法足夠準確地同時測量**兩種**偏振狀態。不過這倒是顯
示，不確定性不一定是測量行為造成的。不確定性本來就
已經存在。

　　先不說哥本哈根詮釋，波函數的疊加直到 1935 年之
前似乎都還算直截了當。不過在 1935 年，愛因斯坦、鮑
里斯・波多爾斯基（Boris Podolsky）和納森・羅森
（Nathan Rosen）發表了一篇有名的論文，討論我們現在

稱為 EPR 弔詭（EPR paradox）的論述。他們主張，根據哥本哈根詮釋，一個含有兩顆粒子的系統必定違反測不準原理，除非對其中一顆粒子的測量會瞬間對另一顆粒子造成影響——無論這兩顆粒子分散得有多遠。愛因斯坦將之稱為「鬼魅般的超距作用（action at a distance）」，因為它和基本的相對論原理不相符，基本的相對論原理表示沒有任何訊號能傳播得比光還要快。起初，他認為 EPR 弔詭反駁了哥本哈根詮釋，所以量子力學是不完整的。

　　如今，量子物理學家的看法則很不一樣。EPR 弔詭揭露的效應是真實的。這種效應會在一種特殊的情況下發生：兩個（或以上）「纏結」的粒子或其他量子系統。當粒子纏結在一起，它們就失去了自己的特性，任何可行的觀測都是針對整個系統的狀態，而不是個別的組成元件。數學上來說，合併系統的狀態是來自各個組成元件狀態的「張量積」（tensor product）（稍後會解釋）。相應的波函數一如往常提供了在任一特定狀態下觀測該系統的機率，但狀態本身不會分裂成個別元件的觀測結果。

　　張量積大略是這樣的。假設兩個人有一頂帽子和一件外套。帽子可能是紅色或藍色；外套可能是綠色或黃色。每人都各選擇一頂帽子和一件外套，所以他們服裝的「狀

態」是一對的，例如（紅色帽子，綠色外套）或（藍色帽子，黃色外套）。在量子宇宙裡，帽子的狀態可以疊加，所以「1/3 紅色 + 2/3 藍色帽子」是合理的，外套也一樣。張量積將疊加延伸至成對的（帽子，外套）。數學規則告訴我們，對一固定選擇的外套顏色而言，譬如說綠色，兩頂帽子狀態的疊加分解了整個系統，像這樣：

（1/3 紅色 + 2/3 藍色帽子，綠色外套）
= 1/3（紅色帽子，綠色外套）+ 2/3（藍色帽子，綠色外套）

對一固定選擇的帽子而言，兩件外套狀態的疊加也是一樣的。像這樣的狀態基本上就告訴了我們，帽子和外套的狀態之間並沒有發生重大的交互作用。不過，這種交互作用確實會發生在「纏結」狀態，例如：

1/3（紅色帽子，綠色外套）+ 2/3（藍色帽子，黃色外套）

量子力學的規則預測，測量帽子的顏色不僅會使帽子的狀態塌縮，還會使得整個帽子／外套系統的狀態都塌縮。這立刻就指出了，外套的狀態是受到限制的。

　　成對的量子粒子也是一樣：一個代表帽子，一個代表外套。顏色則被自旋或偏振等變數所取代。被測量的粒子

看似是以某種方式將自身狀態**傳遞**給另一顆粒子，影響了我們對另一顆粒子所做的任何測量。然而，無論兩顆粒子相距多麼遙遠，這個效應都會發生。根據相對論，訊號不可能傳播得比光還快，但在某一實驗中，這些訊號必須以一萬倍的光速傳播才能解釋這個效應。因為這個原因，所以觀測結果的纏結效應有時候又稱為量子遙傳（quantum teleportation）。量子遙傳被視為是一個具鑑別性的特徵——也許是**唯一**具鑑別性的特徵——能夠顯示量子世界與古典物理學是多麼不同。

　　讓我回頭討論愛因斯坦，他為鬼魅般的超距作用感到困擾。起初，他比較贊同纏結狀態之謎的另一個答案：隱變數理論（hidden-variable theory）。這是一個潛在的確定性解釋。回想丟硬幣的情況，如第 4 章所示。機率性的正面／反面狀態能夠由一種更詳細的硬幣力學模型來解釋，其變數為位置與轉速。這些變數和二元的正面／反面變數沒有關係，這個現象會發生在我們用桌子、手或地板中斷硬幣軌跡來「觀察」硬幣狀態的時候。硬幣並不是神祕地在正面與反面之間隨機翻轉；它的行為遠遠更為怪異。

假設每顆量子粒子都有一個隱動態，能夠以相似的方式決定觀測結果。再進一步假設兩顆粒子剛開始纏結時，它們的隱動態會與彼此同步。其後，它們隨時都會處於同一個隱藏狀態，即使這兩顆粒子分開了也一樣。如果測量結果不是隨機的，而是依循該內部狀態，那麼同時對這兩顆粒子進行的測量必定彼此相符。它們之間不需要傳遞訊號。

這有點像兩名間諜碰面，把手錶同步調成一樣的時間，然後分開。如果在某一時刻，其中一人看了手錶，手錶顯示時間為晚上六點三十四分，他就能夠預測另一人的手錶在那個瞬間也是顯示六點三十四分。他們兩人能夠在預先安排好的同一時間採取行動，不需傳遞任何訊號。量子粒子的隱動態可能以相同方式運作，就像手錶一樣。當然，它們必須非常準確地進行同步，否則兩顆粒子的步調就會不一致，但量子態是非常準確的。舉例來說，所有電子的質量都相等至小數點後非常多位。

這是個很好的想法。它與實驗中纏結粒子的產生方式十分接近。[84] 它不僅顯示，原則上一個確定性的隱變數理論能夠解釋不會出現鬼魅般超距作用的纏結現象，它還幾乎證明了這個理論必定存在。但我們在下一章會看到，

當物理學家認為所有隱變數理論都是不可能的，這個想法
卻緊接著又被束之高閣。

16 骰子能扮演上帝嗎？

宇宙誕生之前是一片混沌，
而我們正是一頭栽進了無形無體、一片虛無的混沌之中。
—— 約翰‧利文斯頓‧洛斯（John Livingston Lowes），
《仙那度之路》（*The Road to Xanadu*）

物理學家已經逐漸接受，物質在其最小規模時擁有自己的意志。它可以自發地決定產生變化 —— 從粒子變成波、從一種元素的放射性原子變成完全不同的元素。不需要外在媒介：它就這樣**改變**了。其中沒有規則可循。這跟愛因斯坦抱怨「上帝不擲骰子」不太一樣，這更糟糕。骰子或許是隨機性的表徵，但我們在第 4 章看到，骰子其實是確定性的。如果把這點記在心上，那麼愛因斯坦的抱怨其實應該是「上帝**確實會**擲骰子」才對，骰子的隱動態變數會決定它如何落地。愛因斯坦所反對的量子觀點是：上帝不擲骰子，但祂得到的結果，會跟祂擲了骰子所得到的結果一樣。或者再更準確地說，骰子自己丟擲自己，而得出的結果就是宇宙。基本上，量子骰子在扮演上帝。但它

們到底是比喻上的骰子？還是真正隨機性的具體代表？又或者它們是確定性的骰子，在宇宙的結構中胡亂彈跳？

　　在古希臘的創世神話中，「混沌」指的是宇宙誕生之前無形無體的原始狀態。混沌就是天堂與地球分裂時出現的間隙，是地球下方的那片虛無，也是——根據海西奧德（Hesiod）的《神譜》（*Theogony*）——第一位原始神。宇宙誕生之前是一片混沌。然而，在現代物理的發展中，卻是宇宙比混沌更早出現。確切來說，量子論的發明與發展在人們正確理解命定混沌（deterministic chaos）的可能性之前就出現了，而且早了半個世紀。因此，量子不確定性從一開始就被假定是完全隨機的，內建於宇宙的結構之中。

　　等到混沌理論廣為人知之後，有個典範觀點已經根深柢固，不容質疑。這個觀點就是量子不確定性在本質上是隨機的，沒有更深層的結構能解釋這種特性，也不**需要**更深層的結構來解釋。但我不禁思索，如果在物理學家開始思考量子**之前**，數學家就先想出混沌理論——將混沌理論發展成一個完備的數學分支，而不只是龐加萊挖掘出的古怪例子——後來的一切可能都會不同。

　　問題在於量子隨機性來自哪裡。傳統的觀點是它並不

來自任何地方；它本來就在那裡。而這產生的問題就是要
解釋，量子事件在那種情況下為何有如此規律的統計資
料。每個放射性同位素都有一個精確的「半衰期」（half-
life），也就是一個龐大的樣本中，半數原子發生衰變所
需的時間。一顆放射性原子怎麼知道它的半衰期應該是多
久？是什麼告訴它何時應該衰變？以「機率」當作答案確
實很不錯，但在其他情況下，機率反映的要嘛是我們對創
造事件的機制一無所知，要嘛是我們經由對那些機制的理
解而進行的數學推導。而在量子力學中，機率*就是*機制。

　　甚至有一項數學定理表示機率必須是機制，那就是貝
爾定理（Bell's theorem）。這項定理原本還可能讓約翰・
貝爾（John Bell）獲得諾貝爾物理學獎。一般認為他獲
得了 1990 年諾貝爾物理學獎的提名，但提名名單是保密
的，而且在公布該獎得主之前，貝爾就因中風過世了。不
過，就像基本派物理學的大多數聲明一樣，如果你更深入
挖掘，就會發現這其實不像大家說的那樣簡單。我們常說
貝爾不等式排除了量子力學的任何隱變數理論，但這個論
述太過寬泛。貝爾不等式確實排除了特定*種類*的隱變數解
釋論述，但並不是全部都排除。貝爾定理的證明牽涉到一
系列數學假設，這些假設並不是全都很明確。更近期的研

究顯示，特定類型的混沌動力學在原則上或許提供了一種確定性機制，這種機制構成了量子不確定性的基礎。目前這些都只是線索，而非明確的理論，但它們暗示了如果混沌比量子論更早被發現，確定性的觀點或許會成為如今的傳統觀點。

　　即使在發展初期，也有一些物理學家對量子不確定性的傳統觀點提出挑戰。而近年來也新出現了一些異於常規的想法，成為「有些問題最好不要深究」這個主流觀點以外的另一個思考方式。面對現今普遍對量子不確定性抱持的態度，世界頂尖物理學家羅傑・潘洛斯是少數對此感到不安的人之一。他於 2011 年寫道：「量子力學不僅需要與詮釋的難解謎題共存，也……需要與深奧的內部不一致性共存，這就是為什麼有人可能認為這套理論有一些嚴肅的議題需要處理。」[85]

　　有人試圖為量子傳統觀點提出替代理論時，往往會面臨物理學界大多數人根深柢固的懷疑態度。這種反應是可以理解的，因為基本物理學已經受到數個世代之久的瘋狂抨擊，而哲學家偶爾也會發動突襲，這些哲學家尋求量子之謎的文字解釋，卻又撻伐物理學家把一切都搞錯了。有

一個簡單的方法能夠避開這些問題，而要用這個方法就需要有足夠的誘因。量子力學很古怪，連物理學家都這麼說。他們很享受量子力學的古怪帶來的樂趣。任何不同意這點的人顯然都是些食古不化的古典力學論者，他們缺乏想像力去接受這個世界真的可能**這麼**古怪。「別再問蠢問題，繼續算就對了」變成了主流態度。

然而，反主流文化一直都存在。有些人——其中不乏世界上最優秀最聰明的物理學家——仍然繼續問那些蠢問題。不是因為他們的想像力太貧乏，而是因為想像力太豐富。他們想知道量子世界是否比傳統描述還要**更古怪**。他們針對這些蠢問題探尋到深奧的發現，而且這些發現已經動搖了物理學的基礎。有人寫了書，有人發表論文。有人做出大有希望的嘗試，試圖探討量子現實更深入的面向；有些嘗試非常有效，不僅符合了幾乎所有現今對量子論的知識，還補充了新層次的解釋。但這樣的成功卻被用來反將那些物理學家一軍。因為沒有辦法透過傳統實驗來區別新的理論與既有的理論，所以爭論就持續不止：新理論沒有意義，我們應該繼續使用既有的理論。這種異常不對稱的論述有個明顯的反駁方式：同樣的道理，也可以說舊理論沒有意義，我們應該全都改用新理論。這個時候，反方

會關掉他們的貝氏大腦，回歸到古老的思考方式。

　　但是……量子世界的傳統描述存有**太多**還沒交代清楚的部分。看似毫無道理的現象、自相矛盾的假設、沒有解釋到任何事的解釋。而在這一切之下掩藏著一個令人不安的事實，這個事實因為極度難堪而被倉促掃進地毯底下：支持「廢話少說，算就對了」的陣營其實也不瞭解到底是怎麼一回事。實際上，即使是抱持那種信念的量子物理學家，所做的也**不**只有計算而已。他們進行複雜計算之前，會先建立量子力學方程式來模擬現實世界，而如何選擇這些方程式並不只是根據規則的計算而已。舉例來說，他們將一個分光鏡建模為一個是／否的簡潔數學實體，獨立於方程式之外，它會透射或反射一顆光子——但神奇的是，它除了讓反射波產生四分之一相移之外，並不會改變光子的狀態。這種簡單的實體並不存在。以量子層次來看，現實中的分光鏡是極度複雜的次原子粒子系統。當一顆光子穿過分光鏡，它會和這整個系統進行交互作用。這作用一點都不簡單。但很神奇的是，這個簡單的模型似乎是有用的。我不認為真的有人知道為什麼會這樣，這是不可能計算的：分光鏡內含有太多粒子了。但廢話少說，算就對了。

　　大多數量子方程式都牽涉到這種模擬假設，將不存在

於模糊的量子世界卻具有清晰定義的物體引入數學中。方程式的內容被強調，但脈絡卻遭到忽略——而脈絡就是在方程式能被建立並解出之前必須先界定清楚的「邊界條件」（boundary condition）。量子物理學家知道如何使用他們那套數學把戲；他們是精湛的表演家，能夠進行驚人的複雜計算，並得出精確到小數點後九位的答案。但很少人會問為什麼這套數學把戲這麼有用。

波函數是真的嗎？或者因為我們無法觀察它的整體，所以它只是一種數學抽象概念？它確實存在，還是它是一個方便解釋的虛擬物——也許是凱特勒均人的物理學家翻版？均人並不存在；我們沒辦法走到正確的那扇門前，敲敲門，然後和這個均人面對面。但是，這個虛擬人物包含了許多關於真正人類的資訊。或許波函數就像那樣。沒有電子真的有波函數，但它們的行為卻好像它們全都有波函數一樣。

舉一個經典的類比，請先試想一枚硬幣。它有一個機率分布：$P(\text{正}) = P(\text{反}) = 1/2$。在標準的數學意義上，這是存在的：它是定義清楚的數學物件，而且它支配著幾乎所有關於重複丟擲硬幣的問題。但這個分布是以一個真

正的物體**存在**嗎？它並沒有標記在硬幣上。你不能一次就測量到它。你每次擲硬幣都會得到一個確切的結果。正面，又是正面，這次是反面。硬幣的行為就**好像**它的機率分布是真的一樣，但使用丟擲硬幣「儀器」來測量分布的唯一方法是一次又一次反覆丟擲硬幣，然後計算每次丟擲的結果，接著你從這些結果**推論**出機率分布。

　　如果硬幣就只是被放在桌上，隨機地在正面與反面之間翻轉，那麼這一切會非常神祕。硬幣怎麼**知道**如何讓機率對半分？一定有什麼東西告訴它。所以要嘛是機率分布具體體現在硬幣的現實狀態上，要嘛有我們看不見的更深層事件正在發生，而機率分布正是一個標誌，顯示一個更深層的事實確實存在。

　　以這個例子來說，我們知道它是如何運作的。硬幣並不只是被放在桌上，在正面與反面這兩種我們能夠測量的狀態之間翻轉。它會在空中一遍又一遍地翻轉。硬幣在空中翻轉時，它的狀態不是正面也不是反面。它甚至不是正面與反面的疊加，亦即對半分。硬幣的狀態是完全不同的：它是空間中的位置及旋轉速度，而不是桌上正面／反面的選擇。我們讓硬幣與「測量儀器」——桌子——進行交互作用，藉此「觀察」正面／反面的選擇（測量儀器也

可以是一隻手，或是接住硬幣的任何東西）。這其中隱藏著一個自旋的世界，而桌子渾然不察。在這個隱藏的世界裡，硬幣的命運被決定了：無論硬幣以何種角度碰撞桌子，如果它碰撞時正面那側朝上，那麼結果就會是正面；反面時亦然。硬幣在空中活動的所有微小細節都被觀測行為抹除：根本是被粉碎了。

　　量子不確定性有可能是這樣嗎？這種想法似乎挺有道理的。愛因斯坦就是希望能以這種想法來解釋纏結現象。自旋的電子可能具有某種**內部**動態嗎？也就是未被直接觀測到的隱變數？而這個隱變數卻能決定電子與測量儀器交互作用時電子自旋被賦予的值？若是如此，那電子就像硬幣一樣，它的隱變數就是動態。隨機的可觀察量只是它的最終靜止狀態，藉由它撞擊到桌子來「測量」。同樣的道理或許也可以解釋一顆放射性原子如何隨機地衰變，卻有著規律的統計資料。這樣的話，要創造一個適合的混沌動態就很簡單了。

　　在古典力學中，這種隱變數的存在與它們不為人知的動態解釋了硬幣如何知道要以一半的機率給出正面的結果。這種資訊是動態的數學結果之一：系統最終處於特定動態的機率（這類似於不變測度，但嚴格說起來是不一樣

的：這與狀態空間中的初始條件分布相關，而這些條件會導致一特定觀察結果）。硬幣在旋轉時，我們可以在數學上先行進入硬幣完全確定性的未來，然後計算出它撞擊到桌子時會是正面還是反面，接著我們在概念上以該結果標記當下狀態。為了找出擲到正面的機率，我們計算點被標記為「正面」的狀態空間區塊（或某個選定區域）。那就是我們要的。

透過一個與確定性的混沌動力學相關的自然機率測度，我們就能解釋清楚動態系統中隨機性的幾乎每一次出現。那為什麼量子系統不行呢？不幸的是，對於尋求隱變數解釋的人而言，確實有個看起來相當不錯的解答。

在哥本哈根詮釋中，推測隱變數被視為是一件沒有意義的事，因為哥本哈根詮釋認為只要試圖觀察原子與次原子行為的「內部運作」，就必定會產生嚴重干擾，以致於觀察結果毫無意義。但這個論點絕對不是無懈可擊的。如今我們習慣使用加速器來觀測量子粒子內部結構的各個方面。這種觀測方式很昂貴——發現希格斯玻色子的大型強子對撞機（Large Hadron Collider）就要價八十億歐元——但並非不可能。在十八世紀，奧古斯特·孔德

（Auguste Comte）主張我們永遠無法知道恆星的化學組成，但沒有人主張恆星並不**具有**化學組成。結果發現孔德大錯特錯（在光譜上也錯得離譜）：星星的化學組成是我們**可以**觀察的主要事物之一，恆星光中的光譜線揭露了恆星內的化學元素。

　　哥本哈根詮釋深深受到邏輯實證論（logical positivism）的影響，邏輯實證論是一種二十世紀早期流行的科學哲學觀，主張除非你能夠測量該事物，否則任何事物皆不能被視為是存在的。研究動物行為的科學家認同這種觀點，因而他們認為動物的任何行為都是受控於牠們腦中的某種機械式「驅力」。狗喝碗中的水不是因為牠覺得渴；而是因為牠有一種驅使牠喝水的驅力，當牠的水合狀態低於某個臨界值，這種驅力就會開啟。邏輯實證論本身是對其相反觀點的回應，這種相反觀點是擬人論（anthropomorphism），也就是假設動物擁有像人類一樣的情緒與動機的思想傾向。但邏輯實證論過度反應，將有智慧的生物轉化成無知無腦的機器。現今有一種更精細的觀點是廣泛通用的。舉例來說，蓋利特・肖哈特－歐斐爾（Galit Shohat-Ophir）的實驗顯示雄性果蠅會在性交過程中感受到愉悅。她說：「性的獎賞系統是非常古老的機制。」[86]

　　量子力學的建立者也可能過度反應了。過去幾年間，科學家找到一些複雜的方法來研究量子系統，使其揭露的系統內部運作比波耳時代所想像的更多。我們在第 15 章解釋了其中一種方法：阿弗雷・斯坦伯格超越測不準原理的方法。如今大家似乎已接受波函數是一個真實的物理特徵：要仔細觀察非常困難，或許根本做不到，但它不只是一種有用的假設而已。如此說來，因為 1920 年代一些著名物理學家在哥本哈根認定隱變數不能成立，所以你就反對隱變數，根本就像是因為孔德說你永遠無法知道恆星的內部化學組成，所以你就反對恆星具有內部化學組成一樣，都是完全不合理。

　　不過，大多數物理學家之所以拒絕以隱變數解釋量子不確定性，有一個更好的理由。任何這類理論都必須符合現今已知關於量子世界的一切，而這裡我們就得談談約翰・貝爾的不等式這個偉大發現了。

　　1964 年，貝爾發表了一篇論文，被廣泛視為關於量子力學的隱變數理論最重要的論文之一：〈論愛因斯坦－波多爾斯基－羅森弔詭〉（On the Einstein Podolsky Rosen paradox）。[87] 貝爾的研究動機來自約翰・馮・諾

伊曼之前的一項嘗試，諾伊曼在 1932 年的著作《量子力學的數學基礎》（*Mathematische Grundlagen der Quanten-mechanik*）證明，量子力學的隱變數理論全都是不可能的。

　　數學家格蕾特・赫爾曼（Grete Hermann）在 1935 年發現這個論述有一個缺陷，但她的研究沒有任何影響力，而物理學界有幾十年的時間都全盤接受馮・諾伊曼的證明。[88] 亞當・貝克（Adam Becker）推測赫爾曼的性別或許是箇中原因之一，因為當時大多數女性被禁止在大學教書。[89] 赫爾曼在哥廷根大學攻讀博士學位，師從當時最偉大的女性數學家之一：埃米・諾特（Emmy Noether）。諾特 1916 年開始教書，名義上是大衛・希伯特（David Hilbert）的助教，但她直到 1923 年才開始取得薪資。總之，貝爾自己發現了馮・諾伊曼的證明是不完整的。他原本試圖找到一種隱變數理論，卻發現一套證明隱變數理論不可行的證據，而且更加強而有力。他的主要研究結果排除了任何量子不確定性的隱變數模型符合兩種基本條件的可能，這兩種條件在古典情境下都是完全合理的：

• **實在性**（reality）：微觀物體具有可決定量子觀測結果

的真實特性。

• **局域性**（locality）：任一特定位置的真實情形不會受到同時在一較遠位置進行的實驗所影響。

　　基於這些假設，貝爾證明了特定觀測結果必定會以一不等式表示彼此關聯：不等式為一種數學表達式，表示某個可觀測量組合小於等於另一個組合。由此可見，如果一項實驗的測量結果違反了這個不等式，則必定發生了以下三種情況之一：不符合實在性的條件，或是不符合局域性的條件，或是假設的隱變數理論不存在。當實驗工作產生與貝爾不等式不一致的結果，隱變數理論便宣告死亡了。量子物理學家回到「廢話少說，算就對了」的模式，接受了量子世界就是這麼古怪，你能做的極限就到這裡，而任何想要更多解釋的人都在浪費自己和所有人的時間。

　　我不想被數學細節絆住，但我們需要大略看看貝爾的證明是如何進行的。這項證明經過多次修改與重製，而這些變體統稱為貝爾不等式。目前的標準設定包含密碼學中一對著名人物：愛麗絲（Alice）與鮑伯（Bob），他們觀察一對對進行過交互作用又分開的纏結粒子。愛麗絲測量一對，鮑伯測量另一對。為了明確表示，假設他們在測

量自旋。關鍵要素如下：

- 一個隱變數空間。這些隱變數代表每顆粒子內的假想內部機制，粒子的狀態決定測量結果，但又不能被直接觀測到。假設該空間具有自己的測度，能告訴我們隱變數落在某一特定範圍的機率。如之前所說，這種設定並不是確定性的，但如果我們指定隱變數的一種動態，然後利用一個不變測度來表示機率，我們就能納入確定性模型。

- 愛麗絲和鮑伯各有一台偵測器，並各自選擇一種「設定」。設定 a 是愛麗絲測量自旋時所根據的軸；設定 b 則是鮑伯測量自旋時所根據的軸。

- 愛麗絲測量的自旋與鮑伯測量的自旋之間被觀察到的相關。這些是量，可量化兩人比起獲得相反結果，有多常獲得皆為「向上自旋」或「向下自旋」的相同結果（它們與統計上的相關係數不甚相同，但作用是一樣的）。

我們可以設想三種這樣的相關：實驗中觀察到的相關、標準量子論預測的相關，以及某個假想的隱變數理論預測的相關。貝爾考慮了三個特定的軸 a、b、c，並一次取兩個軸成對，計算其相關的隱變數預測結果，用 $C(a,b)$ 表示，

以此類推。藉由將這些相關與隱變數空間的假設機率分布連結起來，他以一般數學證明，無論隱變數理論可能為何，相關都必須滿足該不等式：[90]

$$C(a,\, c) - C(b,\, a) - C(b,\, c) \leq 1$$

這個不等式具有隱變數世界的特性。根據量子論，這對量子世界來說是錯的。實驗證實這在現實世界也是錯的。量子比隱變數的得分是 1–0。

　　一個經典的類比或許有助解釋為什麼必須應用這種一般條件。假設三個實驗者在丟硬幣。丟擲結果是隨機的，但硬幣或是丟硬幣的裝置經過某種設計，使它們產生高度相關的結果。愛麗絲和鮑伯有 95% 的機會得到相同結果；鮑伯和查理（Charlie）也有 95% 的機會得到相同結果。所以愛麗絲和鮑伯有 5% 的機會得到不同丟擲結果，而鮑伯和查理也有 5% 的機會得到不同丟擲結果。因此，愛麗絲和查理可能最多有 5 + 5 = 10% 的機會得到不同丟擲結果，所以他們一定至少有 90% 的機會都得到相同結果。這是布爾－弗雷歇不等式（Boole–Fréchet inequality）的一個例子。貝爾不等式在量子情境中也大致遵循相似的推論，但較不直接。

　　貝爾不等式代表了隱變數理論研究中一個極其重要的階段，區分出它們的主要特徵，並排除那些試圖一口氣解釋一切的理論。貝爾不等式推翻了愛因斯坦對於纏結現象具有矛盾特性的簡單解釋，也就是粒子具有彼此同步的隱變數。但因為隱動態並不存在，所以沒有東西可以進行同步。

　　不過，如果有可能迴避貝爾定理，纏結現象就會合理許多。這似乎值得一試。我們來看看一些潛在的漏洞。一道波正朝向一處屏障前進，屏障有著兩條緊靠在一起的狹縫。波的不同區域各通過一條狹縫，然後從遠端出現，並擴散開來。通過狹縫後出現了兩道波，它們以波峰波谷交錯的複雜圖樣與彼此重疊。這是個繞射圖樣，也是我們預期一道波會有的現象。

　　一顆微小的粒子朝向一處屏障前進，屏障有兩條緊靠在一起的狹縫，所以粒子一定會從其中一條狹縫穿過去。無論它穿過哪一條狹縫，它都可以改變方向，且改變方向的方式很明顯是隨機的。但如果將粒子位置的觀測結果在多次重複後平均下來，它們同樣會形成一種有規則的圖樣。很奇特地，它看起來和波的繞射圖樣一模一樣。這完全不是我們預期一顆粒子會有的現象，這很古怪。

　　你會發現這段敘述是其中一個最早揭露量子世界多麼古怪的實驗，那就是有名的雙縫實驗，它顯示光子在某些情況下會表現得像粒子，但在其他情況下又表現得像波。

　　這確實是雙縫實驗。但它**也**在描述一個較近代的實驗，這個實驗和量子論完全沒有關係，而且甚至還更古怪。

　　在這項實驗中，粒子是一顆微小的油滴，而波則穿過一池相同的油。很神奇地，油滴會在波上彈跳。正常來說，如果一顆油滴掉到一池相同的液體中，我們會預期它和那池液體融合並消失。然而，我們可以讓非常小的油滴維持在一池同樣的油上面，而不被整池的油淹沒。其中的訣竅就是讓這池液體快速地以垂直方向振動，例如將液體放置於擴音器上。液體中有一些力在某種程度上會抵抗與其他部分融合，而此處最主要的就是表面張力（surface tension）。液體表面就像一層細薄柔軟的彈性薄膜；像一個變形的袋子將表面固定住。當一顆小液滴碰觸到液體，表面張力會試圖讓兩者分開，同時引力等其他力則試圖讓它們融合，哪一方獲勝取決於當下的情況。讓液體振動會在液體表面上形成波，當往下掉落的液滴撞擊到一個往上升起的波，這個衝擊會戰勝融合的傾向，液滴就會彈

跳。如果有適當大小的微小液滴及適當的振動振幅與頻率，液滴就會與波共振。這個效應非常穩固──頻率為四十赫茲時，也就是每秒四十次，液滴通常每秒彈跳二十次（剛好是一半，背後的數學原因我在此處不細述）。液滴在彈跳幾百萬次後仍能保持完好無缺。

　　2005 年，伊夫・庫德（Yves Couder）的研究團隊開始研究彈跳液滴的物理學。液滴與整池液體相較之下非常微小，而且是使用一台顯微鏡與慢動作攝影機來觀測。透過改變振動的振幅與頻率，就可以讓液滴「走路」，以直線緩慢前進。這種現象之所以會發生是因為液滴稍微和波變得不同步，所以它不會剛好撞到波峰，而是與波峰呈一微小角度進行彈跳。波的模式也會跟著移動，而如果數字正確，下次液滴撞擊到液面時，同樣的事會再發生。現在液滴的行為就像移動的粒子一樣（當然，波的行為就像移動的波一樣）。

　　約翰・布希（John Bush）領導的團隊將庫德的研究進一步延伸，而兩個團隊有了非常奇妙的發現。特別是他們發現，雖然所涉及的物理理論完全是古典物理學，而且再現及解釋這種行為的數學模型也完全是基於牛頓力學，但會彈跳又會走路的液滴卻能表現得像量子粒子一樣。

2006 年，庫德和艾曼紐・福爾特（Emmanuel Fort）證明液滴的行為會模仿讓量子論創立者百思不得其解的雙縫實驗。[91] 他們將振動的液池裝上兩條類似於狹縫的裝置，並反覆讓液滴朝著這兩條裝置前進。液滴一定會穿過其中一條狹縫，就像粒子一樣，而且通過後的前進方向具有一定程度的隨機變異。但當他們測定穿過狹縫的液滴位置位於何處，並將這些液滴的位置繪製為統計直方圖，結果就跟繞射圖樣一模一樣。

　　費曼主張雙縫實驗不能以古典解釋來說明，這項發現讓他的主張令人懷疑。雖然布希使用光來觀測粒子穿過的是哪一條狹縫，但這並不是很好的類比，量子觀測必定會牽涉到帶有能量的過程。在費曼想像實驗的精神裡，他認為「在光子穿過狹縫時偵測它會擾亂繞射圖樣」是顯而易見的事，而我們可以很有信心地說，一個量子測量的適當類比——也就是讓液滴用力撞擊液面——也會擾亂繞射圖樣。

　　還有其他實驗顯示更多與量子力學的驚人相似之處。一顆液滴能夠在撞擊一道原該阻止它前進的屏障之後，仍然奇蹟似地出現在另一邊 —— 這是一種量子穿隧（quantum tunnelling），也就是一顆粒子即使沒有所需

的能量也可以穿過屏障。一對液滴可以繞著彼此旋轉，就像氫原子中的電子繞著質子旋轉一樣。不過，跟圍繞太陽公轉的行星不同的是，液滴之間的距離是量子化的：它們以一系列特定離散值出現，就像是原子核裡能階的一般量子化，只有特定離散能量值才有可能出現。液滴甚至能自行依照環形軌道運轉，為自己提供角動量（angular momentum）——這是量子自旋的大致類比。

　　沒人認為這種特殊的古典流體系統能解釋量子不確定性。一顆電子或許不是在一池充滿空間的宇宙流體上跳動的一顆微觀液滴，而液滴也不符合量子粒子的每個細節。但這只是同類型中最簡單的流體系統。它顯示量子效應之所以看起來古怪，是因為我們將它們與錯誤的古典模型進行比較。如果我們把粒子想成僅僅是微小的實心球體，或者把波想成僅僅是水面上的波紋，那麼波粒二元性確實很古怪。它要嘛是波，要嘛是粒子，對吧？

　　液滴明確地告訴我們，這是錯誤的。或許它可以既是粒子又是波，兩者進行交互作用，而我們看到的是哪個面向就取決於我們正在觀察哪些特徵。我們往往會著重在液滴上，但它與波也有密切關聯。從某種意義上來說，液滴（現在為了強調而將其稱為「粒子」）告訴系統一顆粒子

應該如何表現，但波卻告訴系統一道波應該如何表現。比如在雙縫實驗中，**粒子**只會穿過一條狹縫，但**波**會穿過兩條狹縫。可以預料的是，在多次試驗的統計平均值裡，波的模式會出現在粒子的模式中。

在「廢話少說，算就對了」陣營的冰冷方程式深處，量子力學真的可能是那樣嗎？

可能是。但那並不是新理論。

馬克斯·玻恩（Max Born）於 1926 年提出了如今對於粒子之量子波函數的詮釋。這套詮釋並未告訴我們粒子的位置；它告訴我們粒子在任何特定位置的機率。現今物理的唯一限制是粒子其實沒有確切位置；波函數告訴我們的是一次**觀測**會在一特定位置發現粒子的機率。粒子被觀測前是否「真的」在那個位置呢？我們做到最好也只能達成哲學性猜想，而最糟則是產生誤解。

一年後，德布羅意提議對玻恩的想法重新詮釋：粒子或許真的有確切位置，但它在適當實驗中能夠模仿波的行為。或許粒子有個隱形的同伴——「領」波（pilot wave），會告訴粒子該怎麼表現得像波。基本上，他認為波函數是真正的**實體**，而波函數的行為是由薛丁格方程

式所決定的。粒子在任何時刻都有一確切位置，所以它會遵循一條確定性路徑，但它是由自己的波函數所**引導**。如果你有一個由粒子組成的系統，它們合併的波函數會符合一個適當的薛丁格方程式版本。粒子的位置與動量是隱變數，它們會與波函數一起影響觀測結果。尤其位置的機率密度是遵照玻恩的建議，從波函數推導出來的。

沃夫岡・包立（Wolfgang Pauli）反駁說，領波理論並不符合粒子散射的某些現象。德布羅意無法立即給出令人滿意的答案，所以他放棄了這個想法。無論如何，物理學家能觀察到機率分布，但似乎無法同時觀測到粒子和其領波。確實，大家已經有了一個普遍觀念，就是波函數無法被完整觀測到——可以說只能觀測到少量波函數。馮・諾伊曼提出錯誤的證據表示所有隱變數理論都是不可能的，使領波理論就消失得無影無蹤。

一位特立獨行的物理學家大衛・玻姆（David Bohm）於 1952 年重新發現領波理論，並表示包立的反駁是毫無根據的。他提出一套對量子論的系統性詮釋，認為領波的確定性系統是由隱變數支配的。他的理論顯示量子測量的所有標準統計特性依然有效，所以領波理論符合哥本哈根詮釋。圖中顯示了利用玻姆的理論對雙縫實驗的預測結

果，以及近期利用個別光子的弱測量（不會干擾光子狀態）而產生的觀察結果。[92] 兩者的相似性出奇地高。藉由找到適合的平滑曲線，我們甚至可能推導出光子的機率分布，再現由波模型預測的繞射圖樣。

　　玻姆的提議並沒有順利得到量子專家的認同。其中一個理由與物理學無關——因為他年輕時曾是共產主義者。另一個好一點的理由是：按照定義，領波理論為非局域性（non-local）。粒子是局域性的，由粒子組成之系統的行為取決於粒子合併的波函數，但波函數卻不是局域性的。波函數散布在整個空間，而且它取決於邊界條件及粒子。

　　約翰・貝爾給予較為正面的回應，並推廣玻姆－德布

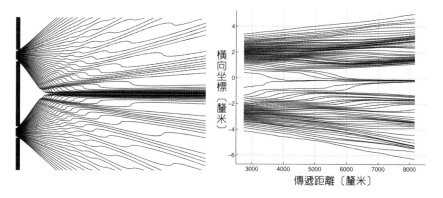

左：根據玻姆的領波理論，雙縫實驗中電子經過的路徑。右：利用個別光子的弱測量所呈現的實驗平均路徑。

羅意領波理論。起初他思考非局域性是否可能被消除掉，最後他得出了著名的證據，顯示非局域性不可能消失。儘管如此，有些物理學家依然持續研究非局域性的替代選擇。這並不像乍聽起來那麼愚蠢。我們來看看原因為何。

　　任何數學定理都是基於假設。它們是「如果／就」的論述：如果特定假設是有效的，特定結論就必須在邏輯上遵循該假設。證據解釋特定結論**如何**遵循假設。定理的論述應該列出所有假設，但假設常是默認的——它們在該領域非常標準，以致於不需要再明確敘述。有時，仔細檢視證據會揭露證據是取決於某個尚未被論述且不標準的假設。這代表了邏輯漏洞，而定理結論的邏輯可能會鑽這種漏洞。

　　貝爾在馮・諾伊曼的論證中發現了漏洞——赫爾曼先前也找到相同漏洞——他修補這個漏洞，並藉此提出了定理。但物理學家可以非常固執，數學家也可以非常迂腐，所以人們不時會在貝爾定理中尋找被忽略的漏洞。如果你找到一個漏洞，不代表這個漏洞就能為量子力學提供一套可行的隱變數理論，但會暗示或許真有一套這樣的理論。

　　提姆・帕爾默是從物理學家轉職的氣象學家，他依然

對物理學很感興趣。他在 1995 年發現了這麼一個漏洞：
假設有個隱動態是確定性卻混亂的。帕爾默發覺，只要動
態系統的行為夠混亂，貝爾不等式的證據就會分崩離析，
因為它考量的相關是不可演算的。舉例來說，假設我們想
要建構一顆電子自旋的模型。我們已經知道，自旋可以在
任何特定方向被測量到，而且（在適當單位下）它永遠是
1/2 或 −1/2。出現的是正號或負號似乎是隨機的。想像一
下，隱變數形成具有兩個吸子的非線性動態系統，一個吸
子對應於 1/2 的自旋，另一個吸子對應於 −1/2 的自旋。
根據已知的初始條件，自旋會演變成這兩個數值的其中一
個。哪一個呢？每個吸子有自己的吸引區域。如果變數從
其中一個吸引區域開始，它們會被吸引到自旋 1/2 的吸子；
如果它們從另一個吸引區域開始，就會被吸引到自旋 −1/2
的吸子。

　　如果吸引區域的形狀相當簡單，邊界也很清晰，貝爾
定理的證據就是有效的，而這種雙吸子的想法就不成立。
然而，吸引區域可能非常複雜。第 10 章提到，兩個（或
更多）吸子可能具有篩形吸引區域，它們錯綜複雜地糾纏
在一起，以致於最輕微的干擾都會讓狀態從一個吸引區域
換成另一個。如今貝爾定理的證據不再成立，因為它探討

的相關並不是合理的數學物件。

這裡的「不可演算」有一個微妙的意義，而且它並沒有阻止自然使用這樣的系統。畢竟，哥本哈根詮釋（「它就是塌縮了，我們不知道是如何塌縮的」）使演算更難，因為這種詮釋沒有為塌縮指明任何數學程序。±1/2 狀態的統計分布應該與篩形吸引區域的統計性質有關，那些性質可以演算也具有意義，所以跟實驗進行比較是沒問題的。

帕爾默以詳細的計算過程支持這種模型。他甚至表示，波函數塌縮的原因可能是引力。其他物理學家先前曾抱持類似想法，因為引力是非線性，這摧毀了疊加原理。在帕爾默的模型裡，引力促使電子的狀態往其中一個吸子前進。從那時起，帕爾默就發表了一系列論文，檢視貝爾定理的其他漏洞。這些論文尚未為隱變數動態提出一套將會使整個量子力學立基於確定性混沌的具體建議，但它們在探索可能的可行方法上很有價值。

出於思辯精神，我想提出貝爾定理中一些其他的潛在漏洞。

該定理的證據是基於比較三種相關。貝爾認為它們屬

於隱變數空間上的一假定機率分布，藉此推導出它們之間的關係，這種關係恰巧是一個不等式。推導這種關係的方式是對隱變數空間子集上的機率分布求積分，而機率分布是由被測量的相關所決定。然後就能證明，透過這些積分之間的關聯性可導出貝爾不等式。

這一切都非常巧妙——但要是隱變數空間沒有機率分布怎麼辦？這樣的話，用來證明不等式的計算過程就沒意義了。機率分布是一種特殊測度，而且許多數學空間都沒有合理的測度。尤其可能波函數的空間通常是無限維（infinite-dimensional）——無限多本徵態的所有組合。這些空間被稱為希伯特空間（Hilbert space），且它們沒有合理測度。

我應該解釋一下「合理」是什麼意思。每個空間都有至少一種測度。選一個點，我稱之為「特殊」點。將測度1分配給所有包含特殊點的子集，並將測度0分配給剩餘子集。這種測度（被稱為「原子」測度，以特殊點作為原子）有其用途，但它絕非體積那樣的測度。為了排除這類瑣碎的測度，請注意一件事：如果你將三維空間內的物體向一側移動，該物體的體積不會改變，這稱為平移不變性（translation invariance）（如果你旋轉該物體，物體體

積也不會改變，不過我不需要利用這種特性）。剛才描述的原子測度（atomic measure）並非平移不變，因為平移能夠將特殊點（測度 1）移到另一個位置（測度 0）。在量子環境下，於希伯特空間上尋找類似的平移不變測度是很自然的事。不過，喬治・麥基（George Mackey）與安德烈・韋伊（André Weil）的一項定理告訴我們，除非遇到希伯特空間碰巧是有限維的罕見狀況，否則這種事是不可能的。

這樣一來，雖然整個隱變數空間不具有合理的機率測度，但觀測結果的相關依然可能有意義。一個觀測結果是從波函數空間到單一本徵態的一次投影，每個本徵態都存在於一個有限維空間裡，而有限維空間確實帶有一個測度。因此，以下論述似乎非常合理：如果量子系統的隱動態是存在的，它應該具有一無限維的狀態空間。畢竟，那就是**非隱變數**的運作方式。實際上，波函數**就是**隱變數，之所以稱為「隱」是因為你無法觀測到整個波函數。

這並不是新出現的說法。勞倫斯・蘭度（Lawrence Landau）表示，如果你假設一套基於古典（柯爾莫哥洛夫）機率空間的隱變數理論，則愛因斯坦－波多爾斯基－羅森實驗（Einstein–Podolsky–Rosen experiment）會導

出貝爾不等式，但如果你假設無限數量的獨立隱變數，則該實驗不會導出貝爾不等式，因為這種機率空間是不存在的。那就是一個漏洞。

另一個漏洞涉及了對領波的主要反駁理由：非局域性。波延伸到整個宇宙，而且不論變化有多遠，都會對那些變化產生立即反應。但我懷疑這個反駁理由是否被誇大了。回想一下油滴實驗，這種實驗產生的現象非常類似在確定性設定下的量子論，而且它們也是領波的有效大規模物理類比。油滴可說是局域性的。對應的波則不是，但它絕對不會延伸到整個宇宙，它被限制在一個盤子裡。就解釋雙縫實驗而言，我們需要的只是一道波，它的延伸距離必須**夠遠**，讓它能注意到雙縫。我們甚至能主張，如果光子沒有某種準非局域性的「光環」，它就無法知道有條狹縫能讓它通過，更別提從兩條狹縫中擇一通過了。模型中的狹縫可能非常細，但真實狹縫會比一顆光子寬很多。（這又是一個清晰邊界條件與雜亂現實之間的不匹配之處。）

第三個漏洞是默認假設：隱變數的機率空間與環境無關，亦即不受人為做出的觀測結果所支配。如果隱變數的分布取決於觀測結果，貝爾不等式的證據就不成立了。與

環境無關的機率空間或許看似不合理：隱變數怎麼「知道」它們會如何被觀測呢？如果你擲一枚硬幣，硬幣在碰到桌子前並不知道自己將會碰到桌子。不過，量子觀測不知怎地避開了貝爾不等式，所以量子形式主義必須允許違反貝爾不等式的相關。為什麼呢？因為量子態與環境有關。你做的測量不僅取決於量子系統的實際狀態——假設量子系統有實際狀態——也取決於測量類型。否則，實驗中就不會違反貝爾不等式了。

這並不奇怪；這是非常自然的。我說過「硬幣並不知道自己將會碰到桌子」，但那是不一樣的。硬幣不**需要**知道。提供周遭環境的不是硬幣的狀態，而是觀測行為，它是一種硬幣與桌子之間的交互作用。觀測結果取決於硬幣如何被觀測，以及硬幣的內部狀態。為求簡單起見，我們想像硬幣在零重力狀態下自旋，然後我們以桌子截住硬幣，那麼結果會取決於我們何時進行攔截行為，以及硬幣自旋軸與桌面之間的角度。我們從一個與自旋軸平行的平面觀測硬幣，硬幣的正面與反面會交替出現。我們從一個與自旋軸垂直的平面觀察硬幣，硬幣邊緣會不斷旋轉。

由於量子波函數與環境有關，所以允許隱變數也與環境有關似乎才是公平的。

　　之所以要考量確定性隱變數理論，不只為了對量子現象的意義進行哲學性猜測，還有另一個原因：以相對論統一量子論的渴望。[93] 愛因斯坦自己就花費多年尋找 —— 卻徒勞無果 —— 一套能結合量子論與引力的統一場論（unified field theory）。這麼一套「萬有理論」（theory of everything）依然是基本物理學的聖杯。其中領先的弦理論（string theory）近年來在某種程度上已經失寵；而大型強子對撞機未能偵測到由超弦（superstring）預測的新次原子粒子，也無法協助扭轉這種狀況。迴圈量子重力論（loop quantum gravity）等其他理論都各有擁護者，但目前尚未出現任何能讓主流物理學家滿意的理論。數學上，有一個屬於相當基本程度的不匹配：量子論是線性的（狀態可疊加），但廣義相對論卻不然（狀態不疊加）。

　　建構一套統一場論的大多數嘗試都沒有侵犯到量子力學，而是修改引力理論，使其符合統一場論。在 1960 年代，這個方法幾乎要成功了。愛因斯坦的廣義相對論基本方程式所描述的，是一重力系統中的物質分布如何與時空曲率（curvature of spacetime）進行交互作用。在方程式中，物質分布是一個明確的數學物件，具有一套明確的物理詮釋。在半古典的愛因斯坦方程式裡，物質分布被取代

為一種量子物件，可界定多次觀測的預期平均物質分布——這是對於物質位置的良好猜測，而不是精確論述。這讓物質能夠具有量子性，而時空則維持古典性。做為一個有效的折衷辦法，這種愛因斯坦方程式變體獲得許多成功，包括史蒂芬‧霍金（Stephen Hawking）對於黑洞釋放輻射的發現。不過，面臨「量子觀測如何表現」這件麻煩事，它就沒這麼有效了。如果波函數突然塌縮，方程式就會給出不一致的結果。

羅傑‧潘洛斯與拉尤斯‧迪歐西（Lajos Diósi）於1980 年代將相對論替換成牛頓引力論，試圖獨立解決這項問題。在這個版本中學到的任何知識或許會幸運地被延伸到相對性引力。這種方法所產生的問題是薛丁格的貓，它以更極端的方式出現，成為薛丁格的月球。這顆月球能分成兩塊疊加的部分，一半圍繞地球旋轉，另一半在別的地方旋轉。更糟的是，這種宏觀疊加狀態的存在使訊號能行進得比光更快。

潘洛斯將這些失敗的原因歸結為堅持不修改量子力學。他認為或許罪魁禍首是它，而不是引力。問題的關鍵是一個簡單的事實：即使是接受哥本哈根詮釋的物理學家，也無法確切告訴我們波函數是怎麼塌縮的。如果測量

工具本身就是個小型量子系統，例如另一顆粒子，那麼波函數塌縮似乎不會發生。但如果你以標準工具測量光子自旋，你會得到一個明確結果，而非疊加結果。測量工具必須有多大，才會使觀測對象的波函數塌縮呢？為什麼發射一顆光子通過分光鏡不會干擾其量子態，但將它發射到粒子偵測器卻會干擾其量子態呢？標準量子論給不出答案。

　　這個問題在我們研究整個宇宙時變得迫切起來。歸功於時空起源的大霹靂理論（Big Bang theory），量子觀測的本質成為了宇宙學（cosmology）的重大問題。如果量子系統的波函數只有在系統被外界觀測時才會塌縮，那麼宇宙的波函數是怎麼塌縮而形成行星、恆星跟星系呢？那會需要一次來自宇宙外的觀測。這一切都讓人困惑。

　　有些針對薛丁格的貓進行評論的人已經從「觀測」一詞推斷，觀測需要一名觀測者。波函數只有在某個有意識的智慧實體觀測它時才會塌縮。因此，人類之所以存在的原因之一可能是：如果沒有我們，宇宙本身就不會存在，而這賦予我們一種生命的意義，也具有解釋我們為何在此的價值。然而，這條思路為人類授予了特權地位，這似乎過於傲慢，而且是我們在科學史上不斷犯下的標準錯誤之一。這也難以符合「宇宙已經存在大約一百三十億年以

上」的證據，而這項證據顯然遵循著相同的一般物理定律，即使沒有我們在場觀測也一樣。此外，這種「解釋」具有古怪的自我參考性質。因為我們存在，我們能觀測宇宙，導致其存在……轉而又導致我們存在。我們存在，因為我們是因為我們存在而存在。我不是說沒有辦法迴避這類反駁，但這整個概念把人類及宇宙的關係弄反了。我們會存在是因為宇宙存在，而不是反過來的因果關係。

　　比較冷靜的人推斷，波函數塌縮只發生在一小型量子系統與一夠大的量子系統進行交互作用的時候。此外，這個大型量子系統的行為會像一個古典實體，所以它的波函數一定已經塌縮了。也許就只有夠大的系統會自動塌縮。[94]丹尼爾‧蘇達斯基（Daniel Sudarsky）目前正在探討一種思路：自發塌縮（spontaneous collapse）。他的觀點是量子系統塌縮是隨機且自發的，但一顆粒子塌縮時，會引起其他所有粒子塌縮。當粒子愈多，則其中一顆粒子塌縮時，其他粒子就愈可能跟著一起塌縮。所以大型系統成為古典系統。

　　馬涅利‧德拉克夏尼（Maaneli Derakshani）發覺，自發塌縮版的量子論或許能與牛頓引力論結合得更好。他在 2013 年發現，牛頓引力論結合自發塌縮理論時，古怪

的薛丁格月球狀態就會消失。不過，起初的嘗試依然讓訊號能行進得比光更快，這種結果很不理想。一部分問題是牛頓物理學不會自動禁止這類訊號，這與相對論是不同的。安托萬・蒂洛（Antoine Tilloy）正在探索一種塌縮的變形，它會在時空中的隨機位置自發出現。因此，先前模糊的物質分布就取得確切位置，產生引力。時空維持古典，所以它不會出現薛丁格的月球，這樣就把比光還快的訊號消除了。如果拋棄牛頓，以愛因斯坦取代他，那將會是真正重大的發展：將塌縮量子論與廣義相對論結合。蘇達斯基的團隊現在就在嘗試這件事。

　　喔，對了：我答應過要解釋跳彈翻床的緩步動物。格羅布拉赫計畫測試量子塌縮理論，方法是讓一張薄膜在一個方框上延展，形成一張直徑一毫米的彈翻床。讓這張彈翻床振動，並用一束雷射使其進入疊加狀態：一部分「在上」，一部分「在下」。更好的辦法是，把一隻緩步動物放在彈翻床上，看看你能否疊加牠的狀態。

　　薛丁格的苔蘚豬。我喜歡！

　　事情愈來愈古怪了……
　　大多數物理學家相信，量子論的形式主義──哥本哈

根詮釋與其他——不僅能應用在電子、苔蘚豬、貓，也能應用在任何現實世界的系統，不論多複雜都可以。但最近探討薛丁格貓的文獻是丹妮艾拉・弗勞奇格（Daniela Frauchiger）與雷納托・倫納（Renato Renner）於 2018 年發表的論文 [95]，該論文對上述信念提出質疑。該論文的想像實驗顯示出量子論形式主義的應用困難。在這個實驗中，物理學家利用量子力學模擬了使用量子力學的物理學家系統。

　　這種想法的基本概念可回溯至 1967 年，當時尤金・維格納（Eugene Wigner）稍微修改了薛丁格的假設情境，以便論證傳統量子形式主義能產生不一致的現實描述。他將一名物理學家「維格納的朋友」放在盒子裡來觀察貓的波函數，顯示貓是處於兩種可能狀態的其中一種。不過，還有一名盒子外的觀測者依然將貓視為處於一種「生」與「死」的疊加狀態，所以這兩名物理學家對貓的狀態抱持不同看法。然而，這個想像實驗有個缺陷：維格納的朋友無法跟外界觀測者談論他的發現，而外界觀測者能合理地將維格納的朋友視為處於「觀測死貓」及「觀測活貓」的疊加狀態。從外界觀點來看，這種狀態最終會塌縮成兩種可能狀態的其中一種，但唯有在盒子打開時才會發生。這

個情境與維格納的朋友一直以來想的狀況不同，但並沒有邏輯上的不一致。

　　為了得到真正的對照，弗勞奇格與倫納又進一步改動實驗。他們以物理學家取代貓，這顯然更符合倫理，也容許更複雜的設定。物理學家愛麗絲將一顆粒子的自旋隨機設定為向上或向下，然後將粒子發射給她的同事鮑伯。他對那顆粒子進行觀測，當時兩人與兩人的實驗室都在盒子裡，而他們的狀態就纏結在一起了。另一名物理學家艾伯特（Albert）利用量子力學模擬愛麗絲與她的實驗室，而纏結狀態的一般數學暗示著，有時（並非總是如此！）他能完全確定地推導出鮑伯觀測到的狀態。艾伯特的同事貝琳達（Belinda）也對鮑伯與他的實驗室進行同樣的步驟，而同樣的數學也暗示著，她有時能完全確定地推導出愛麗絲設定的自旋態。顯然這種自旋態一定是鮑伯測量到的狀態。不過，你用量子論的傳統數學演算時會發現，如果這個流程被重複許多次，一定會有少數狀況是艾伯特與貝琳達的推導結果──兩者都完全正確──出現不一致。

　　如果忽略（相當複雜的）細節，該論文著重在三項假設，全都與傳統量子物理學一致：

- 量子力學的標準規則能適用於任何現實世界的系統。
- 不同物理學家將那些規則正確應用於相同系統時，不會出現互相矛盾的結果。
- 如果一名物理學家進行測量，其結果會是獨特的。舉例來說，如果她測量到自旋是「向上」，她便無法同時（正確地）宣稱自旋是「向下」。

弗勞奇格與倫納的想像實驗證明了一項「不可行」定理：**上述三項論述不可能都正確。**因此，傳統的量子力學形式主義是自相矛盾的。

　　量子物理學家並未以滿腔熱忱接受這則消息，而且他們似乎把希望寄託在找到這項論述的邏輯漏洞，不過目前沒人找到。如果這項論述站得住腳，那麼三項假設中至少有一項必須被捨棄。最可能被犧牲的是第一項假設。若真如此，那麼物理學家都得接受有些現實系統超出了標準量子力學的範圍。如果否認第二或第三項假設的話，結果會更加令人震撼。

　　身為數學家，我不禁覺得「廢話少說，算就對了」會冒著遺漏重要資訊的風險。因為如果你真的閉嘴了，那麼演算就會完全合理。演算是有規則的，而且這些規則通常

很優美。它們很有效。這些規則背後的數學既深奧又優美，卻建立在不可簡化的隨機性之上。

所以量子系統怎麼知道它應該遵守規則？

我猜想是否有更深奧的理論能夠解釋這個問題，這麼想的人可不只有我而已。我也找不到任何正當理由解釋為什麼量子系統非得是不可簡化的機率性系統。首先，油滴實驗就不是不可簡化的機率性系統，但它們確實跟量子謎題很類似。我們對非線性動力學的瞭解愈多，就愈是覺得如果我們在發現量子世界前先研究非線性動力學，歷史可能會很不一樣。

大衛‧梅明（David Mermin）將這種「廢話少說，算就對了」的心態追溯到第二次世界大戰，當時量子物理學與曼哈頓計畫（Manhattan Project）密切相關，目的是研發原子武器。軍方積極鼓勵物理學家持續進行計算，不用去管它們的意義是什麼。獲得諾貝爾獎的物理學家默里‧蓋爾曼（Murray Gell-Mann）曾於 1976 年說：[96]「尼爾斯‧波耳把一整個世代的理論學家洗腦，使他們認為〔詮釋量子論的〕工作在五十年前就已經完成了。」亞當‧貝克在《何為真實？》（*What is Real?*）裡主張，這種態度的根源來自波耳對哥本哈根詮釋的堅持。如同我先前主

張的，這種堅稱「只有實驗結果才具有意義」以及「實驗結果背後沒有更深層次的根本現實」的觀念似乎是對邏輯實證論的反應過度。貝克跟我一樣，也接受量子論**是成立的**，但他補充說，讓它維持在現有狀態意味著「將一個存在於我們對世界之理解的破洞掩蓋起來——並忽視一則關於科學作為人類進程的更宏大故事」。[97]

　　這段話沒有告訴我們怎麼修補那個破洞，本章的其他段落也沒有，不過有一些暗示。有一件事是確定的：如果現實的更深層次**確實**牽涉其中，而我們說服自己它並不值得尋找，我們就永遠無法找到它。

17 利用不確定性

老鼠和人的最佳計畫
往往出岔子。

—— 羅伯特·伯恩斯（Robert Burns），《致老鼠》（*To a Mouse*）

　　到目前為止，我一般都將不確定性當作棘手問題來討論；它讓我們難以理解未來可能會發生什麼事，讓我們所有的最佳計畫都可能「出岔子」，也就是出錯。我們已經探討了不確定性源自何處、以何種形式出現、我們如何測量它，以及如何減低它的影響。我還沒做的是檢視我們能如何使用它。其實在許多情況下，一點點不確定性對我們是有利的。因此，雖然不確定性通常被視為問題，但它也能被視為解答，不過不一定是針對**相同**問題。

　　隨機性最直接的運用是解決看似無法以直接方法處理的數學問題。這種運用方式並不是模擬解答，然後多次抽樣來估計所涉及的不確定性，而是將整個流程上下顛倒，先進行多次樣本模擬，接著從這些模擬中推論出解答。這

就是蒙地卡羅法（Monte Carlo method），名字正是來自那座著名賭場。

　　傳統的玩具範例是求出一個複雜圖形的面積。最直接的方法是將該圖形切成數塊，我們能以已知公式計算它們的面積，然後把計算結果相加。更複雜的圖形能使用積分來處理，這基本上是採取相同做法，透過大量非常細的長方形來逼近該圖形。蒙地卡羅法就非常不一樣了。將該圖形放進一個已知面積的邊框裡，比如一個長方形。然後往該圖形丟擲大量隨機飛鏢，再將射中該圖形的飛鏢與射中長方形的所有飛鏢相比，計算前者比例為何。假如長方形的面積是一平方公尺，而飛鏢射中該圖形的比例是 72%，其面積必定大約是 0.72 平方公尺。

　　這種方法附帶許多細則。第一，它用在求解粗略估計的數字時效果最好。求出的結果是近似值，而我們需要估計誤差的可能大小。第二，飛鏢必須均勻分布在長方形上。如果一名優秀的飛鏢射手瞄準該圖形丟擲飛鏢，他可能每次都會射中。但我們想要的是一名技術極差的飛鏢射手，他會把飛鏢射得到處都是，沒有偏好的方向。第三，有時會偶然出現糟糕的估計。不過，這種方法也有好處。我們能利用隨機數表（table of random numbers）──甚

至更棒的電腦演算──將那些差勁的飛鏢射手進行排序。這種方法適用於較高維度──複雜三維空間的體積，或是在更多維度裡比較偏概念性的「體積」。在數學上，高維空間是大量存在的，而且它們並不神祕：它們只是用來討論大量變數的幾何語言而已。最後，蒙地卡羅法通常比直接的方法遠遠更有效率。

　　蒙地卡羅法是由斯塔尼斯瓦夫・烏拉姆（Stanislaw Ulam）於 1946 年發明（指的是這種方法被明確視為一種廣泛應用的技術），當時他正在美國的洛斯阿拉莫斯國家實驗室（Los Alamos National Laboratory）研究核子武器。那時他正在養病，而他打發時間的方法是玩一種稱為坎菲爾德接龍（Canfield solitaire）的單人紙牌遊戲。身為一名數學家，他想知道自己是否能夠運用組合數學與機率論來研究出勝率。他嘗試之後失敗了，所以他「想知道一種比『抽象思考』更實際的方法會不會是重新擺牌許多次──比如一百次，然後僅僅在一旁觀察，並計算成功玩法的數目」。

　　當時的電腦已經好到能夠進行這類演算。不過由於烏拉姆也是一名數學物理學家，他馬上開始思索核子物理學（nuclear physics）中拖慢研究進度的重大問題，例如中

子是如何分散的。他發覺，只要一道複雜的微分方程式可以被重組為一個隨機流程，同樣的想法就能提供有效的解答。他告訴馮‧諾伊曼這個想法，他們在一項實際問題上嘗試運用它。這個想法需要一個代號，而尼古拉斯‧梅特羅波利斯（Nicholas Metropolis）提議命名為「蒙地卡羅」，那是烏拉姆好賭的叔叔最愛光顧的地方。

蒙地卡羅法對於氫彈的研發至關重要。以某些觀點來看，如果烏拉姆從未有過這個領悟，世界或許會比較美好，而我也不願意將核子武器當作研究數學的其中一個理由。不過，核子武器確實展示出數學想法的毀滅性力量，以及一種對隨機性的強效運用。

諷刺的是，蒙地卡羅法發展的主要障礙是讓電腦進行隨機性行為。

數位電腦是確定性的。給電腦一個程式，它就會一板一眼地執行每個指示。這種特性已經讓惱怒的程式設計師發明了DWIT（做我在想的事〔Do What I'm Thinking〕）這條滑稽的假指令，也讓使用者懷疑這是人工智障（artificial stupidity），但這種決定論也讓電腦難以做出隨機行為。主要的解決方法有三種：你可以設計某種具有

不可預測行為的非數位組件；你可以提供特定的輸入訊號，這些訊號來自某種不可預測的實際過程，例如無線電雜訊；或者你可以設定指示來產生偽隨機數（pseudo-random number）。這些數字序列雖然是由一項確定性數學程序生成，卻呈現出隨機性質。它們易於執行，而且擁有一項優勢：你在為程式除錯時，能夠再次執行一模一樣的序列。

我們一般的想法是先告訴電腦單一數字，稱為「種子」（seed）。然後用一種演算法將種子在數學上轉換，得到序列中的下一個數字，接著重複進行這套程序。如果你知道種子跟轉換規則，你就能複製序列；如果你不知道，那你就很難找出這套程序為何。車子的衛星導航（全球定位系統〔Global Positioning System〕）必須使用偽隨機數。全球定位系統需要一系列衛星發送定時訊號，你車上的裝置會接收這些訊號，並進行分析以確認車子的位置。為了避免干擾，這些訊號是偽隨機數序列，而裝置可以辨識出正確訊號。藉由比較隨序列而來的訊息從每顆衛星到達裝置的距離，裝置能計算所有訊號之間的相對時間延遲，這樣就能得出衛星的相對距離，然後用傳統的三角學（trigonometry）從這項資訊找出你的位置。

在我們的後混沌理論世界，偽隨機數的存在不再是一種矛盾現象。任何混沌演算法都能產生偽隨機數，理論上非混沌性的演算法也能如此。許多貼近現實的演算法最終會開始一再重複完全相同的數字序列，但假設這些演算法經歷了十億個步驟才發生這種現象，那誰會在乎呢？有一種早期的演算法會先從一個數值很大的整數種子開始，例如

$$554,378,906$$

現在求其平方，得到

$$307,335,971,417,756,836$$

取接近兩端的數字，其平方會出現固定的數學規律。舉例來說，最後一位數字 6 又再次出現，因為 $6^2 = 36$ 同樣是以 6 結尾。你也可以預測第一位數字一定是 3，因為 $55^2 = 3025$ 是以 3 開始。這種規律並不是隨機的，所以如果想避開它們，我們需要砍掉兩端（比如刪除最右邊的六位數，然後留下旁邊的九位數），剩下的數字是

$$335,971,417$$

現在求其平方，得到

$$112,876,793,040,987,889$$

但只留下中段

$$876,793,040$$

現在重複上述步驟。

　　這套流程有一個理論問題，就是我們很難在數學上分析它，很難知道它的行為是否真的類似一串隨機序列。因此，我們通常會改用不同規則，最普遍的就是線性同餘產生器（linear congruential generator）。在這種情況下，所用的流程是將數字乘以某個固定數字，加上另一個固定數字，但接著除以某個特定的大數，將一切都約化到它的餘數。出於效率起見，以二進位算術（binary arithmetic）來進行計算。有個很大的進展是 1997 年松本真與西村拓士開發的梅森旋轉演算法（Mersenne twister）。它根據的是數字 $2^{19,937} - 1$。這是一個梅森質數（Mersenne prime）——2 的冪減 1 所形成的質數。梅森質數是一種數論上的奇特數字，可追溯至 1644 年修士馬蘭‧梅森（Marin Mersenne）的研究。在二進制中，這個數字是由

連續 19,937 個 1 組成。其中的**轉換規則**相當專業化。優
點是它產生的數字序列只有在 $2^{19,937} - 1$ 個步驟之後才會
重複出現，這串序列是一個具有 6002 位的數字，而最多
623 個數字的子序列則會均勻分布在序列中。

　　自那時以來，人們已經開發出更快更好的偽隨機數產
生器。相同技術在網際網路保全上也很有用，可用於加密
訊息。演算法的每個步驟可被視為將先前的數字「編
碼」，其目的是建構具有密碼安全性的偽隨機數產生器，
這種產生器會利用可證明難以破解的代碼來生成數字。它
的精確定義又更加專業化。

　　我不是很守規矩。

　　統計學家很努力地解釋，隨機性是**過程**的一項特徵，
而不是過程的結果。如果你擲一顆公平骰子連續十次，你
或許會得到 6666666666 的結果。事實上，這個結果應該
平均每 60,466,176 次試驗會發生一次。

　　不過，若以稍微不同的意義而論，「隨機」確實能合
理地應用於結果，如此一來，像 2144253615 這樣的序列
就會比 6666666666 更隨機。非常長的序列能夠最好地闡
釋這其中的差異，而且這種差異是隨機過程產生之典型序

列的特徵。換句話說，這種序列的所有預期統計特徵都應該要出現。一到六每個數字都應該有大約 1/6 的機會出現；兩個相連數字的每個序列都應該有大約 1/36 的機會出現，以此類推。更巧妙的是，其中不應該有任何長程相關；比如在一特定位置與相距一兩步的位置，任一成對數字重複出現的頻率不應該比其他任何成對數字明顯更高。所以我們排除了類似 3412365452 這樣的序列，因為它的奇數和偶數交替出現。

　　數學邏輯學家格里哥利・蔡廷（Gregory Chaitin）在他的算法資訊理論（theory of algorithmic information）中引進了這類條件最極端的形式。在傳統資訊理論中，一則訊息的資訊量是代表該訊息所需的二進位數字（「位元」）數量。所以一則訊息「1111111111」含有十個位元的資訊，而「1010110111」也是如此。蔡廷著重的不僅是序列而已，還有生成序列的規則──也就是產生序列的演算法。這些演算法能夠以二進制編碼，以某種程式語言編碼。當序列變得夠長，演算法的確切編碼方式並不是非常重要。如果持續出現重複的 1，比如一百萬次，那麼序列看起來就會像 111...111，共有一百萬個 1。而「寫一百萬次 1」的程式是以任一合理方式編碼為二進制，這個程

式就短多了。以能夠生成一特定輸出訊號的最短程式而言，其長度就是包含在該序列中的算法資訊。這種描述忽略了某些微妙之處，但它在此處已經能夠滿足我們的需求了。

序列 1010110111 看起來比 1111111111 更隨機。它是否真的更隨機，取決於它接下來的狀況。我選擇以 π 的前十個二進位數字來代表它接下來的序列。假設它接下來一百萬個數字都以這種方式排列。它看起來會非常隨機。不過，「計算 π 的前一百萬個二進位數字」的演算法比一百萬個位元遠遠更短，所以儘管 π 的數字滿足隨機性的所有標準統計檢驗，一百萬位數字序列的算法資訊仍比一百萬個位元少上許多。它們無法滿足的是「與 π 的數字不同」這項要求。神智正常的人不會將 π 的數字當作加密系統使用；敵人很快就會破解這套系統。另一方面，如果序列能以真正隨機的方式繼續排列，而不是以 π 的數字排列，我們可能就很難找到較短的演算法來生成該序列。

蔡廷定義，如果一串位元序列是不可壓縮的，它應該是隨機序列。也就是說，如果你寫下一種演算法來生成隨機序列，並達到特定位數，那麼只要位數變得非常多，這

種演算法就至少會跟序列一樣長。在傳統資訊理論中，一個二進制串的資訊量是它所含的位元數 —— 亦即它的長度。一個二進制序列中的算法資訊是生成該序列的最短演算法之長度。因此，一個隨機序列中的算法資訊也是該序列的長度，但 π 的數字中的算法資訊則是生成這串數字序列的最短程式之長度。那就短多了。

　　利用蔡廷的定義，就能合理地說一特定序列是隨機的。他針對隨機序列證明了兩件有趣的事：

- 0 跟 1 的隨機序列是存在的。確實，幾乎所有無限序列都是隨機的。
- 即使一串序列是隨機的，你也永遠無法證明它。

第一件事的證據來自於計算有多少特定長度的序列，跟可能生成這些序列的較短程式進行比較。舉例來說，假設總共有 1024 個十位元序列，卻只有 512 個九位元程式，那至少有半數的序列無法以較短程式壓縮。第二件事的證據基本上是這樣的：如果你能證明一串序列是隨機的，該證明會將資料壓縮在其中，所以這串序列就不會是隨機的了。

　　現在，假設你想要生成一串序列，而且你想要相信它真的是隨機的。比如說，或許你正在設定某個加密方案（encryption scheme）的密鑰。蔡廷的研究成果看似排除了這種狀況，但在 2018 年，彼得‧比爾霍斯特（Peter Bierhorst）與同僚發表了一篇論文，顯示你可以利用量子力學來繞過這項限制。[98] 基本上，他們的想法是量子不確定性能被轉化為特定序列，並在物理學上保證這些序列以蔡廷的定義而言是隨機的。也就是說，沒有潛在敵人能推導出創造這些序列的數學演算法——因為根本沒有演算法。

　　看來似乎只有滿足兩個條件，隨機數產生器的安全才能獲得保障。使用者必須知道這些數字是怎麼生成的，不然他們無法確定產生器生成的是真正的隨機數。而且敵人必須無法推導出隨機數產生器的內在運作方式。然而，如果使用傳統的隨機數產生器，在實務上是無法滿足第一個條件的，因為不論它使用的是哪種演算法，它都可能出錯。持續監督隨機數產生器的內在運作或許能夠避免出錯，但那通常是不切實際的。第二個條件違反了密碼學（cryptography）的一條基本原則，稱為科寇夫原理（Kerckhoff's principle）：你必須假定敵人知道編碼系

統是如何運作的。以防萬一，隔牆有耳。（你希望他們不知道的是**解碼**系統。）

量子力學產生了一個值得注意的概念。假設沒有確定性隱變數理論的存在，你就能建立一個量子力學性隨機數產生器，這個產生器可證明是安全且隨機，足以讓上述兩個條件都失效。矛盾的是，使用者完全不知道隨機數產生器如何運作，但敵人卻完全瞭解箇中細節。

這套裝置使用纏結光子、一個發射器，以及兩個接收站。先產生一對對具有高度相關偏振的纏結光子，將每一對的其中一顆光子傳送至一個接收站，而另一顆光子傳送至另一個接收站。然後在每個接收站測量偏振。接收站必須距離彼此夠遠，如此一來在測量過程中就沒有任何訊號可以在接收站間傳遞，但透過纏結，他們觀測的偏振必定高度相關。

接下來的工作就很精細了。相對論暗示著光子不能被當作比光還要快的交流工具。這表示測量結果雖然高度相關，但必定是不可預測。因此，它們不一致的罕見狀況必定是真正隨機的，「因纏結而違反貝爾不等式」的情況因而保證了這些測量結果是隨機的。無論敵人對隨機數產生器使用的程序有什麼樣的瞭解，他們都必須同意這項評

估。使用者只能透過觀測隨機數產生器輸出訊號的統計資料來檢測是否有違反貝爾不等式的情形；其中的內部運作與這個目的並無關聯。

這個普遍概念已存在一段時間，但比爾霍斯特的團隊以實驗落實了這個概念，他們使用的設定避開了貝爾不等式的已知漏洞。這個方法很精巧，而違反貝爾不等式的情形又非常少，所以要花很多時間才能產生一個保證隨機的序列。他們的實驗就像是透過丟擲一枚有 99.98% 的時間都產生正面的硬幣，來產生一串正反可能性相等的隨機序列。在這串序列被產生後分析它，就能完成這樣的實驗，以下是一種分析方法。順著序列找到第一個連續丟擲結果不同的地方：「正反」或「反正」。這些配對的機率是相同的，所以你可以將「正反」視為「正面」而將「反正」視為「反面」。如果正面的機率非常大或非常小，那你就得捨棄該序列中大部分的資料，但剩下的部分就會和丟擲公平硬幣得出的結果一樣了。

執行該實驗十分鐘，其中包括觀測五千五百萬對光子，並產生一個 1024 位元的隨機序列。但必須說，傳統的量子隨機數產生器雖然並不能證明十足安全，但每秒能產生幾百萬個隨機位元。所以就目前而言，比爾霍斯特方

法保證的額外安全性還不值得如此大費周章。另一個問題是這個設定的大小：兩個接收站之間的距離是 187 公尺。這並不是你可以用公事包攜帶的裝置，更不用說存在手機裡了。將這個設定縮小化看起來很困難，而在可預見的未來，把這個設定放在晶片上似乎也不可能做到。不過，這個實驗仍舊提供了一個概念驗證。

隨機數（我就不加上「偽」這個字了）被應用在各式各樣的用途。工業及相關領域中有無數的問題都涉及將某些程序最佳化，以便產生盡可能好的結果。舉例來說，一間航空公司可能會希望安排好各航線的時間，這樣就可以用到最少數量的飛機，或是用既定數量的飛機涵蓋盡可能多的航線，或是更準確地說，將產生的利潤最大化。一間工廠可能會希望排定他們機台維修的時程，好將停機時間縮至最短。醫生或許會希望為人施打疫苗，好讓疫苗達到最大效果。

從數學上來說，這種最佳化問題可以用「找出某個函數的最大值」來代表。從地理上來說，這就像在野外尋找最高峰一樣。野外通常是多維的，但我們可以先設想一個標準的野外地區，這個地區是位於三維空間的二維表面，

然後我們藉此來瞭解其中包含了什麼。最佳策略對應於最高峰的位置。我們該如何找到它呢？

最簡單的方法是爬山演算法。從某個地方開始任君選擇。然後找最陡的上行路線，沿著它走。最後你會到達一個地方，再也不能爬更高了。這裡就是頂峰。嗯，或許不是。它是**一個**頂峰，但它不一定是最高的。如果你在喜馬拉雅山脈爬一座最靠近你的山，它可能不是聖母峰。

如果只有一個頂峰，爬山演算法是很有效的，但如果有更多頂峰，登山者就可能被困在錯誤的頂峰上。這種方法永遠會找到局部最大值（local maximum）（附近沒有更高的山），但它或許不是全域最大值（global maximum）（**沒有**更高的山）。有個避免被困住的方法是不時刺激一下登山者，將他們從一個地點傳輸到另一個地點。如果他們被困在錯誤的頂峰上，這種方法會讓他們去爬另一座山，而且如果新的頂峰比舊的還高，**而且**爬山的人也沒有太早被傳輸到另一個地點，他們會比之前爬的還要高。這個方法叫做模擬退火演算法（simulated annealing），因為這非常類似於液態金屬中的原子在金屬冷卻且最後凍結成固態時的行為。熱使原子到處隨機移動，而且溫度愈高，原子就移動愈劇烈。所以這個方法的

基本概念就是先給予劇烈刺激，再減低刺激的劇烈程度，就像溫度冷卻一樣。你起初不知道各頂峰的位置時，如果隨機使用刺激，效果會最好，所以適當的隨機性能讓這個方法更有效。在這個領域中，大多數花俏的數學都在研究如何選擇一種有效的退火程序——也就是刺激程度如何減少的規則。

　　另一個相關的技術能夠解決很多種問題，那就是基因演算法（genetic algorithm）。這種方法受到達爾文演化的啟發，它簡單模仿了演化這種生物過程。艾倫・圖靈（Alan Turing）在 1950 年提出這個方法，把它當作一種假想的學習機器。這個模仿演化的方法是這樣的：生物將自己的特徵傳遞給後代，但其中存在著隨機變異（突變）。較適合生存於環境的生物會存活下來，將自己的特徵傳遞給下一代，而較不適合生存的生物就不會如此（適者生存〔survival of the fittest〕 或 天 擇〔natural selection〕）。持續夠多世代的天擇之後，生物會變得非常適合生存——接近最佳狀態。

　　演化可被粗略地模擬成一個最佳化問題：一個生物族群在一個適應度地景（fitness landscape）中隨機徘徊，

攀爬各自區域的山峰，而位置太低的生物會滅絕。最後，
生存下來的生物會圍繞著峰頂。不同山峰對應不同物種。
演化遠遠更加複雜，但這種模擬已能夠滿足我們的需求。
生物學家常對演化的隨機本質小題大作，他們的意思（非
常合理）是演化並非先設立一個目標然後朝著它前進。演
化不是在幾百萬年前先決定要演化出人類，再持續選擇愈
來愈接近人類的猩猩，直到演化出我們才臻至完美。演化
事先並不知道適應度地景長什麼樣子。事實上，隨著其他
物種演化，適應度地景本身也可能隨著時間改變，所以這
個地景的隱喻有點勉強。演化透過測試不同可能性來找出
什麼方式比較有效，這些可能性與目前的方法很接近，但
會隨機更換。然後它會留下比較好的方法，再繼續相同的
程序。因此，生物會一小步一小步持續進化。這樣一來，
演化建構了適應度地景的山峰，並同時找出這些山峰的位
置，讓生物生存於這些山峰中。演化是個應用在濕體
（wetware）的隨機爬山演算法。

　　基因演算法會模仿演化。它從試圖解決一個問題的演
算法開始，隨機改變這些演算法，然後從中選擇表現較好
的演算法。對下一代的演算法再進行一次相同過程，然後
不斷重複，直到你對演算法的表現滿意為止。你甚至可以

模仿有性生殖的方式，從兩種不同的演算法各挑選一個良好特徵，將這兩個特徵結合在一起。這可以被視為一種學習過程，這些演算法在過程中會透過嘗試錯誤法（trial and error）來找出最佳解決辦法。演化也可以被視為一種類似的學習過程，不過它是應用在生物而非演算法。

基因演算法有幾百種應用方式，而我只會提及其中一種，讓你大致瞭解這些演算法如何運作。大學課表極為複雜，幾百堂課必須經過安排，好讓幾千名學生能修到許許多多不同領域的課程。學生選修不同學科的課程是很常見的；美國的「主修」和「輔修」學科領域就是個簡單的例子。課程安排必須避開衝堂，也就是避免學生必須同時上兩堂課的情形，還必須避免連續三個時段塞入三堂相同主題的課程。基因演算法會從一張課表開始，並找出有多少衝堂或是連續三堂相同主題的課程。接著它會隨機修改課表來找出更好的版本，並重複這個動作。它或許甚至能夠模仿有性重組（sexual recombination），合併兩張良好課表的某些部分。

既然天氣預測本質上就有所限制，那麼天氣**控制**呢？不要問下雨會不會毀掉野餐或入侵行動，而是確保不會下

雨。

　　根據北歐的民間故事，發射加農砲能夠預防雹暴發生。這種效應的軼事證據出現在幾場戰爭之後，包括拿破崙戰爭及美國南北戰爭：每次發生大型戰役，戰後都會下雨。（如果這樣就能說服你，那你真是好騙呢！）將近十九世紀末的時候，美國戰爭部（US Department of War）花費九千美元製造炸藥並在德州引爆，他們沒有觀測到任何具科學證實的現象。使用碘化銀（silver iodide）粒子散播雲種是現今廣泛用於人工降雨的方法，這些碘化銀粒子非常細緻，理論上能夠提供冰晶核讓水蒸氣圍繞著它凝結。但當這個方法成功了，我們還是不知道在使用此法之前是否本來就會降雨。有人做過幾次嘗試，試圖在颶風眼牆投放碘化銀來減弱颶風，而結果仍舊缺乏結論性。美國國家海洋暨大氣總署（National Oceanic and Atmospheric Administration）一直在探索能夠阻止颶風的理論性概念，像是朝著可能產生颶風的風暴發射雷射、觸發閃電發生，並消耗風暴的一部分能量。還有一些陰謀論表示氣候變遷並不是人為排放的二氧化碳所致，而是某種邪惡的祕密組織控制著天氣，好讓美國處於劣勢。

　　隨機性有很多種形式，而混沌理論告訴我們一隻蝴蝶

拍翅的動作就能劇烈改變天氣。我們已經討論過這句論述是在何種意義上為真：「改變」其實代表「重新分布與修改」。當馮・諾伊曼知道了這種效應，他指出蝴蝶效應除了讓我們能夠預測天氣之外，也潛在地讓我們能控制天氣。要讓一個颶風重新分布，就必須找到正確的蝴蝶。

　　我們無法為颶風或龍捲風找到蝴蝶。甚至連毛毛雨都不行，但我們可以為心律調節器的電波找到蝴蝶，而在時間不緊迫的時候，這套方法也廣泛應用於規劃節省燃料的太空任務。在這兩種情況中，主要的數學研究是要找出正確的蝴蝶。也就是說，找出如何、何時以及從哪裡對系統進行極微量的干擾，以獲得想要的結果。愛德華・奧特（Edward Ott）、賽歐索・格利鮑基（Celso Grebogi）與詹姆斯・約克於 1990 年推導出混沌控制（chaotic control）的基本數學。[99] 混沌吸子通常含有大量週期性軌跡，但這些軌跡都很不穩定：其中一個軌跡有任何微小的偏差都會呈指數擴大。奧特、格利鮑基與約克猜想，若能正確控制動態系統，是否就能使這種軌跡穩定下來。這些內嵌的週期性軌跡通常都是鞍點，這樣一來，有些鄰近的狀態起初會被吸引而朝它們移動，但有些其他狀態會被這些軌跡排斥。幾乎所有鄰近狀態最終都不會再受到吸

引，並進入排斥區域，因而產生不穩定性。奧特－格利鮑基－約克混沌控制法會重複對系統做出細微改變。他們選擇這些細微擾動的目的，是讓軌跡每次開始出現偏差時就會被重新導正：重新導正的方法並不是干擾狀態本身，而是修改系統並移動吸子，如此一來狀態就會回到週期性軌跡的向內集合。

　　人類的心臟相當有規律地跳動，這是一種週期性狀態，但若發生震顫（fibrillation）的情形，心跳就會變得極度不規律——如果沒有盡快阻止，這種狀況足以致死。當心臟規律的週期性狀態中斷並產生一種特殊的混沌，就會發生震顫。這種特殊的混沌稱為螺旋混沌（spiral chaos），也就是平常通過心臟的一系列圓形波會分裂成許多局域性螺旋。[100]心律不整的標準治療是安裝一個心律調節器，能傳送電訊號給心臟，讓心跳維持同步。心律調節器供給的電刺激相當大。1992 年，艾倫・加芬克爾（Alan Garfinkel）、馬克・史帕諾（Mark Spano）、威廉・迪托（William Ditto）與詹姆斯・韋斯（James Weiss）發表報告，他們以兔子的心臟組織進行實驗。[101]他們使用一種混沌控制法，透過改變使心臟組織跳動的電脈衝發射的時間點，將螺旋混沌轉換回規律的週期性行為。他們

的方法讓心跳恢復規律，並使用遠低於傳統心律調節器的電壓。原則上，依據該實驗方法或許能製造出干擾性較低的心律調節器，而且有人已經在 1995 年進行了一些人體試驗。

　　混沌控制如今在太空任務中相當常見。有一種動態特性讓混沌控制成為可行的方法，而這種特性能追溯至龐加萊，他在引力性三體問題中發現混沌。在太空任務的應用中，三體所指的可能是太陽、一顆行星以及該行星的其中一個衛星。第一個成功的應用案例是由愛德華·貝爾布魯諾（Edward Belbruno）於 1985 年所提出，其中涉及太陽、地球及月球。隨著地球繞著太陽旋轉，而月球繞著地球旋轉，它們合併的重力場與離心力創造了一個擁有五個穩定點（stationary point）的能量分布（energy landscape），其中所有作用力都互相抵消：一個波峰、一個波谷以及三個鞍點。這些穩定點稱為拉格朗日點（Lagrange point）。其中一個點 L_1 位於月球與地球之間，它們的重力場與地球繞著太陽旋轉的離心力會在此處互相抵消。在 L_1 這個點附近的動態是混沌的，所以微小粒子的路徑對於細微擾動非常敏感。

　　太空探測器也算是一顆微小的粒子。1985 年，「國

際太陽地球探測 3 號」（International Sun–Earth Explorer ISEE-3）幾乎耗盡了用於轉換軌道的燃料。如果我們能在不耗費太多燃料的情況下將該探測器傳送至 L_1，就有可能利用蝴蝶效應將它重新導向至某個距離較遠的目標，而這個過程也一樣幾乎不需耗費任何燃料。這個方法讓該衛星能夠與賈可比尼－秦諾彗星（comet Giacobini–Zinner）交會。1990 年，貝爾布魯諾力勸日本的太空機構對他們的探測器「飛天號」（*Hiten*）也使用類似的技術，該探測器完成其主要任務後已用掉了大部分的燃料。所以他們將該探測器送到月球軌道，然後將其重新導向至另外兩個拉格朗日點，以觀測捕捉到的塵粒。這種混沌控制已經頻繁地應用於無人太空任務，如今當燃料效率和降低成本比速度來得更重要時，這種方法就是我們採用的標準技術。

18 未知的未知

有已知的已知存在，有些事我們知道我們知道；我們也知道有
已知的未知，也就是說，我們知道有些事是我們不知道的。但
是，同樣有未知的未知存在——就是我們不知道我們不知道的
事。

——唐納德‧倫斯斐（Donald Rumsfeld），
美國國防部記者會，2002 年 2 月 12 日

　　儘管沒有證據顯示，2001 年蓋達組織對曼哈頓世貿
中心大樓發動的恐怖攻擊與伊拉克有任何關聯，但倫斯斐
依然發表了這段著名評論，以支持入侵伊拉克。他所說的
未知的未知，指的是雖然他不知道伊拉克在盤算什麼，但
伊拉克可能還有**其他**計畫，而這點就被拿來當作軍事行動
的理由。[102]但在一個較不軍國主義的脈絡下，他所做的
分類可能是他在整個職業生涯中說過最明智的話了。當我
們意識到自己的無知，我們可以試圖增長知識。當我們無
知卻不自知，我們就可能活在一個愚人的天堂。

　　本書大部分都在討論人類如何將未知的未知變成已知
的未知。我們不再將自然災害歸因於神明，而是將它們記

錄下來，細心研究測量結果，並從中找出有用的規律。我們並沒有得到萬無一失的預言，但我們確實得到了統計的預言，能夠比隨機猜測更有效地預測未來。在某些情況下，我們將未知的未知變成了已知的已知。我們知道行星如何移動，而我們也知道我們**為什麼**會知道。但當我們新的自然法則預言不夠用了，我們就結合實驗與清晰思考，將不確定性量化：雖然我們仍然不確定，但我們知道我們有多不確定。機率論也就此誕生。

　　我的六個不確定性時期介紹了我們在瞭解「我們為什麼不確定」以及「我們能夠針對不確定性做什麼」的過程中所獲得的最重要進展。許多截然不同的人類活動都參與其中。賭徒與數學家合力揭露了機率論的基本概念。其中一位數學家**就是**一個賭徒，起初他充分利用自己的數學知識，但最終他輸光了家產。同樣的故事也於本世紀初發生在世界各地的銀行家身上，他們是如此堅信數學能讓他們毫無風險地賭博，以致於他們也輸光了家產。但他們的家比較大一點：包括地球上的所有人。博弈遊戲為數學家帶來很有意思的問題，而這些遊戲所提供的玩具範例簡單到足以讓我們對它們進行詳細分析。諷刺的是，我們分析之後才發現骰子和硬幣都不如我們所想像的隨機；大部分的

隨機性都來自那個擲骰子或丟硬幣的人。

　　隨著我們對數學的理解不斷增長，我們發現了如何將相同的道理應用在自然世界上，接著應用在我們自己身上。天文學家試圖從不完善的觀測中取得準確的結果，他們開發了最小平方法，找到符合資料且誤差最小的模型。丟擲硬幣的玩具模型解釋了我們可以如何讓誤差互相抵消來給出較小誤差，進而得出常態分布作為二項分布的一種實際逼近；也得出中央極限定理，該定理證明無論個別誤差的機率分布可能為何，當大量微小誤差合併在一起，常態分布就會出現。

　　同時，凱特勒與他的後繼者調整了天文學家的想法，用來模擬人類行為。很快地，常態分布成了最出類拔萃的統計模型。一個全新的學科──統計學──出現了，它不僅讓我們能夠找出符合資料的模型，還能夠評估有多麼符合，並量化實驗結果與觀測結果的顯著性。統計學可以被應用在任何能夠以數字測量的事物。測量結果的可靠性與顯著性原本還存有疑慮，但統計學家同樣找到了方法來估計那些特性。「機率是什麼？」這個哲學性議題在頻率學派與貝氏學派之間形成了相當大的分歧，頻率學派從資料計算出機率，而貝氏學派認為機率是信心程度。倒不是說

貝葉斯本人必定會同意這個以他命名的學派觀點，但我想他應該會樂於接受「認識到條件機率的重要性」以及「提供我們計算條件機率的工具」都是他的功勞。玩具範例顯示了條件機率有時候是個很不可靠的概念，以及在條件機率不可靠的情況下，人類直覺的表現可能多麼糟糕。有時，它在醫學和法律的現實應用也加深了這種疑慮。

　　有效的統計方法被用於設計良好的臨床試驗所產出的資料，大大增加了醫生對疾病的瞭解，並透過提供可靠的安全性評估，讓新的藥物與治療方法得以問世。那些統計方法並不限於古典統計學，而且因為我們如今有快速的電腦能處理巨量資料，某些統計方法才得以實行。金融世界持續為所有預報方法帶來問題，但我們正在學習不要太過倚賴古典經濟學及常態分布。從複雜系統與生態學這樣南轅北轍的領域而來的新想法正在開闢新的思路，並提出合理的政策來阻擋下一次金融危機。心理學家與神經科學家開始認為，我們的腦是依據貝氏路徑運行，將信念具體化，作為神經細胞之間的連結力量。我們也逐漸發覺，有時候不確定性是我們的朋友。它可被運用於有用的工作，通常是非常重要的工作。包括太空任務與心律調節器。

　　它也是我們能夠呼吸的原因。我們後來發現，氣體物

理學其實是微觀力學的宏觀結果。分子統計學闡釋了為什麼大氣不會全都聚集在一個地方。熱力學是因為人類尋求更有效率的蒸汽機而發展出來，進而產生一個有些難以捉摸的新概念：熵。這個概念似乎轉而能夠解釋時間箭頭，因為熵會隨著時間過去而增加。然而，熵在宏觀尺度下的解釋相悖於微觀尺度下的一條基本原理：力學系統在時間上是可逆的。這種矛盾依然令人困惑；我已經論述過，這是由於我們著重在簡單的初始條件上，而這些條件會摧毀時間反轉對稱性。

大約在我們判斷不確定性並非神的意念，而是人類無知的標誌時，物理學前沿的新發現卻粉碎了這套解釋。物理學家逐漸相信，量子世界裡的自然具有不可簡化的隨機性，而且往往非常古怪。光既是粒子又是波，纏結的粒子不知怎地能夠以「鬼魅般的超距作用」互相傳遞訊息，貝爾不等式保證了只有機率理論才能解釋量子世界。

大約六十年前，數學家顛覆了一個既有概念，他們發現「隨機」與「不可預測」並不是同一件事。混沌顯示，確定性法則能產生不可預測的行為。其中可能存在預測區間，超過該區間的預報就不再準確。因此，天氣預報方法已經徹底改為進行系集預報來推導出最有可能的預報。更

複雜的是，混沌系統的某些層面可能在更長時間上是可以預測的。天氣（吸子上的一條軌跡）在數天後就不可預測了；但氣候（吸子本身）在數十年內都是可以預測的。要對全球暖化及相關氣候變遷有充分瞭解，就需要先瞭解天氣與氣候的差別。

混沌是非線性動力學的一部分，而如今非線性動力學對貝爾不等式的某些層面懷有疑慮，現在貝爾不等式正因為數個邏輯漏洞而遭受攻訐。原本被認為是量子粒子特徵的現象也在歷史悠久的古典牛頓物理學中出現。或許量子不確定性並非完全不確定。或許就如同古希臘人所想的，宇宙誕生之前是一片混沌。或許我們需要修正愛因斯坦曾說的「上帝不玩骰子」：祂確實會玩骰子，但骰子被藏起來了，而且它們也不是真正隨機的。就像現實中的骰子一樣。

不確定時期居然依舊能與彼此碰撞出火花，這讓我十分著迷。你常會發現來自不同時期的方法被合併使用，例如機率、混沌、量子，全都結合在一起。我們長久以來尋求預測不可預測之事的其中一項結果，就是我們現在*知道*未知的未知是存在的。納西姆・尼可拉斯・塔雷伯（Nassim Nicholas Taleb）寫了一本關於它們的書《黑天

鵝效應》（*The Black Swan*），將這些未知的未知稱為黑天鵝事件。二世紀的羅馬詩人尤維納利斯（以拉丁文）寫道：「陸地上一隻稀有的鳥，而且很有可能是一隻黑天鵝」，他是在隱喻「不存在的事物」。每個歐洲人都**知道**天鵝一定是白的，直到 1697 年荷蘭探險家在澳洲發現大量黑天鵝才扭轉這個印象。人們直到那時才發覺，尤維納利斯以為自己知道的事根本不是已知的已知。同樣的錯誤如影隨形，在 2008 年金融危機時發生在銀行家身上：他們所謂的「五西格瑪」潛在災難因為太罕見以致於根本沒人考慮，結果發現這種事其實很普遍，只不過是在他們先前從未遇過的狀況下發生。

六個不確定性時期都對人類狀況有持久的效應，如今它們依然在我們左右。如果發生一場旱災，有些人會祈求降雨，有些人會試圖瞭解旱災的成因，有些人會試圖阻止任何人重蹈覆轍，有些人會尋找新的水源，有些人會思索我們是否能依照需求來製造降雨，還有些人利用電子電路裡的量子效應，尋求以電腦預測旱災的更佳方法。

未知的未知依然在讓我們犯錯（看看我們多晚才察覺塑膠垃圾正在讓海洋窒息就知道了），但我們開始認識到，世界比我們想像的遠為複雜，而且一切都互相連結。

每天都有關於不確定性的新發現，以許多不同形式與意義
出現。未來是不確定的，但不確定性的科學正是未來的科
學。

註解

1　本引文或許與貝拉毫無關係，而且可能出自一則古老的丹麥諺語：http://quoteinvestigator.com/2013/10/20/no-predict/

2　《以西結書》21:21。

3　Ray Hyman. Cold reading: how to convince strangers that you know all about them, *Zetetic* **1** (1976/77) 18–37.

4　我不確定「點燃的碳」到底是什麼意思 —— 可能是木炭？ —— 但數個來源在這方面都有提到它，包括：
John G. Robertson, *Robertson's Words for a Modern Age* (reprint edition), Senior Scribe Publications, Eugene, Oregon, 1991. http://www.occultopedia.com/c/cephalomancy.htm

5　如果「擊敗機率」指的是「提高你選到中獎號碼的機會」，那麼機率論預測，除非是意外，否則這樣的系統都不會有用。如果它指的是「在你**確實**中獎的情況下最大化你的獎金」，那麼你可以採取一些簡單的預防措施。主要的一項預防措施是：避免選擇其他許多人可能也會選的號碼。如果你的號碼中獎（就跟其他號碼組合的中獎機率一樣），你就會跟較少人分享獎金。

6　有個很好的例子是波函數，最初是將一根小提琴琴弦的模型當作一條在平面中振動的線段，進而推導出波函數。這個模型為更貼近現實的模型鋪路，如今的應用包括了分析一把斯特拉迪瓦里琴（Stradivarius）的振動、根據震測紀錄計算地球內部結構等各種研究。

7　我知道骰子的英文單數型態嚴格說來是「die」，但如今幾乎所有人也用「dice」當作單數型態。「die」一詞比較過時，而且容易遭到誤解；許多人不知道「dice」是複數型態。所以我在本書會寫「a dice」（一顆骰子）。

8　We ditched fate to make dice fairer, *New Scientist*, 27 January 2018, page 14.

9　如果你很滿意紅／藍骰子的解釋，卻不相信這套解釋在兩顆骰子看起來相同時是正確的，那麼以下兩件事可能有幫助。第一，有色骰子怎麼「知道」要產生同色骰子點數組合的兩倍？也就是說，骰子顏色如何影響投擲結果到那種程度？第二：拿兩顆相似到你根本無法分辨的骰子，投擲

很多次，然後計算你得到兩個 4 點的次數比例。如果以無序成對點數決定結果，你會得到接近 1/21 的結果。如果是有序成對點數，結果應該會接近 1/36。

如果你連有色骰子的狀況都不相信，那麼上述兩件事同樣適用，不過你應該以有色骰子做實驗。

10　總數為 10 的 27 種方式為：

　　1 + 3 + 6　1 + 4 + 5　1 + 5 + 4　1 + 6 + 3
　　2 + 2 + 6　2 + 3 + 5　2 + 4 + 4　2 + 5 + 3　2 + 6 + 2
　　3 + 1 + 6　3 + 2 + 5　3 + 3 + 4　3 + 4 + 3　3 + 5 + 2　3 + 6 + 1
　　4 + 1 + 5　4 + 2 + 4　4 + 3 + 3　4 + 4 + 2　4 + 5 + 1
　　5 + 1 + 4　5 + 2 + 3　5 + 3 + 2　5 + 4 + 1
　　6 + 1 + 3　6 + 2 + 2　6 + 3 + 1

總數為 9 的 25 種方式為：

　　1 + 2 + 6　1 + 3 + 5　1 + 4 + 4　1 + 5 + 3　1 + 6 + 2
　　2 + 1 + 6　2 + 2 + 5　2 + 3 + 4　2 + 4 + 3　2 + 5 + 2　2 + 6 + 1
　　3 + 1 + 5　3 + 2 + 4　3 + 3 + 3　3 + 4 + 2　3 + 5 + 1
　　4 + 1 + 4　4 + 2 + 3　4 + 3 + 2　4 + 4 + 1
　　5 + 1 + 3　5 + 2 + 2　5 + 3 + 1
　　6 + 1 + 2　6 + 2 + 1

11　http://www.york.ac.uk/depts/maths/histstat/pascal.pdf

12　賭金分配的比率應該是

$$\sum_{k=0}^{s-1} \binom{r+s-1}{k} \text{ to } \sum_{k=s}^{r+s-1} \binom{r+s-1}{k}$$

一號玩家需要再贏 r 回合才能勝出，而二號玩家需要再贏 s 回合才能勝出。在這種情況下，比率為：

$$\binom{8}{0} + \binom{8}{1} + \binom{8}{2} + \binom{8}{3} + \binom{8}{4} + \binom{8}{5} \text{ to } \binom{8}{6} + \binom{8}{7} + \binom{8}{8}$$

13　Persi Diaconis, Susan Holmes, and Richard Montgomery. Dynamical bias in the coin toss, *SIAM Review* **49** (2007) 211–235.

14　M. Kapitaniak, J. Strzalko, J. Grabski, and T. Kapitaniak. The three-dimensional dynamics of the die throw, *Chaos* **22** (2012) 047504.

15 Stephen M. Stigler, *The History of Statistics*, Harvard University Press, Cambridge, Massachusetts, 1986, page 28.

16 我們想要將 $(x-2)^2 + (x-3)^2 + (x-7)^2$ 最小化。這是 x 的二次表達式，而 x^2 的係數是正數 3，所以該表達式具有唯一最小值。這種情況會發生在導數為零的時候，亦即 $2(x-2) + 2(x-3) + 2(x-7) = 0$。因此 $x = (2+3+7)/3$，也就是平均數。類似計算會得出任何有限資料的平均數。

17 公式為 $\sqrt{2/n\pi}\exp\left[-2\left(x-\frac{1}{2}n\right)^2/n\right]$，被認為是 n 次丟擲中獲得 x 次正面的**機率**之逼近。

18 想像人們一次一個進入房間。在 k 個人進入房間後，他們所有人的生日都**不同**的機率是

$$\frac{365}{365} \times \frac{364}{365} \times \frac{363}{365} \times \cdots \times \frac{365-k+1}{365}$$

因為每個新進入的人都必須避免先前的 $k-1$ 生日。這是 1 減掉至少一天相同生日的機率，所以我們想要求出此表達式**小於** 1/2 的最小 k 值。結果是 $k = 23$。更多細節見：https://en.wikipedia.org/wiki/Birthday_problem

19 討論不均勻分布的文獻為：

M. Klamkin and D. Newman. Extensions of the birthday surprise, *Journal of Combinatorial Theory* **3** (1967) 279–282.

兩人有相同生日的機率在均勻分布時最小的證據可見於：

D. Bloom. A birthday problem, *American Mathematical Monthly* **80** (1973) 1141–1142.

20 圖表看起來很類似，但現在每個象限都被分成 365 × 365 網格。每個象限中的深灰色條狀區域各包含 365 個方格。不過，目標區域內有 1 格重疊。因此目標區域含有 365 + 365 − 1 = 729 個深灰色方格，而目標區域外有 365 + 365 = 730 個深灰色方格，所以深灰色方格的總數為 729 + 730 = 1459。達到目標的條件機率是 729/1459，也就是 0.4996。

21 為了計算，凱特勒使用二項分布來處理一千次硬幣丟擲結果，他發現這麼做更方便，不過他在自己的理論著作中還是強調常態分布。

22 Stephen Stigler, *The History of Statistics*, Harvard University Press, Cambridge,

Massachusetts, 1986, page 171.

23 這不一定正確。這項主張假設所有分布都是經由合併鐘形曲線才得到的。不過它對於高爾頓的目的而言已經夠好了。

24 「迴歸」一詞出自高爾頓探討遺傳的著作。他利用常態分布來解釋，為什麼擁有較高雙親或較矮雙親的兒童整體而言往往會有介於兩者之間的身高，他稱這種現象為「趨向平均數的迴歸」（regression to the mean）。

25 另一位值得提及的人物是弗朗西斯・伊西德羅・艾基渥斯（Francis Ysidro Edgeworth）。他沒有高爾頓的遠見，但他的演算技巧卻比高爾頓更加高超。他將高爾頓的想法置於一個合理的數學基礎上，但是他的故事過於專業化，不適合納入本書。

26 以數學符號表示：

$$P\left(\left(X_1 + \cdots + \frac{x_n}{n} - \mu\right) < \beta\sqrt{n}\right) \rightarrow \int_{-\infty}^{\beta} e^{-y^2/2}dy$$

右手邊是平均數為 0 及變異數為 1 的累積常態分布（cumulative normal distribution）。

27 我們有 $P(A|B) = P(A 且 B)/P(B)$，而且 $P(B|A) = P(B 且 A)/P(A)$，不過「A 且 B」事件與「B 且 A」事件相同。將一個等式除以另一個，我們就得到 $P(A|B)/P(B|A) = P(A)/P(B)$。現在將兩側都乘以 $P(B|A)$。

28 法蘭克・德雷克（Frank Drake）於 1961 年發表他的公式，以便總結某些影響外星生命存在可能性的重要因子，是搜尋地外智慧計畫（Search for ExtraTerrestrial Intelligence，簡稱 SETI）首次會議的一部分主題。該公式常被用於估計銀河系內的外星文明數量，但其中許多變數難以估計，而且該公式也不適用於這個目的。該公式也涉及一些缺乏想像力的模型化假設。見：https://en.wikipedia.org/wiki/Drake_equation

29 N. Fenton and M. Neil. *Risk Assessment and Decision Analysis with Bayesian Networks*, CRC Press, Boca Raton, Florida, 2012.

30 N. Fenton and M. Neil. Bayes and the law, *Annual Review of Statistics and Its Application* **3** (2016) 51–77.

https://en.wikipedia.org/wiki/Lucia_de_Berk

31 Ronald Meester, Michiel van Lambalgen, Marieke Collins, and Richard Gil. On

the (ab)use of statistics in the legal case against the nurse Lucia de B. arXiv:math/0607340 [math.ST] (2005).

32 據稱科學史學家克里福德‧楚斯德爾（Clifford Truesdell）曾說過：「每位物理學家都知道〔熱力學〕第一定律與第二定律是什麼意思，但問題是沒有一位物理學家會同意另一位對這兩則定律的看法。」見：

Karl Popper. Against the philosophy of meaning, in: *German 20th Century Philosophical Writings* (ed. W. Schirmacher), Continuum, New York, 2003, page 208.

33 你可以在以下連結找到其餘歌詞：https://www.lyricsplayground.com/alpha/songs/f/firstandsecondlaw.html。

34 N. Simanyi and D. Szasz. Hard ball systems are completely hyperbolic, *Annals of Mathematics* **149** (1999) 35–96.

N. Simanyi. Proof of the ergodic hypothesis for typical hard ball systems, *Annales Henri Poincaré* **5** (2004) 203–233.

N. Simanyi. Conditional proof of the Boltzmann–Sinai ergodic hypothesis. *Inventiones Mathematicae* **177** (2009) 381–413.

還有一篇 2010 年的預印本，似乎尚未發表：

N. Simanyi. The Boltzmann–Sinai ergodic hypothesis in full generality: https://arxiv.org/abs/1007.1206

35 Carlo Rovelli. *The Order of Time*, Penguin, London 2018.

36 這種圖形是由電腦演算的，也受限於相同的誤差。沃里克‧塔克爾（Warwick Tucker）發現一項需要電腦輔助卻很精確的證據，顯示羅倫茲系統具有一個混沌吸子。其中的複雜性是真實的，而不是某種數字上的假象。

W. Tucker. The Lorenz attractor exists. *C.R. Acad. Sci. Paris* **328** (1999) 1197–1202.

37 本質上，給予正確機率的不變測度目前只被證明存在於特殊種類的吸子。塔克爾在同一篇論文中證明，羅倫茲吸子具有一個不變測度。不過，廣泛的數字證據顯示不變測度普遍存在。

38 J. Kennedy and J.A. Yorke. Basins of Wada, *Physica* D **51** (1991) 213–225.

39 P. Lynch. *The Emergence of Numerical Weather Prediction*, Cambridge University

Press, Cambridge, 2006.

40 費希後來說，那名打電話的人當時指的是佛羅里達州的一個颶風。

41 T.N. Palmer, A. Döring, and G. Seregin. The real butterfly effect, *Nonlinearity* **27** (2014) R123–R141.

42 E.N. Lorenz. The predictability of a flow which possesses many scales of motion. *Tellus* **3** (1969) 290–307.

43 T.N. Palmer. A nonlinear dynamic perspective on climate prediction. *Journal of Climate* **12** (1999) 575–591.

44 D. Crommelin. Nonlinear dynamics of atmospheric regime transitions, PhD Thesis, University of Utrecht, 2003.

D. Crommelin. Homoclinic dynamics: a scenario for atmospheric ultralow-frequency variability, *Journal of the Atmospheric Sciences* **59** (2002) 1533–1549.

45 計算方式如下：

共九十天　　90 × 16 = 1440
共十天　　　10 × 30 = 300
共一百天　　1740
平均值　　　1740/100 = 17.4

這比 16 大了 1.4。

46 過去八十萬年的紀錄：

E.J. Brook and C. Buizert. Antarctic and global climate history viewed from ice cores, *Nature* **558** (2018) 200–208.

47 這句引文出現在 1977 年 7 月的《讀者文摘》（*Reader's Digest*），但沒有附上出處。《紐約時報》（*New York Times*）於 1950 年 1 月 8 日刊登一篇由作曲家羅傑・塞欣斯（Roger Sessions）所寫的文章〈一位「難懂」的作曲家是如何形成的〉。他在文中寫道：「我也記得阿爾伯特・愛因斯坦有一句評論，毫無疑問適用於音樂。實際上，他說一切事物應該盡可能簡單，但不該過簡！」

48 美國地質調查局的資料顯示，全世界的火山一年產生大約兩億噸的二氧化碳。人類運輸與工業則排放兩百四十億噸二氧化碳，是火山排放量的一百二十倍。

https://www.scientificamerican.com/article/earthtalks-volcanoes-or-humans/

49　The IMBIE team (Andrew Shepherd, Erik Ivins, and 78 others). Mass balance of the Antarctic Ice Sheet from 1992 to 2017, *Nature* **558** (2018) 219–222.

50　S.R. Rintoul and 8 others. Choosing the future of Antarctica, *Nature* **558** (2018) 233–241.

51　J. Schwartz. Underwater, *Scientific American* (August 2018) 44–55.

52　E.S. Yudkowsky. An intuitive explanation of Bayes' theorem: http://yudkowsky. net/rational/bayes/

53　W. Casscells, A. Schoenberger, and T. Grayboys. Interpretation by physicians of clinical laboratory results, *New England Journal of Medicine* **299** (1978) 999–1001.

D.M. Eddy. Probabilistic reasoning in clinical medicine: Problems and opportunities, in: (D. Kahneman, P. Slovic, and A. Tversky, eds.), *Judgement Under Uncertainty: Heuristics and Biases*, Cambridge University Press, Cambridge, 1982.

G. Gigerenzer and U. Hoffrage. How to improve Bayesian reasoning without instruction: frequency formats, *Psychological Review* **102** (1995) 684–704.

54　卡本－麥爾估計式（Kaplan–Meier estimator）很值得一提，但它會打斷敘事節奏。它是從資料估計存活率時最廣泛使用的方法，在這些資料中，某些受試者可能在試驗完全結束前就退出——不論是出於死亡或其他原因。該估計式為無母數統計法，而且它在最常引用的數學論文列表中排名第二。見：

E.L. Kaplan and P. Meier. Nonparametric estimation from incomplete observations, *Journal of the American Statistical Association* **53** (1958) 457–481.

https://en.wikipedia.org/wiki/Kaplan%E2%80%93Meier_estimator

55　B. Efron. Bootstrap methods: another look at the jackknife, *Annals of Statistics* **7** B (1979) 1–26.

56　Alexander Viktorin, Stephen Z. Levine, Margret Altemus, Abraham Reichenberg, and Sven Sandin. Paternal use of antidepressants and offspring outcomes in Sweden: Nationwide prospective cohort study, *British Medical Journal* **316** (2018); doi: 10.1136/bmj.k2233.

57　信賴區間令人困惑，而且常被誤解。嚴格來說，95% 信賴區間具有以下特性：根據一個樣本計算出一信賴區間，統計數據的真值有 95% 的機會

落在該區間內。95% 信賴區間**不**代表「真實統計值落在該區間的機率為 95%」。

58　這是業界形容「這些人永遠無法還我們錢」的委婉說法。

59　實際上，這個獎項原本是瑞典國家銀行（Swedish National Bank）的諾貝爾紀念經濟科學獎（Prize in Economic Sciences in Memory of Alfred Nobel），於 1968 年成立，並非諾貝爾在 1894 年遺囑中設立的獎項之一。

60　實際上，如果一個分布 $f(x)$ 像冪次律一樣衰減，那它會具有厚尾；也就是說，隨著 x 趨近無限，$f(x) \sim x^{-(1+a)}$，因為 $a > 0$。

61　Warren Buffett. Letter to the shareholders of Berkshire Hathaway, 2008: http://www.berkshirehathaway.com/letters/2008ltr.pdf

62　A.G. Haldane and R.M. May. Systemic risk in banking ecosystems, *Nature* **469** (2011) 351–355.

63　W.A. Brock, C.H. Hommes, and F.O.O. Wagner. More hedging instruments may destabilise markets, *Journal of Economic Dynamics and Control* **33** (2008) 1912–1928.

64　P. Gai and S. Kapadia. Liquidity hoarding, network externalities, and interbank market collapse, *Proceedings of the Royal Society* A (2010) **466**, 2401–2423.

65　人們曾有很長時間認為，人腦含有的神經膠細胞數量是神經元的十倍。可靠的網路來源依然表示神經膠細胞數量是神經元的四倍左右。不過，2016 年一份針對該主題的文獻綜述總結，人腦中的神經膠細胞略少於神經元。

　　Christopher S. von Bartheld, Jami Bahney, and Suzana Herculano-Houze, The search for true numbers of neurons and glial cells in the human brain: A review of 150 years of cell counting, *Journal of Comparative Neurology, Research in Systems Neuroscience* **524** (2016) 3865–3895.

66　D. Benson. Life in the game of Go, *Information Sciences* **10** (1976) 17–29.

67　Elwyn Berlekamp and David Wolfe. *Mathematical Go Endgames: Nightmares for Professional Go Players*, Ishi Press, New York 2012.

68　David Silver and 19 others. Mastering the game of Go with deep neural networks and tree search, *Nature* **529** (1016) 484–489.

69　L.A. Necker. Observations on some remarkable optical phaenomena seen in

Switzerland; and on an optical phaenomenon which occurs on viewing a figure of a crystal or geometrical solid, *London and Edinburgh Philosophical Magazine and Journal of Science* **1** (1832) 329–337.

J. Jastrow. The mind's eye, P*opular Science Monthly* **54** (1899) 299–312.

70　I. Kovács, T.V. Papathomas, M. Yang, and A. Fehér. When the brain changes its mind: Interocular grouping during binocular rivalry. *Proceedings of the National Academy of Sciences of the USA* **93** (1996) 15508–15511.

71　C. Diekman and M. Golubitsky. Network symmetry and binocular rivalry experiments, *Journal of Mathematical Neuroscience* **4** (2014) 12; doi: 10.1186/2190-8567-4-12.

72　這是理查・費曼在一場講座「物理定律的特徵」（The Character of Physical Law）中所說的話。在那之前，尼爾斯・波耳曾說「如果有人沒有對量子論感到震驚，那他還未理解量子論」，不過這兩句話的意思並不相同。

73　Richard P. Feynman, Robert B. Leighton, and Matthew Sands. *The Feynman Lectures on Physics*, Volume 3, Addison-Wesley, New York, 1965, pages 1.1–1.8.

74　Roger Penrose. Uncertainty in quantum mechanics: Faith or fantasy? *Philosophical Transactions of the Royal Society* A **369** (2011) 4864–4890.

75　https://en.wikipedia.org/wiki/Complex_number

76　François Hénault. Quantum physics and the beam splitter mystery: https://arxiv.org/ftp/arxiv/papers/1509/1509.00393.

77　如果自旋量子數為 n，則自旋角動量為 $S = (h/4\pi)\sqrt{n(n+2)}$，$h$ 為普朗克常數。

78　電子自旋很奇妙。兩個自旋態 ↑ 與 ↓ 指向相反方向的疊加能被解讀為具有一個軸的單一自旋態，該軸方向與原始狀態疊加的比例有關。不過，對於**任何**軸的測量都會得出不是 1/2 就是 −1/2 的結果。註解 74 引用的潘洛斯所著論文有解釋這種現象。

79　這裡有個未受檢驗的假設是這樣的：如果一古典原因造成一古典效應，那麼該原因的量子部分（處於某種疊加狀態）會造成相同效應的量子部分。一顆半衰變的原子導致一隻半死亡的貓。這種論述以機率上而言確實有點道理，但如果它在一般狀況下是正確的，那麼馬赫－岑得干涉儀

裡的一道半光子波射入一個分光鏡時，會創造出半個分光鏡。因此，這種古典論述的疊加不可能是量子世界運作的方式。

80 我在《計算宇宙》（*Calculating the Cosmos*）一書中曾詳細討論過薛丁格的貓。

Calculating the Cosmos, Profile, London, 2017.

81 Tim Folger. Crossing the quantum divide, *Scientific American* **319** (July 2018) 30–35.

82 Jacqueline Erhart, Stephan Sponar, Georg Sulyok, Gerald Badurek, Masanao Ozawa, and Yuji Hasegawa. Experimental demonstration of a universally valid error-disturbance uncertainty relation in spin measurements, *Nature Physics* **8** (2012) 185–189.

83 Lee A. Rozema, Ardavan Darabi, Dylan H. Mahler, Alex Hayat, Yasaman Soudagar, and Aephraim M. Steinberg. Violation of Heisenberg's measurement-disturbance relationship by weak measurements, *Physics Review Letters* **109** (2012) 100404. Erratum: *Physics Review Letters* **109** (2012) 189902.

84 如果你產生一對粒子，每顆粒子各有非零自旋，兩者合起來的總自旋為零，那麼角動量（自旋的另一稱呼）守恆原理暗示，如果兩顆粒子在那時分開──只要它們不受到干擾──它們的自旋就會維持完全反關聯的狀態。也就是說，它們的自旋永遠會沿著同一個軸指向相反方向。如果你現在測量其中一顆粒子，使它的波函數塌縮，它就一定會以確定方向自旋。因此，另一顆粒子的波函數也必定塌縮，並給出相反結果。這聽起來很瘋狂，但似乎很有效。這也是我所舉的「一對間諜」例子的變體；他們只是讓手錶反同步而已。

85 見註解 74。

86 Even male insects feel pleasure when they 'orgasm', *New Scientist*, 28 April 2018, page 20.

87 J.S. Bell. On the Einstein Podolsky Rosen paradox, *Physics* **1** (1964) 195–200.

88 傑佛瑞・巴伯（Jeffrey Bub）主張，貝爾與赫爾曼誤解了馮・諾伊曼的證明，而且該證明並非旨在證實隱變數是完全不可能的。

Jeffrey Bub. Von Neumann's 'no hidden variables' proof: A re-appraisal, *Foundations of Physics* **40** (2010) 1333–1340.

89 Adam Becker, *What is Real?*, Basic Books, New York 2018.

90 嚴格來說，貝爾的原始版本也要求，只要偵測器平行排列，實驗兩側的結果就必須是完全反關聯的。

91 E. Fort and Y. Couder. Single-particle diffraction and interference at a macroscopic scale, *Physical Review Letters* **97** (2006) 154101.

92 Sacha Kocsis, Boris Braverman, Sylvain Ravets, Martin J. Stevens, Richard P. Mirin, L. Krister Shalm, and Aephraim M. Steinberg. Observing the average trajectories of single photons in a two-slit interferometer, *Science* **332** (2011) 1170–1173.

93 本段落的依據來源為：Anil Anathaswamy, Perfect disharmony, *New Scientist*, 14 April 2018, pages 35–37.

94 原因不可能只是尺寸，對吧？以一個分光鏡（1/4 相移）與一台粒子偵測器（擾亂波函數）的效應為例，兩者都充分巨觀。前者認為它是量子，後者知道它不是。

95 D. Frauchiger and R. Renner. Quantum theory cannot consistently describe the use of itself, *Nature Communications* (2018) 9:3711; doi: 10.1038/S41467-018-05739-8.

96 A. Sudbery. *Quantum Mechanics and the Particles of Nature*, Cambridge University Press, Cambridge, 1986, page 178.

97 Adam Becker, *What is Real?*, Basic Books, New York, 2018.

98 Peter Bierhorst and 11 others. Experimentally generated randomness certified by the impossibility of superluminal signals, *Nature* **223** (2018) 223–226.

99 E. Ott, C. Grebogi, and J.A. Yorke. Controlling chaos, *Physics Review Letters* **64** (1990) 1196.

100 我們已經在人類身上檢測到，心臟衰竭涉及了混沌的出現，而非只是隨機性：
Guo-Qiang Wu and 7 others, Chaotic signatures of heart rate variability and its power spectrum in health, aging and heart failure, *PLos Online* (2009) **4**(2): e4323; doi: 10.1371/journal.pone.0004323.

101 A. Garfinkel, M.L. Spano, W.L. Ditto, and J.N. Weiss. Controlling cardiac chaos, *Science* **257** (1992) 1230–1235.

關於心臟模型的混沌控制，有一篇更近期的文章：

B.B. Ferreira, A.S. de Paula, and M.A. Savi. Chaos control applied to heart rhythm dynamics, *Chaos, Solitons and Fractals* **44** (2011) 587–599.

102 當時美國總統喬治・布希（George W. Bush）決定不要因應 911 事件而進攻伊拉克。但不久之後，美國與其同盟卻以薩達姆・海珊（Saddam Hussein）「支持恐怖主義」為理由，入侵了伊拉克。2003 年 9 月 7 日的《衛報》報導了一份民調，顯示「十個美國人中有七人依舊相信薩達姆・海珊有參與」911 的恐怖攻擊，儘管沒有證據支持這種說法。

https://www.theguardian.com/world/2003/sep/07/usa.theobserver

圖片出處

第26頁：David Aikman, Philip Barrett, Sujit Kapadia, Mervyn King, James Proudman, Tim Taylor, Iain de Weymarn, and Tony Yates. Uncertainty in macroeconomic policy-making: art or science? *Bank of England paper*, March 2010.

第241頁：Tim Palmer and Julia Slingo. Uncertainty in weather and climate prediction, *Philosophical Transactions of the Royal Society* A **369** (2011) 4751–4767.

第339頁：I. Kovács, T.V. Papathomas, M. Yang, and A. Fehér. When the brain changes its mind: Interocular grouping during binocular rivalry, *Proceedings of the National Academy of Sciences of the USA* **93** (1996) 15508–15511.

第406頁（左圖）：Sacha Kocsis, Boris Braverman, Sylvain Ravets, Martin J. Stevens, Richard P. Mirin, L. Krister Shalm, and Aephraim M. Steinberg. Observing the average trajectories of single photons in a two-slit interferometer, *Science* (3 Jun 2011) **332** issue 6034, 1170–1173.

國家圖書館出版品預行編目資料

骰子能扮演上帝嗎？/伊恩・史都華（Ian Stewart）著；陳宣、涂瑋瑛 譯.
-- 初版. -- 臺北市：商周出版：家庭傳媒城邦分公司發行, 民109.05
　　面； 公分. --
　　譯自：Do Dice Play God?
　　ISBN 978-986-477-832-4（平裝）
　　1.機率 2.混沌理論 3.通俗作品
319.1　　　　　　　　　　　　　　　　　109005221

骰子能扮演上帝嗎？

原 著 書 名 / Do Dice Play God?
作　　　者 / 伊恩・史都華（Ian Stewart）
譯　　　者 / 陳宣、涂瑋瑛
企 畫 選 書 / 林宏濤
責 任 編 輯 / 梁燕樵

版　　　權 / 黃淑敏、林心紅
行 銷 業 務 / 莊英傑、周丹蘋、黃崇華、周佑潔
總 經 理 / 彭之琬
事業群總經理 / 黃淑貞
發 行 人 / 何飛鵬
法 律 顧 問 / 元禾法律事務所　王子文律師
出　　　版 / 商周出版
　　　　　　城邦文化事業股份有限公司
　　　　　　臺北市南港區昆陽街16號4樓
　　　　　　電話：(02) 2500-7008 傳眞：(02) 2500-7759
　　　　　　E-mail：bwp.service@cite.com.tw
　　　　　　Blog：http://bwp25007008.pixnet.net/blog
發　　　行 / 英屬蓋曼群島商家庭傳媒股份有限公司城邦分公司
　　　　　　臺北市南港區昆陽街16號5樓
　　　　　　書虫客服服務專線：(02) 2500-7718・(02) 2500-7719
　　　　　　24小時傳眞服務：(02) 2500-1990・(02) 2500-1991
　　　　　　服務時間：週一至週五上午09:30-12:00；下午13:30-17:00
　　　　　　郵撥帳號：19863813　戶名：書虫股份有限公司
　　　　　　讀者服務信箱E-mail：service@readingclub.com.tw
　　　　　　歡迎光臨城邦讀書花園 網址：www.cite.com.tw
香 港 發 行 所 / 城邦（香港）出版集團有限公司
　　　　　　香港灣仔駱克道193號東超商業中心1樓
　　　　　　電話：(852) 2508-6231　傳眞：(852) 2578-9337
　　　　　　E-mail：hkcite@biznetvigator.com
馬 新 發 行 所 / 城邦（馬新）出版集團 Cité (M) Sdn. Bhd.
　　　　　　41, Jalan Radin Anum, Bandar Baru Sri Petaling,
　　　　　　57000 Kuala Lumpur, Malaysia.
　　　　　　電話：(603) 9057-8822　傳眞：(603) 9057-6622
　　　　　　E-mail：cite@cite.com.my

封 面 設 計 / 李東記
排　　　版 / 新鑫電腦排版工作室
印　　　刷 / 卡樂彩色製版印刷有限公司
經 銷 商 / 聯合發行股份有限公司
　　　　　　電話：(02) 2917-8022　傳眞：(02) 2911-0053
　　　　　　地址：新北市231新店區寶橋路235巷6弄6號2樓

■ 2020 年（民 109）5 月初版 1 刷
■ 2024 年（民 113）5 月初版 1.7 刷
定價 580 元

Printed in Taiwan
城邦讀書花園
www.cite.com.tw

廣　告　回　函
北區郵政管理登記證
北臺字第000791號
郵資已付，免貼郵票

104　台北市民生東路二段141號2樓

英屬蓋曼群島商家庭傳媒股份有限公司城邦分公司　收

請沿虛線對摺，謝謝！

書號：BU0161　　書名：骰子能扮演上帝嗎？　　　　編碼：

 商周出版

讀者回函卡

感謝您購買我們出版的書籍！請費心填寫此回函卡，我們將不定期寄上城邦集團最新的出版訊息。

不定期好禮相贈！
立即加入：商周出版
Facebook 粉絲團

姓名：＿＿＿＿＿＿＿＿＿＿＿＿＿＿＿＿＿＿＿＿ 性別：□男 □女

生日：西元＿＿＿＿＿＿年＿＿＿＿＿月＿＿＿＿＿日

地址：＿＿＿＿＿＿＿＿＿＿＿＿＿＿＿＿＿＿＿＿＿＿＿＿＿

聯絡電話：＿＿＿＿＿＿＿＿＿＿＿＿ 傳真：＿＿＿＿＿＿＿＿＿＿

E-mail：

學歷：□ 1. 小學 □ 2. 國中 □ 3. 高中 □ 4. 大學 □ 5. 研究所以上

職業：□ 1. 學生 □ 2. 軍公教 □ 3. 服務 □ 4. 金融 □ 5. 製造 □ 6. 資訊

　　　□ 7. 傳播 □ 8. 自由業 □ 9. 農漁牧 □ 10. 家管 □ 11. 退休

　　　□ 12. 其他＿＿＿＿＿＿＿＿＿

您從何種方式得知本書消息？

　　　□ 1. 書店 □ 2. 網路 □ 3. 報紙 □ 4. 雜誌 □ 5. 廣播 □ 6. 電視

　　　□ 7. 親友推薦 □ 8. 其他＿＿＿＿＿＿＿＿＿＿＿＿＿

您通常以何種方式購書？

　　　□ 1. 書店 □ 2. 網路 □ 3. 傳真訂購 □ 4. 郵局劃撥 □ 5. 其他＿＿＿＿

您喜歡閱讀那些類別的書籍？

　　　□ 1. 財經商業 □ 2. 自然科學 □ 3. 歷史 □ 4. 法律 □ 5. 文學

　　　□ 6. 休閒旅遊 □ 7. 小說 □ 8. 人物傳記 □ 9. 生活、勵志 □ 10. 其他

對我們的建議：＿＿＿＿＿＿＿＿＿＿＿＿＿＿＿＿＿＿＿＿

　　　　　　　＿＿＿＿＿＿＿＿＿＿＿＿＿＿＿＿＿＿＿＿＿＿＿

　　　　　　　＿＿＿＿＿＿＿＿＿＿＿＿＿＿＿＿＿＿＿＿＿＿＿